777 コックピット

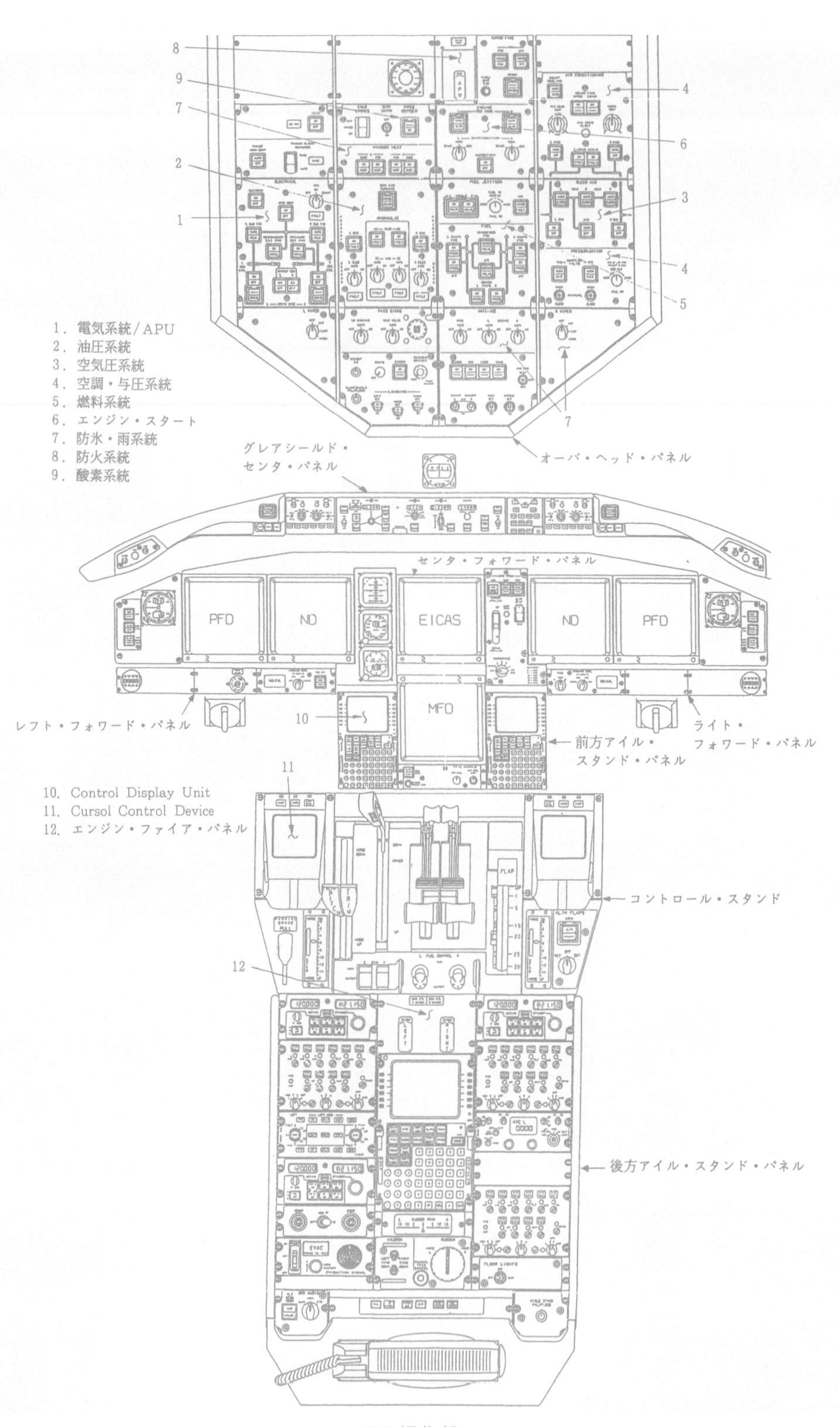
1. 電気系統/APU
2. 油圧系統
3. 空気圧系統
4. 空調・与圧系統
5. 燃料系統
6. エンジン・スタート
7. 防氷・雨系統
8. 防火系統
9. 酸素系統
オーバ・ヘッド・パネル
グレアシールド・
センタ・パネル
センタ・フォワード・パネル
PFD
ND
EICAS
ND
PFD
MFD
レフト・フォワード・パネル
ライト・
フォワード・パネル
前方アイル・
スタンド・パネル
10. Control Display Unit
11. Cursol Control Device
12. エンジン・ファイア・パネル
コントロール・スタンド
後方アイル・スタンド・パネル

777 操作盤

航空工学講座

[8]

航 空 計 器

公益社団法人

日 本 航 空 技 術 協 会

ま　え　が　き

本書は航空整備士、航空工場整備士を目指す方々のために、シラバス「電子装備品等」を理解するうえで必要な航空計器の基礎について解説している。

航空計器は航空機の飛行を安全かつ正確に行うため航空機やエンジン、その他機体の各システムの状態を乗員に知らせるもので、その航空計器には多くの種類があり、その分類方法も確定していない現状であり、これを学ぶためには 広範囲の基礎知識が必要である。

さらに、一般になじみが薄い空気の物理的性質、ジャイロの力学などが最も重要な部分となっている。また、航空計器に広く用いられているシンクロもなじみ深いものではない。

そこで、本書は次の点を考慮してまとめている。

⑴　定性的に理解することが最も大切である。

⑵　そのため、航空計器に直接関係ない話も記した。

⑶　航空計器の分類に関しては、勉強する上で都合がよいようにした。

広く用いられているシンクロ、デシンなどについて初めて勉強される方は、第 10 章を最初に読まれるのも一つの勉強方法ではないかと考えている。

本書を有効に活用され航空計器の基礎知識をさらに習得しやすいよう、本 2024 年 2 月の改訂第 5 版では前版に対して以下の通り改訂を行った。

・分かりにくい表現やあいまいな表現であったものを修正した。

・誤記訂正、用語の統一、分かりやすい図面への変更などを行った。

・他講座と重複している項目について内容の整合を図った。

・巻末の練習問題と解説を削除した。

今回の改訂においては航空専門学校・航空機使用事業会社・航空局からなる「講座本の平準化および改訂検討会」を設置し、検討会メンバーの皆様から多くのご意見をいただきました。

ご協力をいただきました皆様には、この紙面を借りて厚くお礼を申し上げます。

2024 年 2 月

公益社団法人　日本航空技術協会

目　　次

第１章　計器一般に関すること

1-1　概　要

航空機の安全性、信頼性、経済性は、もちろん計器のみが負うべきものではないが、その預かるところは極めて大きい。

これは計器を使用するということだけではなく、その計器の指示が意味するところを適確につかみ運用する人を得てはじめて達成できる。したがって、計器の正確さ、整備、検査は極めて重要なものとなる。

また、航空機の進歩とともに計器もまた性能的、機構的に進歩しているので、航空機関係従事者は、それら全般に対する知識を持たなければならない。また知っているがために陥る不用意な取り扱いは厳につつしまなければならない。

1-2　計器の保守

計器を知るためには、それらが装備される航空機の諸系統の内部構造、機能、さらに航空機の運航などにも関連があるので、**諸系統に対する理解と運航に関する知識**も必要である。また、計器自体にしても、機械計器、電気計器、電子計器、ジャイロ計器などがあり、それらの取り扱い、修理、維持、試験、検査などの作業に精通することを要求される。

このような知識のもとで、はじめて計器の取り外し作業、取り付け作業、故障原因の探究、診断など計器の機能を左右する大切な仕事に責任を持たされ、任されるのである。また、飛行前の航空機の点検なども計器を通じて最も適確に行うことができる。

計器の分解は、航空法では**航空機の大修理**に該当し、国土交通省の立ち会いが必要である。しかし、このような煩雑さを少なくするため、国土交通大臣が支障ないと認めた事業所において行う場合には、立会検査を行わなくてもよいように**修理認定**が与えられている。

1-3　航空計器の生産

生産は日常の航空機の維持には直接関係ないが、どのように造られているかということを知ることも、それを取り扱う上で参考となると考えられる。

まず、生産された航空計器は、航空機の安全性を確保する面から国土交通省の立会検査なしでは、これを航空機に使用することができない。また航空計器の中で指定された計器については、経済産業省の製造証明がなければ、売渡すことができないように、特殊精密工業に対する産業行政の面から規定されている。

航空計器を生産する場合に準拠すべき規格として JIS の航空関係規格が制定されている。このほか、わが国の民間航空再開時からの当然の成り行きとして、米国製の航空機が多いため、これらに装備されている航空計器が製造されたときの準拠規格として MIL 規格（米国軍用仕様書）や、AS 規格（オーストラリア規格協会）、TSO 規格（米国装備品の設計・製造承認）なども前記 JIS 規格と同様に用いられている。

航空計器の生産に関しては、**型式承認**の制度があり、前記規格による検査を行って、これに合格したものと同程度のものが生産し得ると認められた場合に型式承認を与え、生産された計器に対しては各個検査（製品検査）だけの立会検査を行って、航空機に用いてよいことになっている。

1-4　航空計器の特徴

航空計器に特に要求されるものは信頼性である。それは地上の良好な環境の下における信頼性のみでなく、種々の飛行条件のもとにおける信頼性である。

航空機の場合は、温度、気圧、姿勢、実効重力などが大幅に変化するため、これらを組み合わせた環境のもとで十分な信頼性があるものでなければならない。さらに軽量、小型であることが基本的に要求される。

1-4-1　重　量

機体の有効積載量を大きくするために、計器に限らず航空機のすべての部分は、できる限り軽量であることが要求される。

1-4-2　大きさ

多発エンジンの機体では計器の数が多くなり、また安全な飛行を行うための航法計器の種類の増加に伴い、計器の数は増加するが計器板の収容能力に限界があるので、計器は小型化する必要がある。しかし、計器の種類によっては、その必要性から、ある程度以上に小型化することができないものもある。計器の小型化は、一般的に表示面の面積を小さくすることである。そのため、同一のケース内に多くの機能を組み込み、与えられた面積を有効に利用できるようにした計器が用いられるようになった。さらに液晶やCRT等電子表示器を用いて多くの情報（グラフィカルな計器の表示、数字または記号による表示、文章による表示など）を選択表示できるようにしたものも用いられている。

1-4-3　耐久性

計器は、その精度をできるだけ長時間、保持することが望ましいが、計器によってその期間は長短がある。製造者は、もちろんその品質の向上と均一化をはかって、耐久試験を行っている。使用者側では一般的に耐久試験は行わないが、過去の経験に基づいて安全使用時間を定めている計器もある。

安全使用時間には次の２つがある。

⑴　**一定時間ごとにオーバホール**を行って、信頼性を保って行くもの。

⑵　**一定時間ごとに精度などの点検**を行って、信頼性を保って行くもの。

また、計器の種類によっては、航空機の**日常の運航で精度、機能などが確認できるもの**もある。このようなものは定期的な整備は行わない。

1-4-4　環境条件

航空機は、激しく変化する大気の中を飛行するため、温度、気圧、姿勢、加速度、振動などの影響が少ないことが要求される。

1-4-5　常温器差

製造時には高低温誤差試験を行い､温度による影響が一定の範囲内であることが確かめられている。その後は特別な修理作業を行わない場合は、常温における誤差、機能を知ることにより指示誤差などの確認を行う場合が多い。

1-4-6　漏　れ

航空機に装備される計器は、その周囲の気圧が大きく変わるため、受感機構はもちろんであるが、これを内部に持つ外箱（ケース）の漏れも誤差の原因となるものがある。特に昇降計、高度計、速度計などの場合には使用できないようになる。特に与圧がある場合には注意が必要である。

1-4-7　摩　擦

機械的な軸受、歯車を用いている計器では摩擦による誤差を完全になくすことはできない。そのため、器差試験を行う場合には、計器に軽打を与えるか、軽振動台の上で検査を行っている。

計器を使用する面では、ピストン機ではエンジンによる振動が大きいため、計器を装備する計器板に防振装置を付けて計器に対する悪影響を取り除くようにしている。しかし、振動が残るため、摩擦誤差を取り除くという点では何ら考慮する必要はない。ジェット機の場合は、エンジンの振動が少ないので、摩擦誤差を取り除くため、計器板に加振装置を付けたり、または計器に加振装置を内蔵したものもある。

1-4-8　温度補正

航空機が遭遇する温度条件としては、炎天の酷暑から急に高空の零下数十度というような場所に変わるため一般の計器とは相当異なる温度補正が必要となる。もちろん、計器が装備される場所、航空機の性能などによって左右されるが、航空機用計器として一般に検査温度は－ 65～＋ 70℃ が用いられている。この 135 ℃ に及ぶ温度変化に対して、計器は自動的に補正され作動するように設計、製作されているが、これも完全というわけではなく、実用面、経済面などから、ある程度の誤差は許されている。さらに、遭遇条件として、気圧の変化も加味され検査を必要とする計器もある。

1-4-9　振　動

航空機の振動は主としてエンジン、プロペラ（または回転翼）からのもので、機体の全域に伝わり計器を取り付けた計器板も例外ではなく、これらの回転速度に一致した振動数およびその高調波の振動を受ける。また装備された場所によっては、エンジンの爆発衝撃と上記の振動を合成したものを受ける。この振動に対しては計器板に防振装置を付け、計器に害を及ぼさないようにしている。一方、計器側では、計器は必ず振動を受けるものとして留意して製造される。

1-4-10　湿　度

航空機が雨中の飛行を行った場合、または野外係留などにより直接、または温度変化による間接的な湿度上昇に対して影響を受けることのないように、計器はその内外部に防錆処置が施され、外箱によって密閉されている。また完全密封して不活性ガスを充填したものもある。

1-4-11　塩　霧

水上飛行機または飛行艇の場合はもちろんであるが、海に近い飛行場などでは、絶えず潮風にさらされ、航空機の受ける影響は大きい。計器も塩霧による影響が最小限になるように作られている。

1-4-12　カ　ビ

航空機は広範囲にわたって移動するため、また胴体内および翼内は密閉された状態にあるため、多くの種類のカビの影響を受けやすいと考えられる。過去の経験からも、カビの発生が電気的な故障および精密機械の故障の原因であったことが知られている。

カビの対策として、航空計器は、その主要箇所および外部に抗菌塗料を塗装している。

1-4-13　気圧の変化

航空計器は、大幅な気圧の変化にさらされるため、その影響がないように作られている。密閉が不完全なものは、気圧変化による呼吸作用で計器内部に湿気、カビが吸入され面ガラスの曇り、絶縁不良などの不具合が現れる。

1-5　航空計器の外箱

航空計器に用いられる外箱は種々あるが、主に次のものが用いられている。

⑴　プラスチック製の外箱

外部から、または内部から電気的および磁気的な影響を受ける（または及ぼす）おそれがないような計器に用いられている。このケースの特徴は、製作が容易であり、金属ケースのように塗装の必要がない。前面は、計器板に取り付けた際の有害な反射を避けるため、ツヤ消しにする必要がある。

⑵　非磁性金属製の外箱

材料としては主にアルミニウム合金が用いられる。アルミニウム合金は、加工性、機械的強度、価格などの点で有利であり、また**電気的な遮蔽（へい）効果**も優れているため広く用いられている。

⑶　鉄製の外箱（磁性材料）

航空機の計器板には多くの計器が近接して取り付けられるため、磁気的および電気的な影響を受け（または及ぼし）やすい。電気的な影響は⑵で説明したアルミニウム合金などの非磁性金属材料で遮断できるが、**磁気的な影響を断つ**ためには鉄製の外箱が必要である。鉄製の外箱の場合には、もちろん、電気的な影響を断つこともできる。また機械的な強度も大きく、外箱としては優れているが、重量が大きくなるという大きな欠点がある。そのため⑴または⑵と組み合わせて、合計重量が小さくなるように工夫されたものもある。

1-6　工場封印

航空計器の場合にも一般の計器と同様にメーカーが、その機能に関して責任を持つという意味から、また資格のない人によって内部機械に手がつけられることを防ぐために、計器のどこかがメーカーによって封印されている。この封印は、それを外すことなしに内部に手を触れることができないようなねじ部の頭に施されている場合が多い。

1-7　照　明

計器板には

⑴　計　器

⑵　１つの計器で数箇所から送られてきた量を指示させるための切替装置（例えば切替スイッチ）

⑶　切替装置の位置を示すＲ（右）、Ｌ（左）、UP（上）DN（下）などの文字

⑷　その他

が取り付けられている。そのため実際に計器を使用する場合には

⑴　計器の照明（文字板の照明）

⑵　計器板全般の照明

が必要となる。

晴、曇、日の出、日没、夜と大きく明るさが変わる機外に注意をはらっている操縦者の目から見て、常に適切な明るさで計器の読み取りと、その操作が行えなければならない。そのため計器および計器板の照明は、広い範囲にその明るさの調節ができるようになっている。

1-7-1　計器の照明

計器の指示を読み取るためには、文字板に書かれた目盛および指針の位置（デジタル方式のものでは数字または文字）のみが見えればよい。そのため文字板の地色は黒になっている。暗い機外に注意をはらっている操縦者の目の場合は、文字板の目盛および指針も、その時点で最も適切な明るさが必要である。明る過ぎても暗過ぎても都合が悪いことになる。このような理由で、計器の照明は

⑴　計器の内部に、電球（白熱電球）を組み込んだ、**インテグラル・ライト**（Integral Light）方式（図1-1 (a) ）

⑵　計器に近接した位置に計器板に小さな照明器具を取り付けた**ピラー・ライト**（Pillar Light）方式（図 1-1 (b) ）

で行われ、目盛および指針以外はできる限り見えないようにしている。

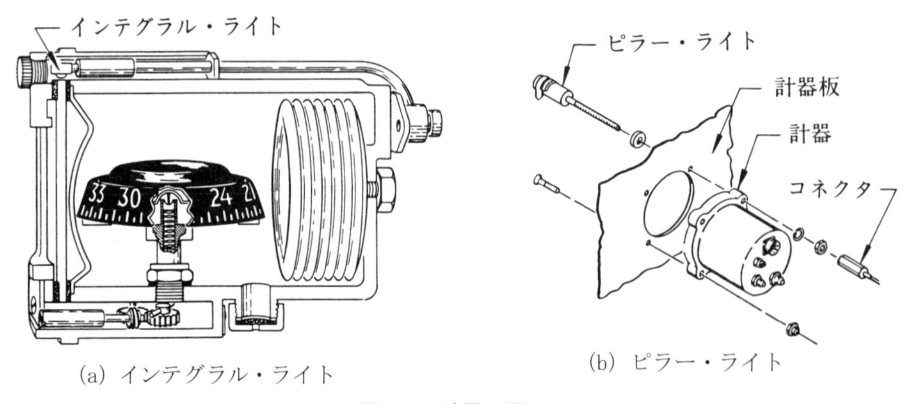

(a) インテグラル・ライト　(b) ピラー・ライト

図 1-1　計器の照明

1-7-2　計器板全般の照明

計器板に取り付けられた切替装置、文字、記号など見やすくするため計器板全般の照明も必要である。この照明も自由に明るさが調節できるようになっている。光源は白熱電球や蛍光灯、または LED が用いられている。夜間の飛行で頻繁に用いられるものは、計器板の内部に照明器具を取り付けて見やすく工夫されているものもある。

1-8　計器の色標識

計器の色標識は、計器の文字板または面ガラスに、その機体の運用限界などを色によって表示したものである。航空機ごとに運用制限、最大運転限界、最低運転限界を標示または色標識を用いて表すよう耐空性審査要領で定められている。耐空性審査要領では、掲示板による表示、または色標識を用いる表示のいずれでもよいことになっているが、色標識による表示の方が多く用いられている。

色標識の内容は次のように定められている（**図 1-2** ）。

⑴　赤色放射線または赤色線

(a)　速度計の場合は赤色放射線で超過禁止速度 V_{NE} 、および最小操縦速度（１発不作動時）V_{MC}

(b)　動力装置の場合は赤色放射線または赤色線で、安全な運用のための最大限界および最小限界

(c)　回転計の場合は赤色弧線または赤色線で過度の振動応力を生じるために制限を要する発動機またはプロペラの回転速度範囲

(d)　燃料油量計の場合は赤色弧線で較正０からタンクの使用不能燃料（3.8 ℓ またはタンクの容量の５％）

⑵　緑色弧線または緑色線

(a)　速度計の場合は緑色弧線でフラップ上げ、脚上げの V_{S1} を下限とし、最大巡航速度 V_{NO} を上限

(b)　動力装置の場合は緑色弧線または緑色線で、安全な運用のための最小限度から最大限度までの範囲

⑶　黄色弧線または黄色線

(a)　速度計の場合は黄色弧線で、赤色放射線と緑色弧線との間の警戒範囲

(b)　動力装置の場合は黄色弧線または黄色線で、離陸および警戒運用範囲

⑷　白色弧線

速度計のみで、フラップ操作範囲（V_{S0} を下限とし、V_{FE} を上限とする。）

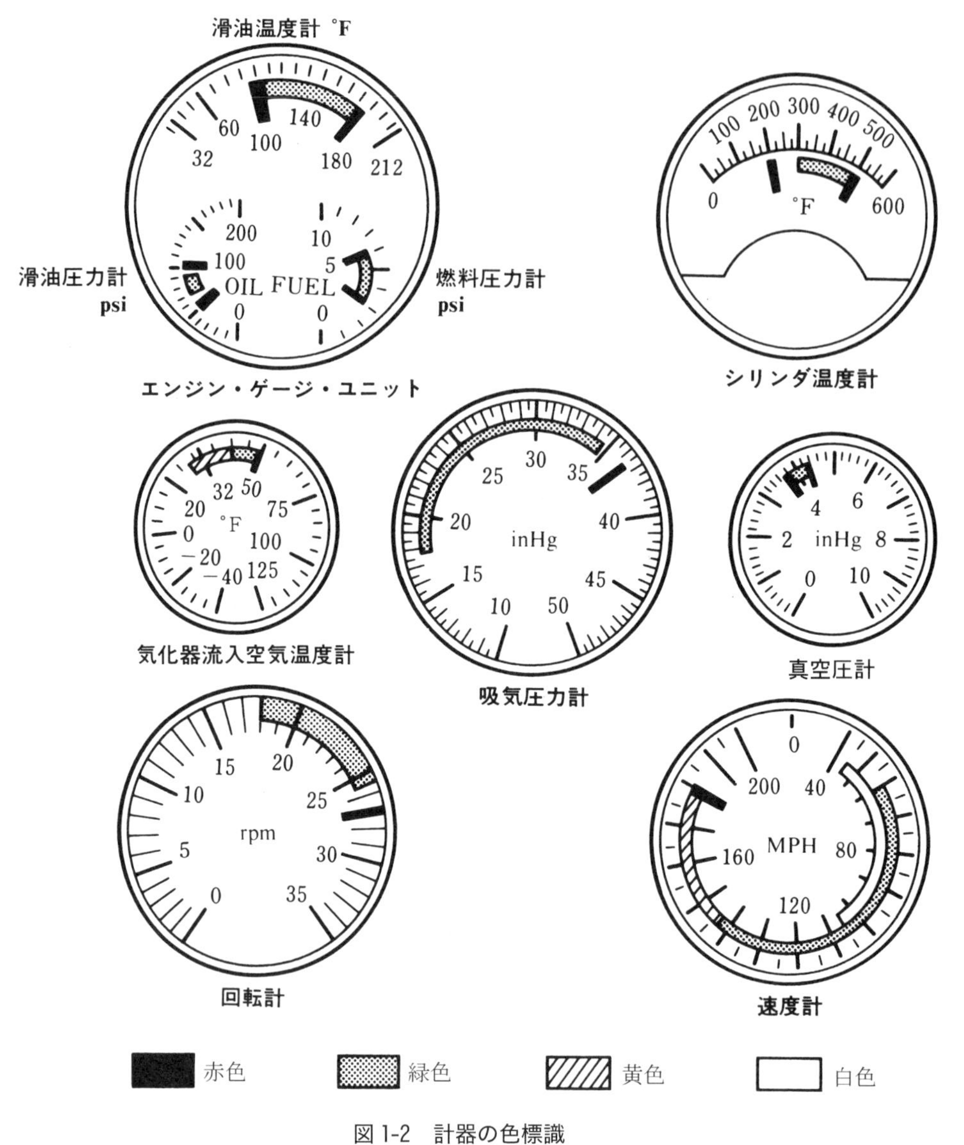

図1-2　計器の色標識

1-9　計器板

1-9-1　計器の配置

主要計器の配置については、1957年に米国FAAが勧告し、ALPA（Air Line Pilot Association）が支持したT型配列と呼ばれる配列法が広く採用されている（図1-3 (a)、(b)）。

T型配置の基本形は、第一にパイロットが高度、速度、飛行姿勢についての正しい指示を得れば一応安全に飛行することができるので、これら3つの要素を指示する計器を、姿勢指示計を中心として

(a) T 型配置

(b) 小型機の計器パネル

図 1-3

左側に速度計、**右側に高度計**、そして**真下に方位指示計**を配置し、ちょうどＴ字型になるようにしたものである。Ｔ字型の中心が姿勢指示計であり、パイロットの前方視線の中心と一致する。このように配置された計器板が左右（機長席前方および副操縦士席前方）に装備される。

他の計器は、これらを基本として、それぞれ重要度に応じて配置される。

エンジン関係計器は中央計器板（前述左右計器板の中間）に配置されている。

747-400 以降の航空機は統合電子計器 PFD（Primary Flight Display）と ND（Navigation Display）および EICAS（Engine Indication and Crew Alerting System）が横一列に配置されている。

計器の配置および視認性については、『耐空性審査要領』の 6-2-1 項を参照されたい。

1-9-2　計器板

計器板の材料は、その上または近くに磁気コンパスが装着されるため、非磁性材料が用いられている。また多数の計器を装着してたわむことのないような剛性のある材料および構造でなければならない。これらの要求を満たし、できるだけ軽い材料ということで熱処理硬化したジュラルミン板材が用いられている。

計器板の取り付けは通常、機体との間にゴムなどの緩衝器を用いて振動から計器を保護している。計器板の塗装は、有害な反射光がないように、艶（つや）消し黒、艶消し茶などが多く用いられている。次に代表的な計器板について説明する。図 1-4 参照。

ａ．大型固定翼機の場合

大型機の場合には計器の数、視界、操作との関連性などを考慮し、図 1-4 に示したように配置されているものが多い。

⑴　主計器板（Main Instrument Panel ）

主計器板は、ウインドシールドの下部に取り付けられており、計器板に向かって左から機長計器板（Captain's Instrument Panel 図中の①）、中央計器板（Center Instrument Panel 図中の②）および副

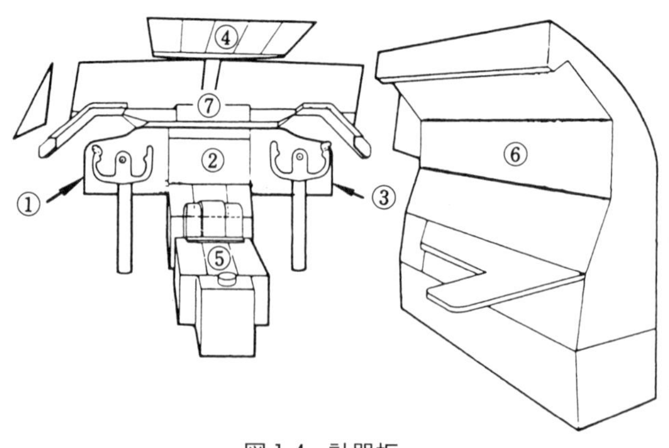

図 1-4　計器板

操縦士計器板（Copilot's Instrument Panel 図中の③）と呼ばれている。主な航法計器は機長計器板および副操縦士計器板にそれぞれ装備されている。中央計器板は主としてエンジン計器、動翼関連計器および脚関連の計器が装備されている。

⑵　上方計器板（Overhead Instrument Panel）

上方計器板はウインドシールドの上部にあり（図中の④）、各種のスイッチ類、使用頻度が低い計器などが取り付けられている。

⑶　航空機関士計器板（Flight Engineer's Instrument Panel）

操縦室の右側に取り付けられ（図中の⑥）、エンジン、燃料、滑油、作動油、高圧空気、空調機、電気、各部の温度などに関する計器および操作スイッチなどが取り付けられ、この計器板で監視、制御できるようになっている。最近の航空機関士計器板を装備しない航空機では、監視および制御を機械にまかせ、異常があったときにのみ EICAS に表示する方式に変わっている。

⑷　センタ・ペデスタル（Center Pedestal または Center Console）

センタ・ペデスタルは機長席と副操縦士席の間に設けられており（図中の⑤）、主としてエンジンおよび動翼の操作レバー、スイッチ類が取り付けられているが、動翼関係の指示器、無線機器の操作スイッチなども取り付けられている場合が多い。

⑸　その他

操縦室正面のウインドシールドと主計器板の間にあり（図中の⑦）、自動操縦装置、フライト・ディレクタなどの操作スイッチ、レバーなどが取り付けられている。AP/FD パネル（Auto-pilot Flight Director Panel）などと呼ばれているもので計器は取り付けられていない。

b．中型固定翼機の場合

中型機の場合は、ほぼ大型機の場合と同じである。

c．小型固定翼機の場合

小型固定翼機では計器、操作スイッチなどの数が少なくなるため、主計器板（図中の①、②、③）にすべての計器、操作スイッチなどが取り付けられている。また、一枚の計器板（取付板）としているものが多い。

d．回転翼機の場合

回転翼機の場合には視界が特に重要であるため（回転翼機の特性から視界が重要視される運航が行われる）、機長席および副操縦士席（回転翼機では右席が機長席）の前は床面近くまで透明な窓としたものが多い。そのため計器、操作スイッチ類を前記の中央計器板、センタ・ペデスタルおよび上方計器板に取り付けたものが多い。機長計器板、副操縦士計器板を設けたものでも、その上下幅を最小にし、前下方まで見えるようにしている。

1-10　まとめ

⑴　航空計器を理解し、完全な整備を行うためには、諸系統に関する理解と運航に関する知識も必要である。

⑵　計器の分解は、航空法では航空機の大修理に該当するが、修理認定の制度がある。

⑶　計器の生産に関しては、型式承認の制度があり、それにしたがって生産されている。

⑷　航空計器の特徴として、気圧、姿勢、実効重力、重量などに関する要求がある。また、計器の照明、色標識、配置に関しても強い要求、制約がある。

（以下、余白）

第２章　計器の装備

2-1　概　要

航空機の整備に携わる者としては、計器板の設計や系統の設計よりも、むしろ計器の交換作業、系統の検査や維持について知ることの方がより重要なことであると考えられるので、計器の整備に関しての実際面について概説する。

計器および系統の装備においては、後述するように、標準の規格に基づいて各種の機器、材料が製作されているので、計器の取り付けは、いずれの製造者のものでも容易に取り付けることができるようになっている。

しかし、実際問題としては取り付けねじのわずかな調整のような作業が必要な場合もある。

2-2　計器の取り外し

計器の指示が不良なときに、これで直ちに計器が不良であると判定することはできない。このような場合には、まず、計器指示不良の原因を調査すべきで、計器系統の全体にわたり故障探究を行い、その結果、指示不良の原因が計器であることが確認されたら取り外すべきである。取り外しにあたっては、次のような順序で行う。

⑴　電源、高圧油源その他関連ある**エネルギー源を遮断**する。

⑵　取り外す計器の名称、型式、製造者名、製造番号、最終修理年月日および修理者名を航空機の**ログや台帳に記入**する。

⑶　取り外しを行う計器に接続された配管、配線に、再接続の際に間違いがないように**タグ（Tag）を付け**、管路名、回路名などを記入する。

⑷　計器後部の配管、配線を外し、配管端末、計器側開孔部、電線接続器（配線側および計器側）に異物の混入などを避けるため専用のキャップ、または**プラグをする**。専用のキャップやプラグがない場合はビニール・シートなどでカバーする。

⑸　計器を手で保持しながら取り付けねじを外して、計器板から取り外す。

⑹　取り外した計器に**「使用不能」**または「UNSERVICEABLE 」を明記したタグを付け、取り外し理由を記入し以後の修理の参考に役立てる。

⑺　指定されたケースがある場合にはケースに入れて運搬する。

上記の手順は、取外手順に関する1つの例であり、所属する会社の整備方式によって多少異なる場合がある。

2-3　計器の取り付け

計器の取り付けに当たって重要なことは、その計器が承認されたものであるか否かであり、**「使用可能」**または「SERVICEABLE 」と表示されたタグが付けられているか否か、または他の方法で使用可能であることを確認しなければならない。

次に、**部品番号**が取り外された計器と同じであることを確認しなければならない。また**色標識**が施されている場合には、これも取り外された計器または**飛行規程**と照合して確認しなければならない。

取り付けに当たっては、計器に注意書きなどが添付されている場合には、それを必ず読み必要な処置をとる必要がある。取り付けが終了した後は次の確認が必要である。

⑴　取り外しの際に付けたタグによって誤接続がないことを確認する。

⑵　配管に他の配管や機体構造材などと擦れるおそれ、不自然な曲がりなどがないか確認する。

⑶　配線に不自然な曲がり、引きつれ、擦れなどがないことを確認する。

⑷　取り外し、取り付け作業で使用した**工具、材料などの置き忘れ**がないことを確認する。

⑸　試験終了後に配管、配線に付けたタグを取り外す。

2-4　計器の配管

正しい計測をするためには、正しい配管が必要である。防振計器板に装備される機械計器の配管は、防振計器板が機体構造と相対運動するため、これによる配管のゆるみや割れなどを避けるため、機体構造に固定されている場所から計器までの間は可撓(かとう)性がある管によって配管される。

また、いくつかの計器を同じ圧力源に接続する場合にはマニホールド（多岐管）が用いられている。可撓管が使えない場合には、ステンレス管、銅管などをコイル状（通常、直径3 in である）にして計器と構造部材の間を接続している。

2-4-1　配管の識別

整備関係者がナセル内、胴体内、翼内などの密集した配管に対して、その作業上迷うようなことがないように、一定の様式を定めて、色標識が配管系統に施されている。これらの配管系統から引き出される計器配管系統にも、同じ理由で同じ色標識が施されている。この色標識には着色されたテープが用いられるが、ラッカーで書かれる場合もある。色標識される場合は、端末金具の付近、配管が隔壁やコンパートメントその他の区切られた部分を通過する前後、そのほか識別を要する箇所に施される。

2-4-2　配管のサイズおよび種類

航空機の配管にはアルミニウム合金、ステンレス鋼などで作られた引抜き管が用いられている。これらの管のサイズは、**外径は分数のインチ・サイズ**で表され、**肉厚は小数のインチ・サイズ**で表されている。例えば、外径 1/4in 、肉厚 0.032in というように表示される。

2-5　計器の配線

2-5-1　計器の電気接続器具

計器の電気接続器としては、計器にポストを持っており、これにアイレット型の端子をもった配線をワッシャ、ナットを用いて接続するものと、計器に接続栓（プラグ）を持っており、これに接続受栓（レセプタクル）を持った配線を差し込んで接続するものとがある（**図 2-1**）。

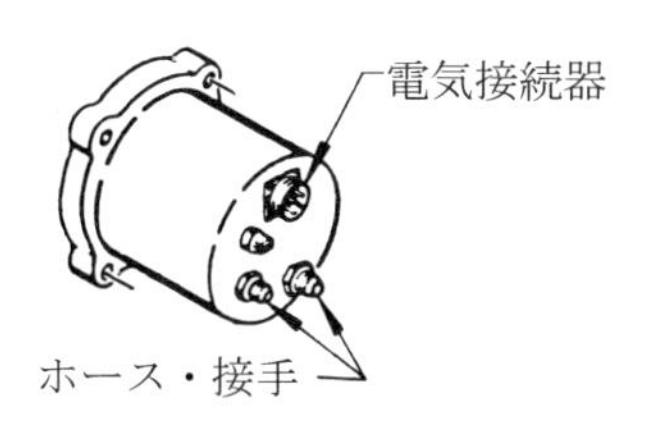

図 2-1　コネクタ

2-5-2　ボンディング

ボンディングとは、２つ以上に分離された金属構造物、または機械的には接合されているが、電気的な接続が不完全な金属構造物を、電気的に完全に接続することである。このために用いる導線をボンド線またはボンディング・ジャンパ（Bonding Jumper）と呼んでいる。

ボンディングが不完全な場合には、無線受信機の雑音障害、計器の指示誤差または指示振れなどの悪影響が現れる。

ボンディングは電気的接続を完全にするためのものであるから、アルミニウム材料の表面処理として行われている「アノダイジング」処理が施されている場合には表面に酸化皮膜が作られ電気的に絶縁されているため、この部分にボンド線を接続する場合には、その部分をみがいて接続する必要がある。塗装されている場合ももちろん同様である。接続した後は防錆処理をしなければならない。

ボンディングを行う場合に特に大切なことは、**電食に対する考慮**である。電食を防止するためボンド線を接続する場合には、材料の組み合わせに注意が必要である。

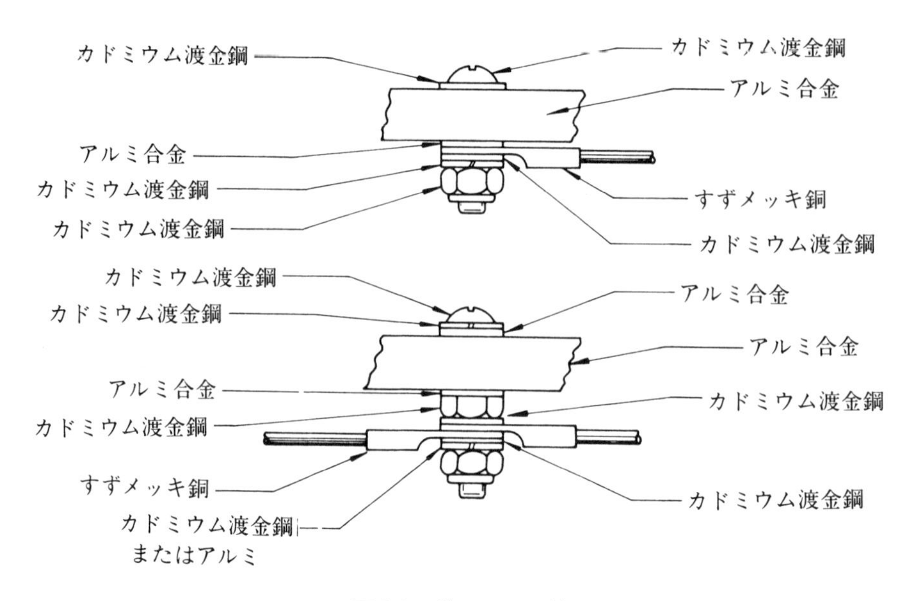

図 2-2　ボンディング

図 2-2 に 1 つの例を示した。機体にボンド線を接続する場合には、機体製造者などにより示された材料を用いる必要がある。またマグネシウムの含有率の高い合金で作られた部分にはボンディングしてはならない。

2-6　まとめ

⑴　計器の装備、整備に関しては、ほとんどすべての計器が、航空機の運用形態に応じて、整備管理させ、それにしたがって実施されている。

⑵　航空機用の材料として強く要求される軽量、強靭を実現するため、特殊な合金が用いられている。そのため電食、腐食について特別な配慮が必要である。

（以下、余白）

第3章 空 盒 計 器

3-1 概 要

空盒は圧力を機械的変位に変える装置であり、航空計器にはそれを応用したものが多く用いられている。代表的なものとして**高度計**、**速度計**および**昇降計**がある。このグループの計器は航空計器のうちで最も基本的なものであり、新しい計器が開発されている現在でも、その重要性は少しも失われていない。このことは、「航空機は大気の中を飛行している」ということを考えれば、当然のことである。

3-2 大気の圧力と標準大気

「標準大気」とは、次の状態の大気をいう。

a 空気が乾燥した完全ガスであること。

b 海面上における温度が15℃（59℉）であること。

c 海面上における気圧が水銀柱760mm（29.92in = 1,013.25hPa）であること。

d 海面上から温度が− 56.5℃（− 69.7℉）になるまでの温度の勾配は、− 0.0065℃ /m（− 0.003566℉/ft）であり、それ以上の高度では0であること。

e 海面上における密度ρ_0が0.12492kg・s^2/m^4（0.0023771b・s^2/ft^4）であること。

地表付近の空気は、その上の空気の重さによって押されているので、圧力が発生している。上空に行くと、それより上にある空気が地表付近の場合より少なくなるので圧力は小さくなる。このような理由により、高度と圧力の関係は図3-1に示したようになる。

海面に接した大気の圧力は760mmHg、5,000 mの上空では約405mmHg、10,000 mでは約198mmHgとなる。

大気の圧力は時刻、場所によって変動し、一定ではない。そのため、大気の圧力を測って、その点の高度を知ろうとすると正確な高度は求められない。そこで、中緯度付近の**大気に似た仮想大気のモデル**

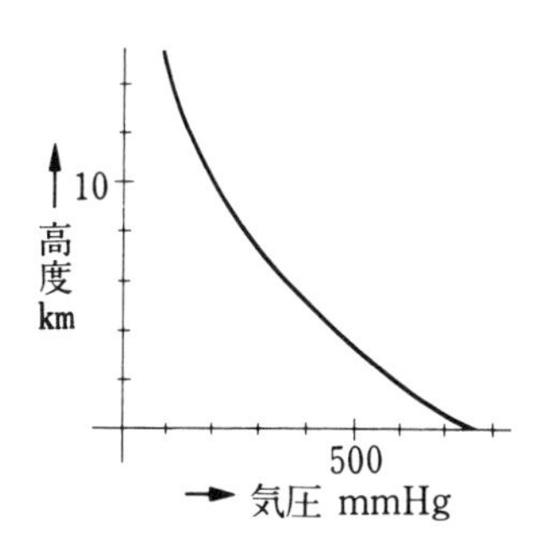

図3-1 高度と大気圧

（標準大気と呼ばれる）を1924年国際航空評議会で定めた。これは実在の大気に似たものではあるが、一種の仮想大気であり、この圧力分布によって求めた高度は、実高度を表すものではない。しかし、標準大気によって、すべての航空機が、航空交通管制の指示する飛行高度を維持すれば空中衝突などの事故を防ぐことができる。標準大気の圧力と高度の関係から、圧力を測定して求めた高度を、高度として用いる。

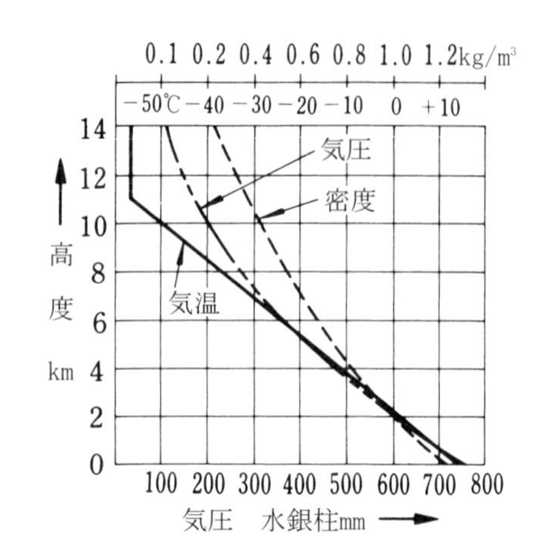

図 3-2　標準大気

標準大気は、次のような仮定の下で、作られた大気モデルである。

⑴　温度

海面からの高さをh（メートル）とし、その点の温度（℃）を

$h < 11{,}000$ mでは $t = 15 - 0.0065h$

$h > 11{,}000$ mでは $t = -56.5$

とする。すなわち、海面に接したところでは15℃で、高度が11,000 mまでの範囲は、1,000 m（または1,000ft）上昇するごとに6.5 ℃（2 ℃）ずつ温度が低下し、11,000 m（または36,089ft）以上では−56.5℃で一定である。

⑵　圧力

海面に接した大気の圧力は1,013.25hPa（ヘクトパスカル）＝29.92inHg＝760mmHgである。

標準大気の圧力と高度、気温、密度の関係を図3-2に示した。また高度（mおよびft）と気圧（hPaおよびmmHg）の関係を表3-1に示した。

この標準大気（国際航空標準大気：ICAO Standard Atmosphere）は、わが国でもJISの標準大気として用いられている。

3-3　空　盒（Pressure Capsule Diaphragm）

圧力を機械的変位に変換するものとして広く実用されているものには

⑴　ダイヤフラム（Diaphragm）

⑵　ベローズ（Bellows）

⑶　ブルドン管（Bourdon Tube）

がある。ダイヤフラムは有効受感面積を大きく作ることができるので、**小さい圧力の変化を検出**することができる。空盒（くうごう）は2枚のダイヤフラムを薄い太鼓状に組み合わせ、外周を溶接またはろう付けしたものであり、航空計器に用いられているものは金属ダイヤフラムによる空盒が用いられている。ま

表 3-1 標準大気

高度（m）	気圧（hPa）	気圧（mmHg）	高度（ft）	気圧（hPa）	気圧（inHg）
− 1,000	1,139.29	854.5	− 2,000	1,088.66	32.15
0	1,013.25	760.0	0	1,013.25	29.92
1,000	898.74	674.1	2,000	942.13	27.82
2,000	794.95	596.3	4,000	875.10	25.84
3,000	701.08	525.9	6,000	811.99	23.98
4,000	616.40	462.3	8,000	752.62	22.22
5,000	540.20	405.2	10,000	696.81	20.58
6,000	471.81	353.9	12,000	644.41	19.03
7,000	410.61	308.0	14,000	595.24	17.58
8,000	356.00	267.0	16,000	549.15	16.22
9,000	307.42	230.6	18,000	506.00	14.94
10,000	264.36	198.3	20,000	465.63	13.75
11,000	226.32	169.8	22,000	427.91	12.64
12,000	193.30	145.0	24,000	392.71	11.60
13,000	165.10	123.8	26,000	359.89	10.63
14,000	141.02	105.8	28,000	329.32	9.72
15,000	120.45	90.3	30,000	300.89	8.89
16,000	102.87	77.2	35,000	238.42	7.04
17,000	87.867	65.9	40,000	187.54	5.54
18,000	75.048	56.3	45,000	147.48	4.35
19,000	64.100	48.1	50,000	115.97	3.42
20,000	54.749	41.1	55,000	91.198	2.69
			60,000	17.716	2.12

た、各ダイヤフラムは、静かな水面に石を投げた場合に発生する波のように、同心円の波型に作られている。これは空盒に組み立てた場合の性能（実用変位範囲の拡大、感度、直線性）を良くするためである。材料は、経年変化、履歴現象が小さいことが必要であり、ベリリウム銅が広く用いられている。**図 3-3** に空盒、ベローズ、ブルドン管の例を示した。空盒には、使用の目的によって、２つの種類がある。１つは**密閉型空盒**（真空空盒、アネロイド*）であり、内部が真空（10^{-5}mmHg 程度）になっており、空盒の外部に加えられる圧力のみによって、変位量が決まるので、絶対圧力の測定に用いられる。

他のものは**開放型空盒**（差圧空盒）であり、空盒の内部と外部に加えられる圧力の差によって変位量が決まるので圧力差を測定するために用いられる。高度計では真空空盒、対気速度計および昇降計では差圧空盒が主役として用いられる。

空盒の実用変位範囲は非常に小さいので** 計器として使用する場合には拡大装置が必要である。

*アネロイド……無液（No Liquid）の意味である。液体水銀を用いた水銀気圧計に代わって真空空盒を用いた気圧計が作られたため“アネロイド”と呼ばれるようになった。

** 一例として高度計についていえば、30,000ft の変化で空盒の変位量は約 1.5mm 程度である。

図3-4に拡大装置の例を示した。空盒の可動端Aの変位は軸BとBに取り付けられたレバーCによって、Bの回転運動に変えられる。Bの回転は、Bに取り付けられたセクタDおよびピニオン・ギアEによって拡大され、指針Fを大きく振らせることができる。ヘア・スプリングGは歯車列のバックラッシュ（背隙）を除くために取り付けられている。

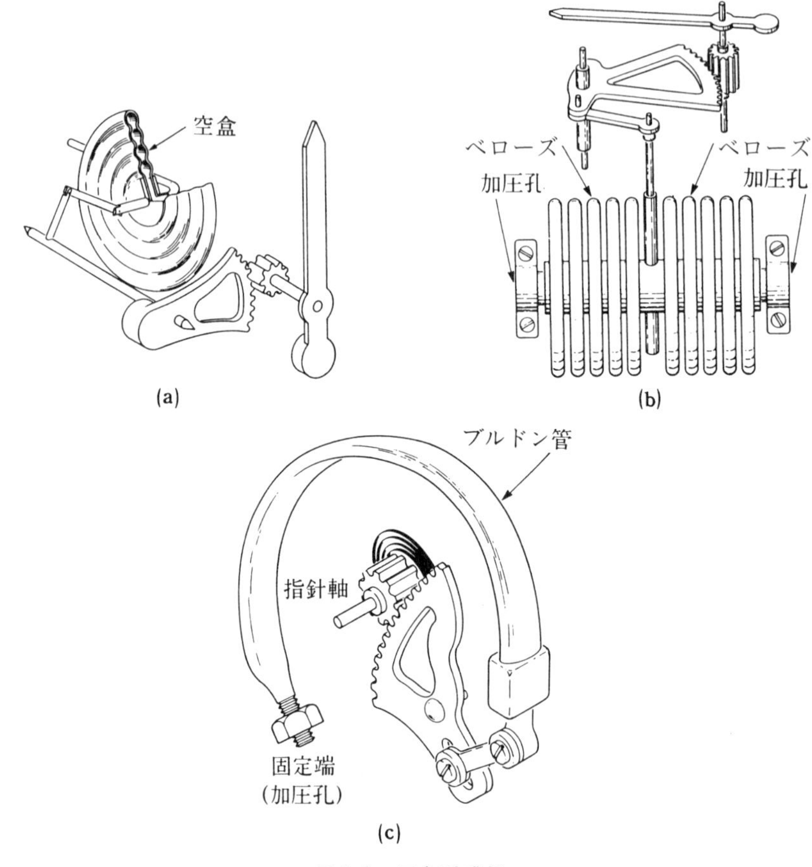

図3-3　圧力受感部

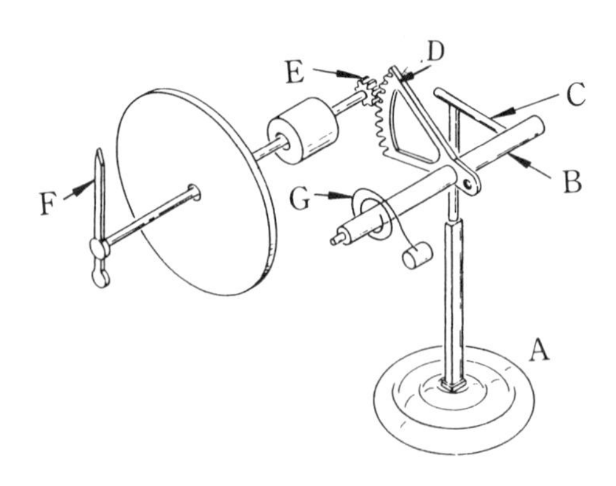

図3-4　拡大装置

3-4　高度計（Altimeter）

ここで説明する高度計は、大気の圧力を測定して、**標準大気の圧力と高度の関係**を用いて高度を知るもので、正しくは気圧高度計である。

原理的には真空空盒を用いて、大気の絶対圧力を測定する一種の圧力計であり圧力目盛の代わりに高度目盛が付けたものにほかならない。

一般に広く用いられているレンジは 20,000、35,000、50,000、80,000ft である。

3-4-1　構造と機能

図 3-5 に気圧高度計の構造の一例を示した。空盒Aは真空空盒で、ケース内に導入された空気の絶対圧力を感知する。Aの自由端の変位は、リンクLによりセクタ軸Jの回転に変えられる。セクタ軸Jの回転は、セクタS、および歯車 g_1 、g_2 、g_3 によって拡大され、長針（1回転で 1,000ft または 1,000 m）を回転させる。長針軸の回転は歯車列によって中針（1回転で 10,000ft または 10,000 m）および短針（1回転で 100,000ft または 100,000 m）を回転させる。気圧セット・ノブKを回すと、

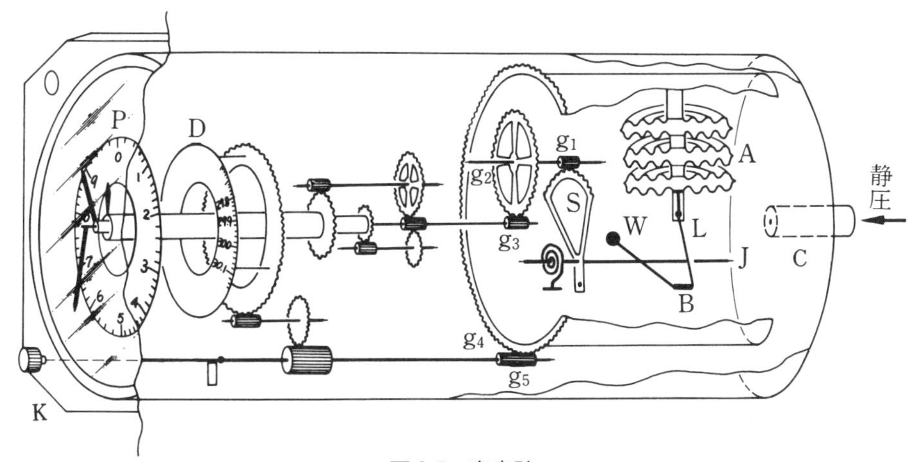

図 3-5　高度計

指針、気圧目盛板Dが回転し、気圧が変化した場合に調整することができる。バイメタルBは温度変化による誤差を除くためのものであり、錘Wは空盒を含め、セクタ軸に生じる不平衡トルクを平衡させるためのものである。

高度計は高度数万フィートまで正しく読みとれるようにするため、普通は３針式または２針式となっている。そのため目盛は平等目盛にしなければならない。しかし前に説明したように、高度と気圧の関係は図 3-1 に示したように直線的な関係でない。また空盒自身の圧力と変位量の関係は完全な直線的なものではない。したがって空盒の変位をそのまま回転角に変えると、目盛は不平等目盛になってしまう。例えば、地表付近で長針を、500ft 上昇するごとに 180° 回転するようにすると、20,000ft 付近では、500ft 上昇するごとに約 90° 回転するようになってしまう。実際の高度計ではリンク機構Ｌの各部の長さおよび角度を適正に選ぶことによって、ほぼ平等目盛になるように作られている。外気圧を高度計ケース内に導入する部分Ｃにはオリフィスが取り付けられており、急激な圧力変化がケース内に入ることを防止している。

ここまでに説明したものは、目盛板と３本（または２本）の指針によって高度を表示する方式のものであるが、図 3-6 に示したように、１回転で 1,000ft を表示する指針と目盛板および４個のドラム（下位の２桁は 20ft ごとの数字）で５桁の数字を表示する方式のものも多く使われている。また、気圧規正値の表示はミリバールおよび／または inHg で表示されている。

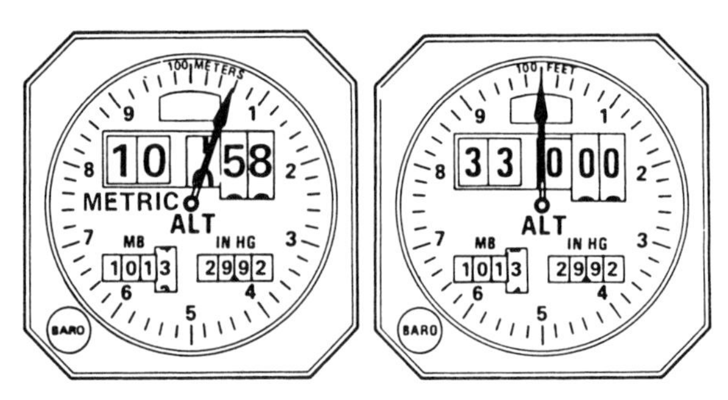

図 3-6　ドラム・カウンタを用いた高度計

3-4-2　高度計の使用法

高度計は、前にも説明したように、大気の絶対圧力を測定して、標準大気の圧力と高度の関係から、間接的に高度を知るように作られている。したがって、実在の大気圧の圧力と高度の関係が、標準大気と異なる場合は、高度が同じであっても高度計の指示値が異なることになる（図 3-7 参照）。

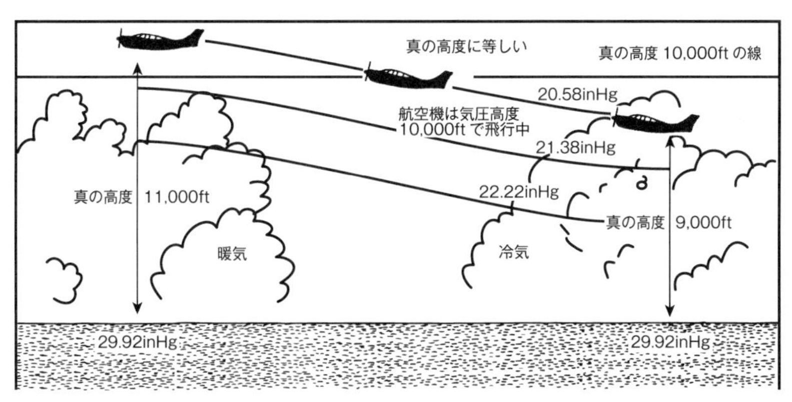

図 3-7　気圧高度と真の高度の関係

このことは、着陸する空港の気圧が低い場合には、高度計が、ある高さを示していても対地高度はゼロ（0）となり、非常に危険である（図 3-8 参照）。

そこで、実際の高度計は、気圧が変わった場合でも適正な高度を示すように調節することができる。そのためには、高度計の正面の左下にある気圧セット・ノブを回して、気圧表示窓の気圧表示値を、その時刻のその地域の海面の気圧に一致するように調節すればよい。

また、大気の気圧層は、気温に影響されて均一にはならない。気温が高い時は、空気が膨張するので空気層の幅も広くなり、真の高度は気圧高度より高くなる。気温が低い時は真の高度は気圧高度より低い高度となるため注意が必要である。

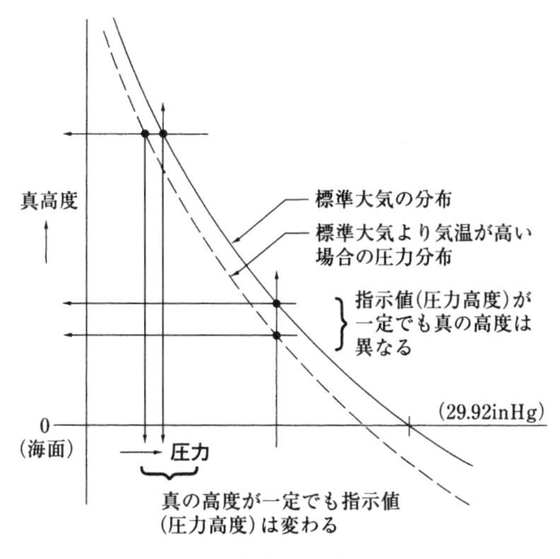

図 3-8　高度と温度の関係

3-4-3　高度計の規正

気圧高度計は、気圧セット・ノブを回して気圧表示窓に、ある気圧（例えば 30.00）をセットした場合には、海面の大気圧値がセットした値（この例では 30.00inHg）であるような大気モデルの、圧力と高度の関係によって、高度が示されるように作られている。

高度計は、次に示す3つの気圧セッティングによって用いられている。

a．QNH セッティング

単に高度計の気圧セッティングと言う場合は、QNH セッティングのことを指し、QNH 適用区域境界線内の高度 14,000ft 未満で飛行する場合に広く用いられている。このセッティングは、滑走路上にある航空機の高度計の指示値が、その滑走路の標高（海抜）を示すようなセッティングで、指針は飛行中も海面からの高度（真の高度に近い値）を示す。航空機が出発地の QNH にセットして出発し、飛行の途中、管制塔などから送られる気圧情報（QNH）にしたがって、気圧セットを修正しながら飛行すれば、各航空機は、常に一定の基準面（海面）からの指示された高度を保って飛行することになり、他の航空機との一定の高度差を維持することができる。

b．QNE セッティング

この方法の目的は、QNH 適用区域境界線外の洋上飛行、または日本国内空域では、14,000ft 以上の高高度飛行を行う場合に航空機間の高度差を保持するためである。QNE セッティングでは常に気圧セットを 29.92 とし、すべての航空機が標準大気の気圧と高度の関係に基づいて高度を定めることにしている。この高度を気圧高度という。

c．QFE セッティング

この方法は標高に関係なく滑走上で高度計が 0 ft を指示するようにセットする方法である。

訓練飛行等で離陸した空港へ戻って着陸する様な狭い範囲の飛行に便利である。

この様にセットすると気圧補正目盛は、滑走路上の気圧を示す。

3-4-4　高度計の誤差

高度計の誤差は、大別すると目盛誤差、温度誤差、弾性誤差および機械的誤差に分けられる。

a．目盛誤差

前にも説明したように、高度計は多針型であるため、目盛は平等目盛とすることが必要である。これに対して

⑴　大気圧の高度と圧力の関係は非直線的である。

⑵　空盒の圧力と変位量の関係は、完全な直線的ではない。

そのため、リンク機構によって、これらの非直線性を修正しているが、完全に修正することはむずかしく、ある程度の非直線性が残ってしまう。目盛誤差は主として、このことから生じる。目盛誤差の原因は、このほかにセクタの歯の不均一なこと、ピニオン・ギアの歯の不均一なことなどがある。

b．温度誤差

高度計を構成するすべての部分の温度変化による膨張、収縮によって生じる誤差である。特に、空盒の支持部とセクタ軸の軸受部との間の膨張、収縮は拡大機構により拡大され、大きい誤差を生じる。そのため、バイメタルによって温度誤差の補正を行っているが、完全な補正はむずかしく、温度誤差が生じる。

c．弾性誤差

高度計は測ろうとする大気圧と、弾性体としての空盒の弾性力とのつりあいの関係から大気圧（高度）を知る一種の弾性圧力計である（圧力計には、このほかに電気圧力計、重錘圧力計などがある）。そのため、弾性体の特性によって誤差が生じる。

⑴　温度変化によって**弾性係数が変わる**ための誤差。

⑵　圧力の変化に対応した撓みの完成までに時間的な遅れがある**遅れ効果**による誤差。

⑶　長い時間にわたって同一の圧力を加えておくと、撓みが少しずつ増加する**クリープ現象**による誤差。

⑷　材料の**疲れ**による誤差。

⑸　使用しなくても、加工したときに生じた加工歪が長い間に元の状態にもどるために変形を生じる**経年変化**による誤差。

が弾性誤差である。

遅れ効果は、圧力と撓みの関係が、増圧の場合と減圧の場合に一致しないでループを描く。この現象は**ヒステリシス**と呼ばれている。図 3-9 に 1 つの例を示した。弾性体のクリープ現象によって、指示値が時間とともに少しずつ変っていくことをドリフト（Drift ）と呼んでいる。また、遅れ効果、クリープ現象の結果、圧力を減少・増加して元の状態にもどしても指示値は元の値にもどらない。この指示誤差は**アフタ・エフェクト**と言われ、試験を行う場合には必ず実施される大切な項目である。

d．機械的誤差

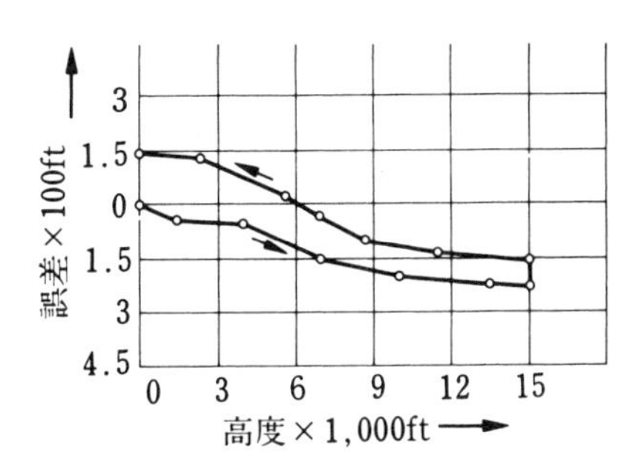

図 3-9　高度計のヒステリシス・エラー

拡大機構の可動部分、連結、歯車のかみ合いなどのガタ、バックラッシュ（背隙）、摩擦などにより生じる誤差である。

3-4-5　機能を追加、変更した高度計

ここまでに説明した高度計の機能は

⑴　気圧を測定して、高度を表示する

⑵　気圧が変化した場合に調節できる

であった。この項で説明する高度計は、この２つの機能に、さらに別の機能が追加されたものである。

a．エンコーディング高度計（Encoding Altimeter）

航空交通管制が複雑になり、飛行中の航空機の高度を常時地上に通報する装置（ATC トランスポンダ機上装置またはトランスポンダ）を装備した航空機の場合には、高度計で測定した高度を、定められた方式にしたがって、高度計の内部でデジタル・コードに変換し（この装置をエンコーダ：Altitude Encoder または単に Encoder と呼ぶ)、トランスポンダに送り、ここから電波で地上に送っている。

b．誤差補正高度計（Servo Altimeter ）

静圧系統の誤差は、静圧孔に乱れた気流がない場合にも生じる。そして、機体の速度、高度、機種などに応じて変わる。誤差補正高度計には機種ごとに速度、高度による静圧系統の誤差を測定し、それを速度、高度に応じて補正する機能が組み込まれている。高速、高高度の飛行を行う航空機の高度計には、この方式の高度計が多く用いられている。図 3-10 に一例を示した。誤差補正を行うサーボ機能が故障の場合は、通常の純気圧作動型の高度計として作動する。

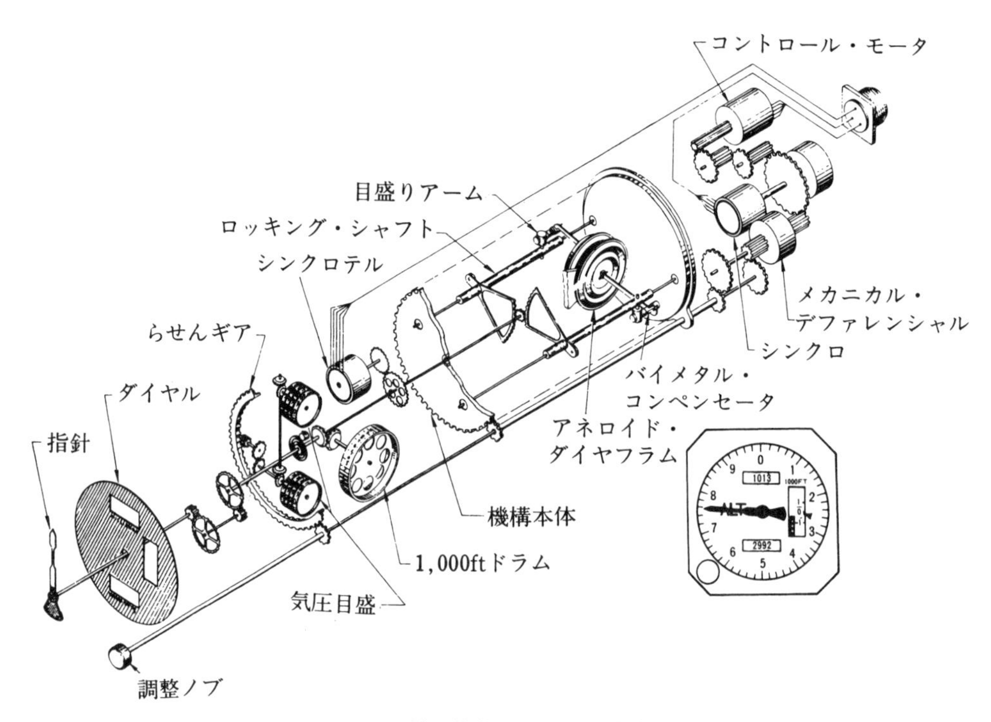

図 3-10　補正機能を追加した高度計

c．高度表示器（Altitude Indicator）

この方式の高度計は、表示器のみでは高度を計測する機能は全くなく、図 3-11 に示したように

⑴　エア・データ・コンピュータから送られてきた高度情報を表示する。

⑵　エア・データ・コンピュータに気圧規正情報を送る。

だけの機能があるのみである。高速、高高度飛行を行う新しい航空機は、ほとんどこの方式の高度計が用いられている。

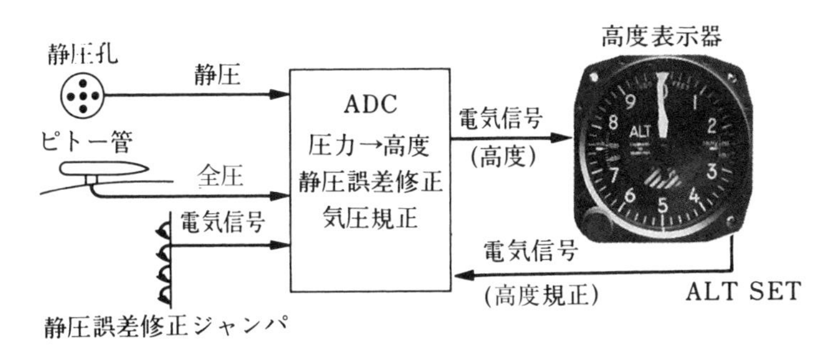

図 3-11　ADC の高度表示器

3-5　対気速度計（Air Speed Indicator）

地上を走っている自動車などでは、スピード・メータは車体の大地に対する速度を表示するように作られている。車の周囲の空気の状態によって速度表示の値が変わることはない。風が吹いていても、高い山の上でも、大地に対する車体の速度のみできまる。

航空機の場合には、速度を測るための情報が周囲の空気から得られたものであるため（INS 、IRS などでは、周囲の空気からの情報なしで、速度を求めることができる。）、**空気の状態によって速度の表示値が影響される。**図 3-12 の飛行機 A および B は、いずれも大地に対して 200kt の速さで、同じ方向に飛行しているものとする。また風は吹いていないとする。この場合には、A は B より低いところを飛行しているため、B より周囲の空気が濃い。そのため B より大きい空気との衝突感がある。そのため**空気との衝感**によって空気に対する速度を知ることはできない。空気がない場合には速度感は全くなくなると考えられる。

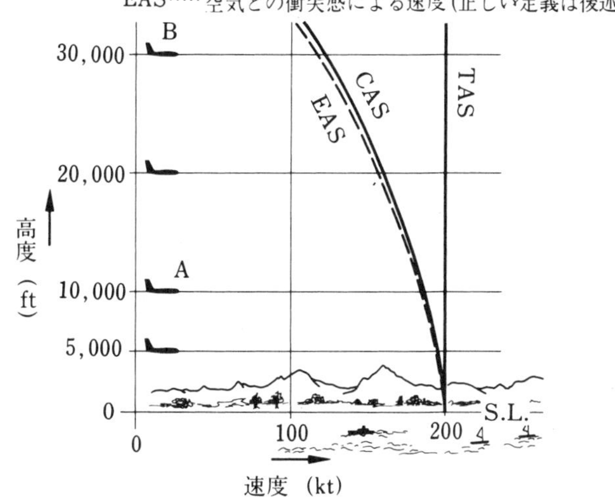

図 3-12　TAS, CAS（IAS）, EAS

3-5-1　静圧と全圧

航空機の場合には、速度を知るために、図 3-13 に示したように、空気の流れに向かって開孔した部分Ｐと、流れに直角な方向に向って開孔した部分Ｓを持った装置の、それぞれの開孔部の圧力を、管を通して外部に導き出したものを用いている。Ｐ部は、空気と正面衝突するため、圧力が大きくなるが、Ｓ部は空気と衝突しないため、その場所の大気圧と同じになる。Ｐ部の圧力を P_t、Ｓ部の圧力を P_S とすると、**$P_t - P_S$ が空気との衝突によって生じた圧力増加**である。$P_t - P_S$ は、その場所の空気の密度を ρ、空気に対する速度を V とすると、γ を空気の比熱比として

$$P_t - P_S = P_S\left[\left(1 + \frac{\gamma - 1}{2\gamma}\cdot\frac{\rho}{P_s}V^2\right)^{\frac{\gamma}{\gamma-1}} - 1\right] \cdots\cdots\cdots\cdots\cdots（3－1）$$

の関係がある（断熱圧縮流の場合の式で、音速未満の速度で適用できる）。低速で空気の圧縮性を考えない時は

$$P_t - P_S = \frac{1}{2}\rho V^2 \cdots\cdots\cdots\cdots\cdots（3－2）$$

となる。この式から分かるように、V を求めるためには、P_t、P_S および空気の密度 ρ を知る必要がある。上の話に出てきた P_t **を全圧**（またはピトー圧）、P_S **を静圧**と呼んでいる。P_S はその場所の大気圧と同じであり、P_t は空気の衝突による圧力増加分と、その場所の大気圧を加えたものである（そのため全圧と呼ばれる）。

また、図 3-13 に示した装置は**ピトー静圧管**と呼ばれ、これはピトー管に全圧孔と静圧孔が設けられたものであるが、図 3-14 に示したような、全圧孔のみのピトー管が多く用いられている。全圧孔のみのピトー管を用いた場合には、静圧は胴体の側面などに設けた静圧孔から管によって導いている。

今までの話では、P_t、P_S と ρ を測定すれば V が求められるということが分かっただけで、仮に P_t および P_S を圧力計で測ったとしても、ρ が分らないから、V は求められない。実際に用いられている速度計指示器は、**標準大気の海面に接した（高度０）部分の空気の密度 ρ_0 および圧力 P_0 を用いて目盛が作られている。**そのため、上空へ行き、空気の密度が海面近くの空気の密度より小さくなると、航空機の速度が変わらない場合でも、速度計指示器の指示値は小さくなる。

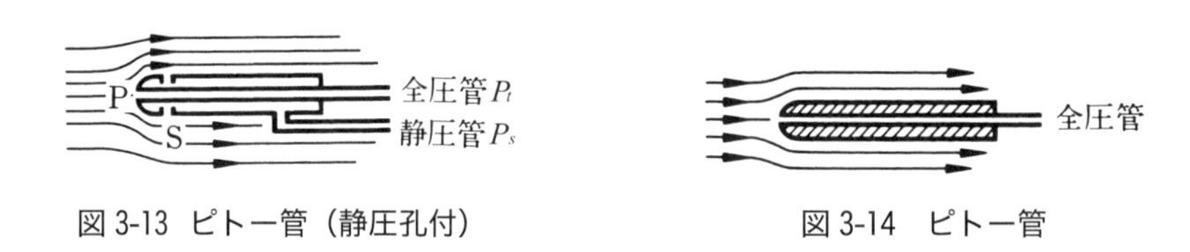

図 3-13　ピトー管（静圧孔付）　　図 3-14　ピトー管

3-5-2　対気速度計の構造と作動

前項で説明したように、対気速度計指示器は、標準大気の海面上における密度を用いて、（３－１）式に示した速度と差圧の関係で目盛が作られている。図 3-15 に対気速度計の構造を示した。空盒Ａは開放型空盒（差圧空盒）が用いられており、内部に全圧、外部（指示器ケース内部）に静圧が加え

られる。したがって空盒の自由端の変位置は全圧 P_t と静圧 P_S の差 P_t-P_S によって決まる。この変位はリンクＬによって、セクタ軸Ｊの回転に変えられる。セクタ軸Ｊの回転はセクタＳと歯車Ｇによって回転角が拡大され、指針を回転させる。バイメタルＢは温度誤差を除くためのものであり、指針軸にはバックラッシュを除くための渦巻バネが取り付けられている。指針の回転角は速度の２乗にほぼ比例するため速度が大きいところでは目盛幅が大きくなるので、**抑制スプリング**Ｒによって、空盒の変位を抑制し、速度目盛がほぼ平等（速度が小さいところは２乗目盛に近い不平等目盛）になるように工夫されている。

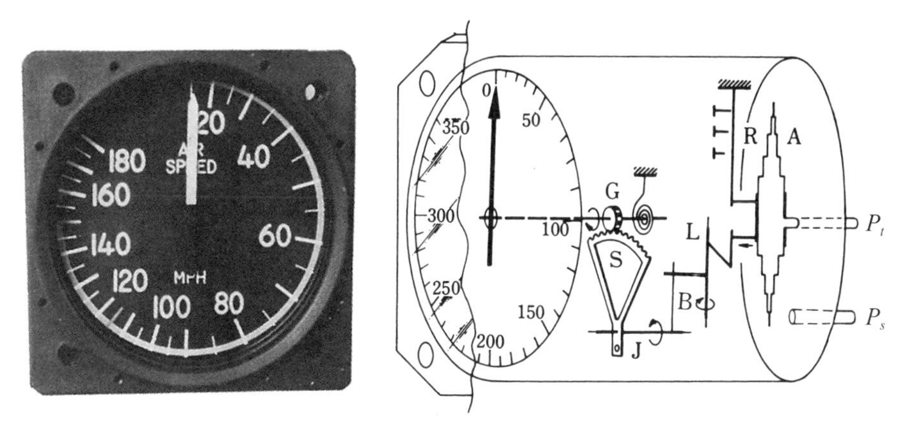

図 3-15　対気速度計

3-5-3　対気速度計のまとめ

前の項までに説明したように、対気速度計は、標準大気の高度０における空気の密度の中を飛行した場合の空気に対する真の速度を示すように目盛られている。したがって高度０では対地速度と同じになる。この項では、話がややこしくなるため、風はないものとしている。

しかし、対気速度計指示器に入る全圧 P_t および静圧 P_S は、航空機の近くの気流の乱れなどによって、誤差を含んだ値となっている。P_t および P_S は航空機を設計・製造する場合に、真の意味の P_t および P_S となるように、理論、実験によってピトー管および静圧孔の位置、形状を選んでいる。しかし、誤差が多少は含まれる。さらに、速度計指示器自体も P_t、P_S と V との関係を完全に表示するものでなく、誤差を含んでいる。したがって対気速度計は、

(1)　全圧系統の誤差（速度、姿勢、フラップの位置などで変わる）。

(2)　静圧系統の誤差（速度、姿勢、フラップの位置などで変わる）。

(3)　速度指示器自体の誤差。

を含んだ値となる。これら誤差を含んだ、生の指示値を**指示対気速度**（IAS：Indicated Air Speed ）と呼ぶ。

航空機を設計・製造する場合にはIASがどのような誤差を含んでいるか知るため、別の速度計測装置、地上からの計測などの実験を行う。その結果、IASから上記(1)、(2)、(3)の誤差を修正したものを

較正対気速度（CAS：Calibrated Air Speed）と言う。

注：第12章で出てくるADC出力の速度はCAS（Computed Air Speed）とも呼ぶ。

このCASに対し各飛行高度での圧縮性の影響による誤差の修正を行ったものを等価対気速度（EAS：Equivalent Air Speed）と呼ぶ。

次に、目盛が標準大気の高度0の空気の密度を用いて作られているため、上空に行き、空気の密度が小さくなると、速度が同じであっても、対気速度計の指示は小さくなる。そこで、密度が変わったために生じる指示の変化を修正した（したがって空気に対する真の速度となる）ものを**真対気速度**（TAS：True Air Speed）と呼ぶ。

つまり

$$\mathrm{TAS} = \sqrt{\frac{\rho_0}{\rho}}\,\mathrm{EAS} \quad \cdots\cdots（3-3）$$

である。高度0では$\rho = \rho_0$であるから

$$\mathrm{TAS} = \mathrm{EAS} = \mathrm{CAS} \quad \cdots\cdots（3-4）$$

となる。また、低速の場合は

$$\mathrm{CAS} \fallingdotseq \mathrm{EAS} \quad \cdots\cdots（3-5）$$

となり、低速、低高度の場合には

$$\mathrm{CAS} \fallingdotseq \mathrm{EAS} \fallingdotseq \mathrm{TAS} \quad \cdots\cdots（3-6）$$

となる。この項では風が吹いていないとしていたので、

対地速度GS（Ground Speed）は

$$\mathrm{GS} = \mathrm{TAS} \quad \cdots\cdots（3-7）$$

である。

3-5-4　マッハ計（Machmeter）

音速に近い速度で飛行する航空機の場合には、突風などに遭遇すると、機体の一部が音速を越え、衝撃波の発生で危険な状態になる。そのため高速機では、飛行中に音速に対して、どの程度の速さであるかを知っておき**突風などに対する余裕**を保っておく必要がある。

空気中を音波が伝わる速さは、その場所の空気の状態（温度）で決まる。その速さをcとし、航空機の真対気速度をVとすると、$M = V/c$をマッハ数（Mach Number）と呼ぶ。Mは音速未満の速さの場合は0.××（例：0.83）であり、音速を越える速さの場合は1.××（例：1.20）、ちょうど音速と同じ場合には1である。機械的にマッハ数を表示するマッハ計の構造を図3-16に示した。指針は対気速度計と同じように、ピトー圧と静圧によって変位する差圧空盒によって駆動されている。差圧空盒の変位を拡大する拡大機構は、静圧によって変位する真空空盒によって拡大率が変るように作られており、高度（温度）に応じて定まる拡大率によってマッハ数が表示される。

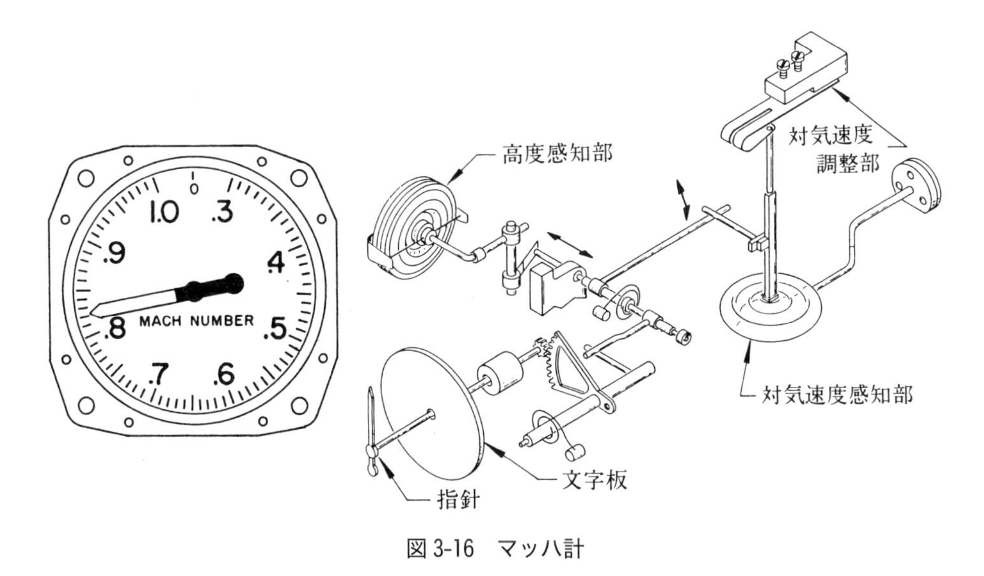

図 3-16　マッハ計

3-5-5　最大運用限界速度計（V_{MO}：Indicator または M_{MO} Indicator）

音速未満の速さで飛行することを条件として設計・製作された航空機は、音速に近い速度で飛行することはできない。音速に近い速さで飛行した場合には、突風などで機の一部が音速またはそれ以上の速さとなり極めて危険である。

最大運用限界速度が、機体の構造強度によって制限される航空機の場合には、対気速度計の目盛板に、最大運用限界速度が赤色の放射線で表示され、高度に関係なく一定の値である。

しかし、高速機の場合には、最大運用限界速度がマッハ数で制限される場合が多い。音速は前に説明したように空気の状態（温度）によって変わる（表 3-2 参照）。そのため高速機の場合には、飛行している高度の音速に応じて最大運用限界速度を変えて指示する必要がある。通常は対気速度計に組み込まれ、赤白の斜縞に塗られた指針（バーバー・ポール：Barber Pole と呼ばれる）となっている（図 3-17）。

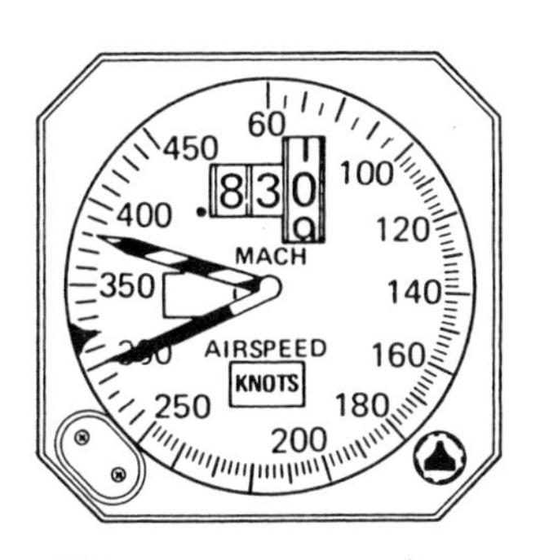

図 3-17　バーバー・ポール

表 3-2　標準大気表〔国際標準大気（ISA)〕

高度	気温		気圧		密度	動粘性係数	音速
Z m	t °C	T °K	mm Hg	hPa	ρ kg·s^2/m^4	ν ×10^5 m^2/s	m/s
0	15.000	288.150	760.00	1013.25	0.12492	1.4607	340.294
500	11.750	284.900	716.01	954.61	0.11903	1.5195	338.370
1,000	8.500	281.650	674.11	898.74	0.11336	1.5813	336.435
1,500	5.250	278.400	634.22	845.56	0.10789	1.6463	334.489
2,000	2.000	275.150	596.26	794.95	0.10263	1.7147	332.532
2,500	− 1.250	271.900	560.16	746.82	0.09757	1.7868	330.563
3,000	− 4.500	268.650	525.86	701.08	0.09270	1.8628	328.584
3,500	− 7.750	265.400	493.27	657.64	0.08802	1.9429	326.592
4,000	−11.000	262.150	462.34	616.40	0.08352	2.0275	324.589
4,500	−14.250	258.900	433.00	577.28	0.07921	2.1167	322.573
5,000	−17.500	255.650	405.18	540.20	0.07506	2.2110	320.545
5,500	−20.750	252.400	378.83	505.07	0.07108	2.3107	318.505
6,000	−24.000	249.150	353.89	471.81	0.06727	2.4162	316.452
6,500	−27.250	245.900	330.29	440.35	0.06361	2.5278	314.385
7,000	−30.500	242.650	307.98	410.61	0.06011	2.6461	312.306
7,500	−33.750	239.400	286.91	382.51	0.05676	2.7714	310.212
8,000	−37.000	236.150	267.02	356.00	0.05355	2.9044	308.105
8,500	−40.250	232.900	248.26	330.99	0.05048	3.0457	305.984
9,000	−43.500	229.650	230.59	307.42	0.04755	3.1957	303.848
9,500	−46.750	226.400	213.94	285.24	0.04475	3.3553	301.697
10,000	−50.000	223.150	198.29	264.36	0.04208	3.5251	299.532
10,500	−53.250	219.900	183.57	244.74	0.03953	3.7060	297.351
11,000	−56.500	216.650	169.75	226.32	0.03710	3.8988	295.154
12,000	−56.500	216.650	144.99	193.30	0.03169	4.5574	295.069
13,000	−56.500	216.650	123.84	165.10	0.02707	5.3325	295.069
14,000	−56.500	216.650	105.77	141.02	0.02312	6.2391	295.069
15,000	−56.500	216.650	90.34	120.45	0.01974	7.2995	295.069

3-5-6　ADC の表示器としての速度計

ADC（エア・データ・コンピュータ）は全圧、静圧、高度規正値、などの情報を受け、静圧の誤差修正を行って、高度、較正対気速度（CAS）、真対気速度（TAS）、全温度（TAT）、静温度（SAT）、昇降速度などを、電気信号として送り出している。この速度計は、ADC から電気信号（デジタル信号）として送られてきた速度情報によって指針を駆動して、対気速度を表示するものである。通常は最大運用限界速度も同じ表示器に組み込まれており、ADC からの電気信号でバーバー・ポールも駆動されている。図 3-18 に ADC との組み合わせを示した。

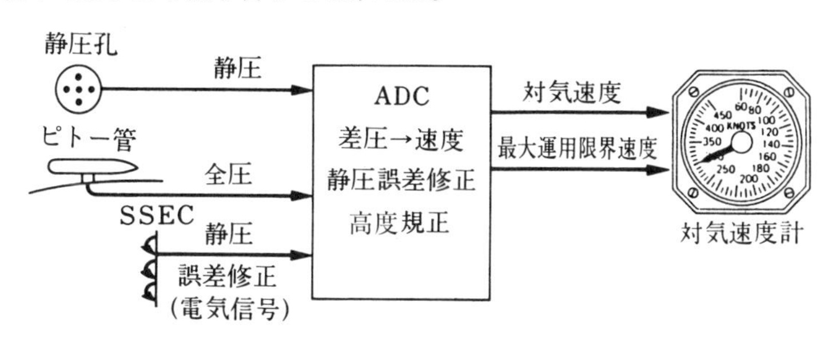

図 3-18　ADC の対気速度表示器

3-5-7　速度計のバグ

速度計の面ガラスの円周に沿って、1 箇または数箇の▲型、▲型などの小片が取り付けられており、直接または計器前面のノブによって円周上の任意の位置に移動させることができる。この小片はバグ（Bug）と呼ばれ、離着陸時などの際に、あらかじめ機体重量などに応じた離陸速度、進入速度などを設定し、操縦上の誤りがないようにするために用いられている。図 3-19 にバグが設けられている速度計の例を示した。

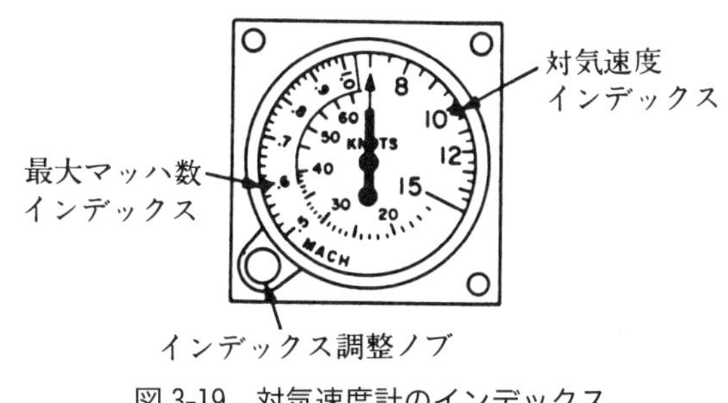

図 3-19　対気速度計のインデックス

3-6 昇降計

3-6-1 一 般

昇降計（Rate of Climb Indicator または Vertical Speed Indicator）は航空機の上昇・降下を知るための計器である。

大気圧は高度が増すと小さくなっていくので、大気圧の変化する速さを検出すれば、航空機の上昇または降下する速さを知ることができる。しかし 3-2 節で説明したように、例えば、大気圧が毎分 18hPa で減少していく場合は、地表付近では毎分 500ft の割合で上昇していくことになるが、高度 18,000ft 付近では毎分 1,000ft の割合で上昇していることになる。このように昇降計では、**同じ気圧変化の速さ**でも、それが**地表付近のできごと**であるか、**高い所でのできごと**であるのかを区別して、指針の振れを加減しなければならない。

3-6-2 昇降計の構造と作動

図 3-20 に構造を示した。昇降計の内部は２重のケースによりⒶ部とⒷ部に分けられている。Ⓐ部は静圧源に接続され、ある高度の大気圧に**直ちに追従する**が、Ⓑ部は毛細管 C およびオリフィス O によりⒶ部と結ばれているので、Ⓐ部の圧力が変化してもⒷ部の圧力は、**すぐには変化しない**。例えば、航空機が上昇を始め、毎分 20hPa の割合で大気圧が減少していくとすると、Ⓐの圧力は大気圧に遅

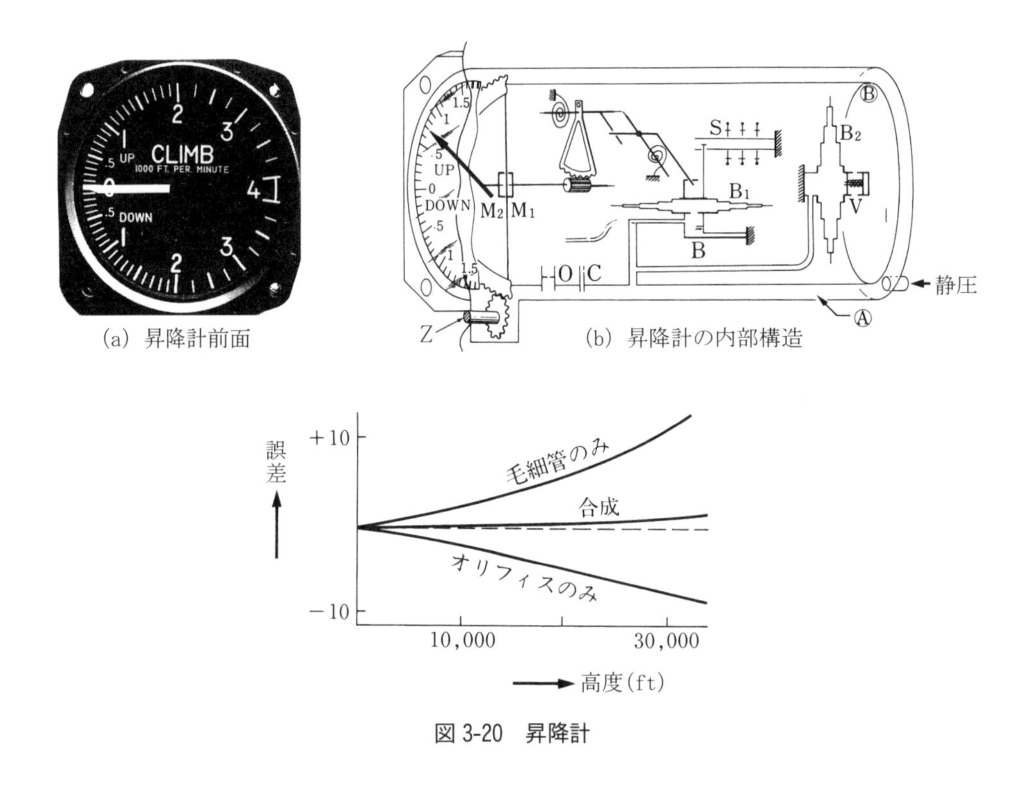

図 3-20 昇降計

れることなく毎分 20hPa の割合で減少していくが、Ⓑは毛細管とオリフィスにより、圧力が減少するのを妨げられ、ⒶとⒷの間に一定の圧力差が生じて毛細管とオリフィスを通る空気流量がこの圧力差に相当するまで増加すると、Ⓑの圧力も毎分 20hPa の割合で低下していく。すなわち、Ⓐの圧力の変化する速さに相当する圧力差がⒶとⒷの間に生じる。

この圧力差は空盒 B_1 により感知され、空盒の自由端を変位させる。この変位は、リンク、セクタなどにより回転角に変換され、拡大される。拡大された回転角はマグネット・カップリング M_1、M_2 によって指針に伝えられる。バイメタル B は、温度変化による誤差を補償するためのものである。

昇降計の中で重要な部分は、空盒の内外に差圧を生じさせる毛細管およびオリフィスで構成された制流部である。この制流部によって昇降計の性能が左右される。制流部の抵抗が大きいと感度は増加するが、計器の指示のおくれが増加し、抵抗を減少させると、おくれが短くなるが感度は悪くなる。通常この時間のおくれは５秒程度である。

指針の０点調整は、０調整 Z を回すことによってⒷ内のすべてが回転し、したがって指針も回転するので、指針の０位置がずれた場合に調整できる。

昇降計は微弱な圧力差を検出して作動しているため、**空盒 B_1 は圧力差に極めて敏感**にできているので、取り扱い上のちょっとした不注意によって変形することがある。そのため一定値以上の圧力差ができたときは、空盒 B_2 により弁 V が開かれて B_1 を保護する。抑制スプリング S は２枚あり、上昇、降下の際の空盒 B_1 の変位を抑制して、目盛が飽和目盛になるように調整される。

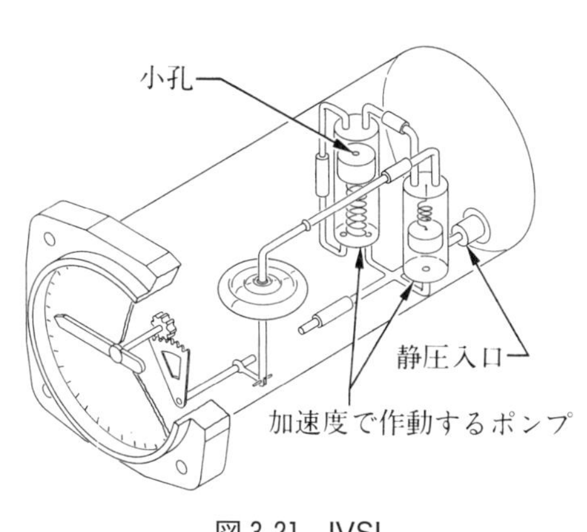

図 3-21　IVSI

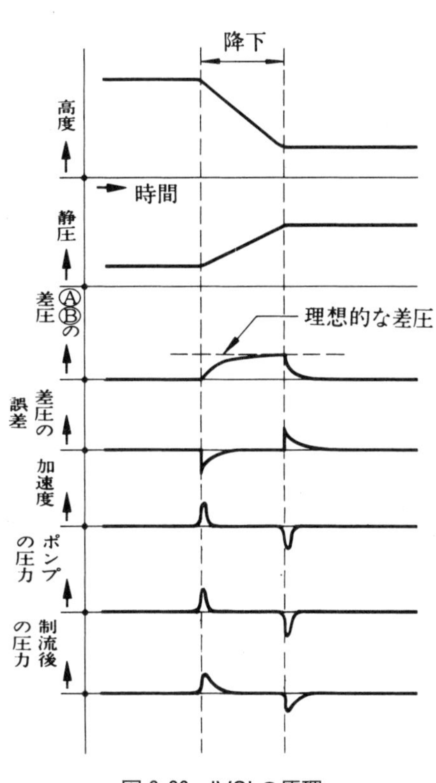

図 3-22　IVSI の原理

毛細管とオリフィスは高度（大気圧）に関係なく、正しい昇降速度を指示させる特性がある制流素子である。

3-6-3　昇降計の指示の遅れ

前項で説明した昇降計は、航空機の運動に対し指示の遅れが大きい。例えば、毎分 1,000ft の割合で降下を始めても、それに相当する圧力差がⒶⒷの間に生じなければ「－ 1,000ft/min」を指示しない。このような不都合をなくすため、（図 3-21、図 3-22 参照）降下または上昇を開始したときに生じる上下方向の加速度によってポンプ（ダッシュポット）を作動させ、指示遅れを修正している。この方式の昇降計は IVSI（Instantaneous Vertical Speed Indicator）と呼ばれ、広く用いられている。

3-7　ピトー・静圧系統

3-7-1　概　要

高度計、対気速度計などの空盒計器に適正な指示を行わせるためには、全圧および静圧系統が正しい圧力を検出しなければならない。飛行中は、機体の周辺の空気の流れには乱れがあり、全圧および静圧を正確に検出することはむずかしい。ピトー管および静圧孔を設置する位置は設計・製造の際に多くの実験、飛行試験が行われて決定される。また気象条件が悪い場合にも安定した全圧、静圧を得るため、細心の注意がはらわれている。

使用する立場の者も常に注意して、ピトー管、静圧孔およびそれらに接続された配管、バルブ、配線などを維持管理しなければならない。

3-7-2　ピトー圧系統

3-5-1 項で説明したように、ピトー圧（全圧）はピトー管によって発生される。正しいピトー圧を発生させるために、ピトー管は、機体によって空気の流れが乱されていない場所に取り付けられている。通常、単発機の場合はプロペラの後流の影響と機体による気流の乱れが少ない翼前部に、多発機の場合には前部胴体側部またはエンジンより外側の翼前部に取り付けられている。図 3-23 、-24 、-25 に小型、中型、大型機およびヘリコプタの例を示した。いずれの場合にもピトー管の開口部が空気の流れに正対する（機体の飛行方向に正対しているとは限らない）ように取り付けられている。ピトー管と指示器を結ぶ配管は、できる限り直線とし、配管の経路の低い部分には水溜め（Sump）と水抜き（Drain ）が設けられている。配管内に生じた凝結水、ピトー管の開口部から入った雨水は水溜めに集められ、小量の水で配管が閉塞されることを防止している。

水溜めに集められた水は定期的に水抜き孔から排出させる必要がある。また管内の水を完全に除去するためには、接続されたすべての計器を切り離し、計器接続側から圧縮空気（水分を除いた空気）で吹き出す作業を行っている。配管内部に水が溜った場合には、その移動によって指針の振れ、誤指示などが生じ危険である。

寒冷地を飛行する場合には、ピトー管が凍結し、全圧系統が閉塞され、指示値は全く異なった値となってしまう。この状態で降下した場合には、静圧が増加するため、速度計の指示は減少する。そのため操縦者は加速を続け、非常に危険な状態に陥る。凍結のおそれがある高度を飛行する航空機のピトー管には電気ヒータが組み込まれ、ピトー管の凍結を防止できるようになっている。このヒータは小型のものであるが、凍結を防止するだけの発熱量があるため、機体が地上にあって、**ピトー管に強い気流が当たっていないときは使用できない**。地上でピトー管のヒータの点検などを行う場合にも、通電時間は数秒以下とすべきである。図 3-26 にピトー管の構造を示した。なお中型機、大型機の場合は代替のピトー圧系統が設けられている。

3-7-3　静圧系統

一部のピトー管には静圧孔も設けられたものがあるが、大部分の航空機は、胴体側部に静圧孔が設けられている。静圧孔は胴体側部に左右対称に設けられ（小型機では片側のみのものもある）配管で接続され、中央部から分岐して計器に接続されている（図 3-23 参照）。そのため、飛行中に機体が横風やプロペラ後流、横すべりに対しても、ほとんど静圧は変化しない。ピトー圧系統の場合と同様に、静圧系統にも水溜め、水抜きが設けられている。

一部の航空機には、静圧系統に**代替系統**が設けられたものもあり、主静圧孔が凍結などで閉塞された場合に切り替えて使用できるようになっている。代替の静圧孔は与圧のない航空機の場合は、計器板の裏などに設けられ、与圧のある航空機の場合には、胴体内部の非与圧部分に設けられる場合が多い。静圧系統の切り替えは計器板下の切替バルブで行う。大型機の場合は代替として一対（左右 1 個ずつ）の静圧孔が設けられ代替の静圧系統が装備されている。

3-7-4　ピトー・静圧系統の点検

ピトー圧および静圧系統に接続されて作動している高度計、速度計、昇降計、エア・データ・コンピュータなどは飛行する上で最も基本的な重要な計器であり、特に静圧系統は**定期的な点検が義務づ**けられている。わが国では、高度計および静圧系統の漏れの有無を、**２年以内ごとに点検**するようになっている。点検の方法例として、静圧系統は高度計が 1,000ft になるまで減圧して 1 分後の指示高度が 900ft 以上あれば合格である。

近年、RVSM 運航において正しい高度計指示をさせるため、静圧孔が取り付く機体外板付近には「傷や凹み歪み」などの精度低下要因が無いことを常に管理およびモニターしなければならない。

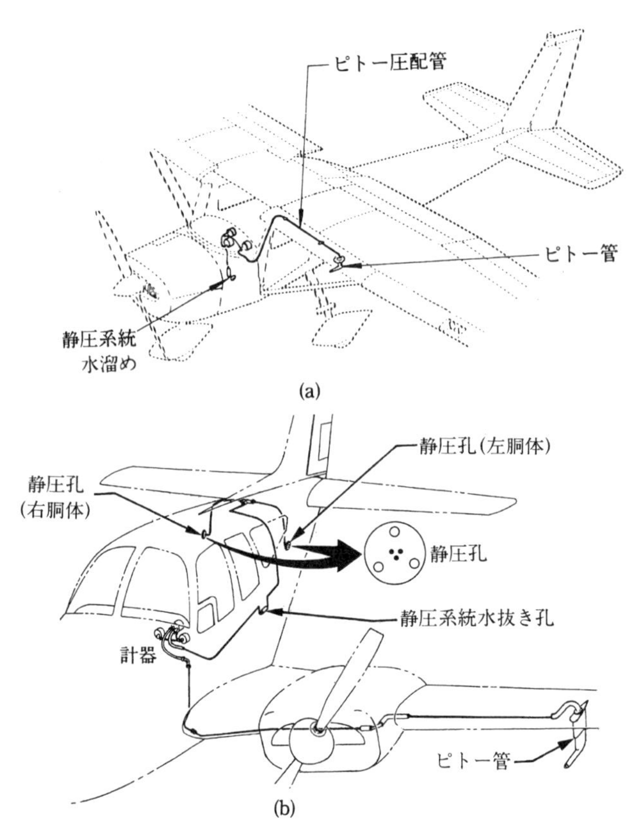

図 3-23　飛行機のピトー・静圧系統

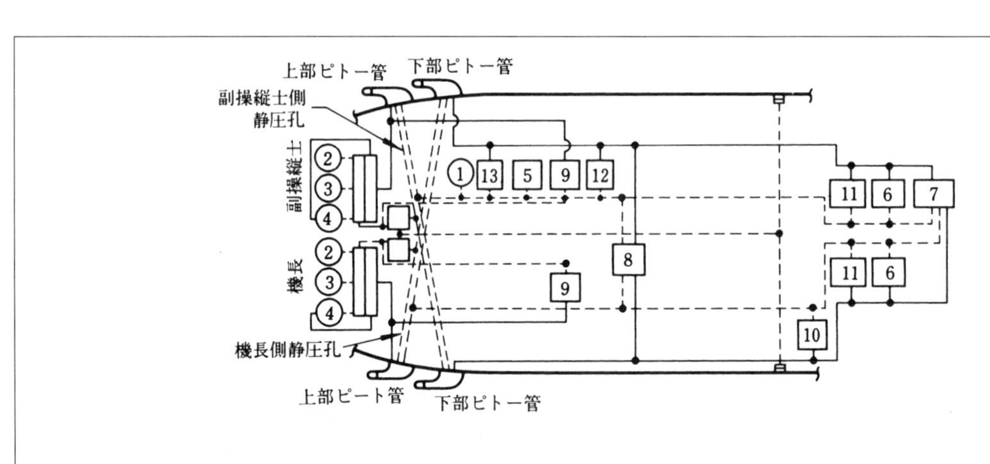

1. 差圧計
2. 昇降計
3. 高度計
4. 速度計
5. 客室圧力コントロール
6. 方向舵比率制御モジュール
7. 昇降舵フィル・コンピュータ
8. 静圧選択バルブ
9. エア・データ・コンピュータ
10. フライト・レコーダ
11. 水平安定板制御モジュールのレート制御器
12. 速度スイッチ
13. 速度／マッハ警報スイッチ

図 3-24　大型ジェット機のピトー・静圧系統

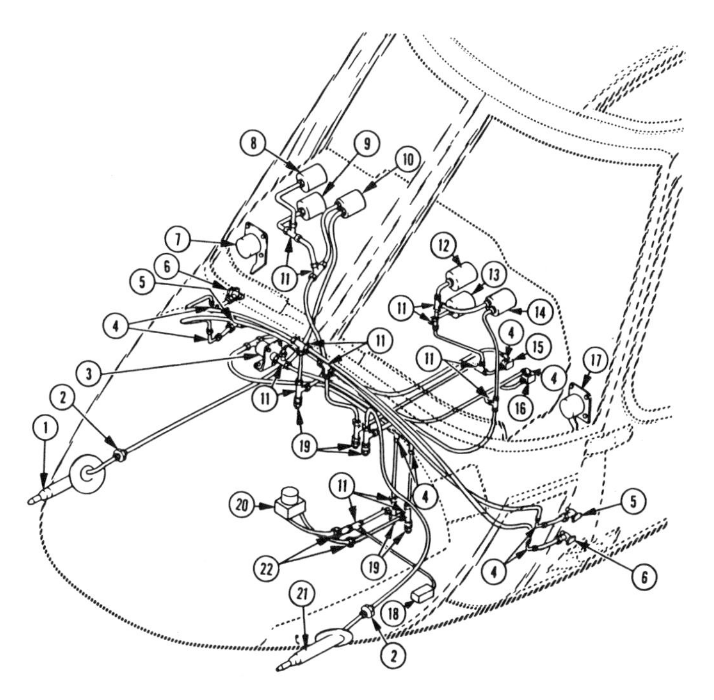

1. ピトー管
2. アダプタ
3. 脚警報用圧力スイッチ
4. 直角継手(エルボ)
5. 補助/コパイロット静圧孔
6. 静圧孔
7. 磁気コンパス
8. 昇降計
9. 高度計
10. 対気速度計
11. T字形継手(ティー)
12. コパイロット昇降計
13. コパイロット高度計
14. コパイロット対気速度計
15. 補助静圧系切替スイッチ
16. 補助ピトー圧切替スイッチ
17. コパイロット磁気コンパス
18. 自動操縦装置用高度センサ
19. キャップ
20. 自動操縦装置用対気速度センサ
21. 補助／コパイロットピトー管
22. ユニオン

図 3-25　ヘリコプタのピトー・静圧系統

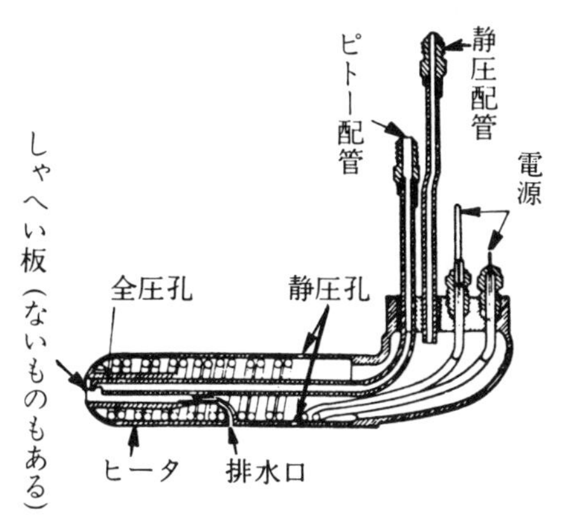

図 3-26　ピトー静圧管の構造

3-8　まとめ

⑴　標準大気は中緯度付近の大気に近似した仮想大気であり、海面に接した所では圧力は 29.92inHg（760mmHg 、1013.25hPa）で、温度は 15℃ である。

⑵　空盒は小さい圧力変化を検出することができるため、航空計器の内で最も基本的で重要な気圧高度計、対気速度計、昇降計に用いられている。

⑶　空盒には、密閉型空盒（真空空盒、アネロイド）と開放型空盒があり、密閉型空盒は絶対圧の測定に、開放型空盒は差圧の測定に用いられている。

⑷　気圧高度計は、大気の絶対圧力を測定し、標準大気の高度と気圧の関係にしたがって高度の目盛を設けた一種の絶対圧力測定器である。また、気圧の変化に対応できるため高度規正の機構が組み込まれている。

⑸　気圧高度計には、気圧と高度の関係、気圧と空盒自由端の変位の関係が直線的でないため、高度目盛を平等目盛とするためのリンク機構が組み込まれている。

⑹　気圧高度計の高度規正には、QNH 、QNE 、QFE の３つの方法がある。

⑺　気圧高度計の誤差には、目盛誤差、温度誤差、弾性誤差、機械的誤差がある。

⑻　気圧高度計には、エンコーディング高度計、誤差補正高度計、高度表示器がある。

⑼　飛行中の航空機の周囲の空気の流れに正対して開孔した部分の空気圧は、衝突によって圧力が、その周辺の空気の圧力より大きくなる。この圧力を全圧またはピトー圧と言う。周辺の空気の圧力（衝突の影響がない場所の圧力）を静圧と呼んでいる。

⑽　対気速度計は、標準大気が海面に接した部分の圧力と密度の空気を用いて速度と差圧（全圧と静圧との差）の関係が目盛られている。したがって、上空で空気密度が小さくなると、空気に対す真の速度より小さい値を指示するようになる。

⑾　対気速度計では、速度が大きくなると目盛幅が大きくなってしまうので、抑制スプリングで空盒の変位を抑制し、ほぼ平等目盛になるようにしている。

⑿　静圧およびピトー圧から速度を求めた場合には、指示対気速度、較正対気速度、真対気速度および等価対気速度の４つの速度が定義されている。

⒀　高速機ではマッハ数が重要となるため、マッハ計も用いられている。また、高高度を高速度で飛行するような航空機では安全飛行速度の制限が高度によって変るため、最大運用限界速度を指示する計器が用いられる。

⒁　ADC を装備した航空機の場合には、それから送られてきた速度情報を指示するだけの速度計が用いられている。高度、垂直速度（昇降速度）でも同じ。

⒂　速度計ではバグを設け、離陸速度、着陸速度などを誤らないようにしたものがある。

⒃　昇降計は、気圧が変化する速さによって昇降速度を指示するように作られたものである。

⒄　気圧と高度の関係が直線的でないため、気圧が変る速さが同じであっても、高度によって昇降速度は異なる。そのため昇降計では毛細管、オリフィスを用いて、正しい昇降速度を指示するように工夫されている。

⒅　気圧が変わる速さだけで昇降速度を求めようとすると指示の遅れが大きくなってしまう。そのため、遅れをなくした、IVSI と言われる昇降計も広く用いられている。

⒆　静圧系統、ピトー圧系統には飛行を行う上で最も重要な速度計、高度計、昇降計、ADC などが接続されているため、定期的な点検が必要である。わが国では計器も含め２年以内ごとに漏れの有無などを点検するようになっている。

⒇　静圧系統、ピトー圧系統の配管には水がたまるため、定期的な水抜きが必要である。

〔故障探究例〕

１．速度計……指示が不正確である。原因は何か。

(a)　ピトー圧、静圧系統の漏れ

(b)　ダイヤフラムの破損

(c)　機構の不良

(d)　雨水が入ったり、凍ったとき

２．高度計……全く指示しない。原因は何か。

(a)　静圧系統の破断、詰まり

(b)　ダイヤフラムの破損

(c)　機構の破損

３．昇降計……上昇または降下後、水平飛行に戻ったが０に戻らない。原因は何か。

(a)　毛細管、オリフィスの詰まり

(b)　ダイヤフラムの詰まり

(c)　ゼロ調整機構の不良

（以下、余白）

第4章　圧　力　計

4-1　概　要

航空機には、多くの種類の圧力計が用いられている。前章で説明した空盒計器も圧力計の一種であり、圧力の測定を介して高度、速度などを知るものであった。空盒計器も、作動原理で分類する場合には、当然、圧力計の一部としてこの章で説明されるべきものである。しかし、前章で説明した空盒計器は、目的が飛行の安全を確保するため極めて重要な高度、速度などを知るためのものであり、そのため一般的な圧力計では見られない調整機能、付帯機能が組み込まれているなどの理由で、空盒計器として１つの章を設け、前章で説明した。したがって前章で説明した空盒計器は、分類上で正しく言うと、空盒を利用した圧力計のうちで飛行の安全性に直接関連するものとなる。

この章では圧力そのものを知ることを目的とした圧力計について説明する。測定範囲は、数 psi から数千 psi であり、弾性圧力計が用いられている。

（psi は Pound per Square Inch の略で 1 psi ≒ 0.0703kgf/cm^2 ≒ 1 /14kgf/ cm^2 である）

4-2　圧力受感部

圧力（単位面積にかかる力）を測定する場合には、比較的計測が容易な量に交換して測定が行われる。前章で説明した空盒計器の場合にも、圧力を空盒によって、その自由端の変位に変換し、変位（長さ）を測ることによって圧力を計測した。自由端の変位は、リンク機構、セクタ、ピニオン・ギアなどで拡大され、最終的には指針の回転角によって圧力を計測し、高度、速度などを知るしくみになっていた。私たちがよく知っている水銀柱気圧計の場合には、大気圧を水銀柱の高さに変換し、その高さ（長さ）を測ることによって大気圧を知ることができるものである。

このように、ある量を測定する場合に比較的計測が容易な量に変換する部分を**受感部**（Sensor）または**トランスデューサ**（Transducer）と呼んでいる。

圧力計は、それに用いられている受感部で分類すると

⑴　液柱型圧力計

⑵　環状てんびん式圧力計

⑶　沈鐘式圧力計

⑷　重錘式圧力計

⑸　弾性圧力計

⑹　電気式圧力計

に大別できる。

航空機に用いられている圧力計には、専ら弾性圧力計が用いられているが、後章で説明するエア・データ・コンピュータなど、一部で電気式圧力計も用いられている。

弾性圧力計は、測ろうとする圧力（一定面積にかかる力）を弾性体にかけた場合に生じる弾性体の歪みの量から圧力を知るものである。

広く用いられている**弾性圧力計**は受感部の形状によって

⑴　ダイヤフラム型圧力計

⑵　ベローズ型圧力計

⑶　ブルドン管型圧力計

に分類される。前章で説明した空盒は、ダイヤフラム２枚を太鼓状に組み合わせたもので、ここで分類したダイヤフラム型圧力計に属するものである。

弾性圧力計の受感部は、それぞれの形に適した圧力範囲があり、**表 4-1** に示したとおりダイヤフラムは低い圧力、ブルドン管は高い圧力に適しており、ベローズはそれらの中間の圧力に適している。

前章では、ダイヤフラムを利用した飛行の上で重要な計器について説明した。ダイヤフラムは、一般の圧力計として広く用いられているが、航空用圧力計としては、ベローズおよびブルドン管を用いたものが多い。このような理由のため、この章ではベローズおよびブルドン管を用いた圧力計について説明する。

表 4-1　弾性圧力計

受　感　部	測　定　範　囲	使　　用　　例	材料
ダイヤフラム （金属の場合）	水柱 10mm～2kg/cm^2	気圧高度計、対気速度計、昇降計、吸引圧力計	ベリリウム銅など
ベ　ロ　ー　ズ	水柱 100mm～10kg/cm^2	吸気圧力計、燃料圧力計、EPR 計、燃料・酸素・空気などの圧力調整装置	リン青銅、黄銅、 ベリリウム銅など
ブ　ル　ド　ン　管	0.5kg/cm^2～5,000kg/cm^2	油圧計、作動油圧力計、燃料圧力計、高圧空気圧力計など	リン青銅、黄銅、 ベリリウム銅、鋼など

4-3　ベローズ（Bellows）

ベローズは、図 4-1 (a) に示したように、数個ないし十数個のひだのある蛇腹形のもので、りん青銅、黄銅、ベリリウム銅などで作られている。

圧力を変位に変換する目的で（可動部の気密を保つためにも多く用いられている）使用する場合には、伸縮量が自由長の５～10% 以内とし、寿命の延長と直線性を良くしている。また、ベローズは、それ自身の弾性で圧力と釣り合わせると、圧力と変位の関係が不安定であるので、スプリングを並用して、あらかじめ適当な力を加えた状態にして使用している。

過度な加圧と伸縮は、ベローズの寿命を短くし、また直線性にも致命的な影響があるので、取り扱いには注意が必要である。

ベローズを用いて差圧を測定する場合には、ベローズの内側および外側に２つの圧力をかけることによって測定することができる（図 4-1 (b) 参照）。

差圧を測る他の方法は、図 4-1 (c) に示したように２個のベローズを結合し、２個のベローズの共通部分は、油などの非圧縮性の液体が満されている。２個のベローズの受圧面積、変位量およびスプリング定数をそれぞれ A_1 、A_2 、d_1 、d_2 および K_1 、K_2 とすると、液体部の体積は不変であるから

$$A_1\,d_1 = A_2\,d_2$$

また圧力とスプリングは釣り合っているから

$$A_2\,P_2 = K_2\,d_2 + K_1\,d_1 + A_1 P_1$$

ここで$\alpha = \frac{A_1}{A_2}$（受圧面積比）として

２つの式から

$$d_1 = \frac{A_2}{\alpha K_2 + K_1}\,(P_2 - \alpha\,P_1)$$

$$d_2 = \frac{A_2}{K_2 + \alpha K_1}\,(P_2 - \alpha\,P_1)$$

したがって $\alpha = 1$ の場合、d_1 または d_2 を測定することによって差圧 $P_1 - P_2$ を知ることができる。しかし $\alpha \fallingdotseq 1$ の場合は単純に差圧を知ることは難しい。

次に図 4-1 (d) のように２つのベローズを直結してそれぞれに圧力 P_1 および P_2 を加えたとき、その結合部の変位がどのようになるかを考える。前と同様に２個のベローズの受圧面積を

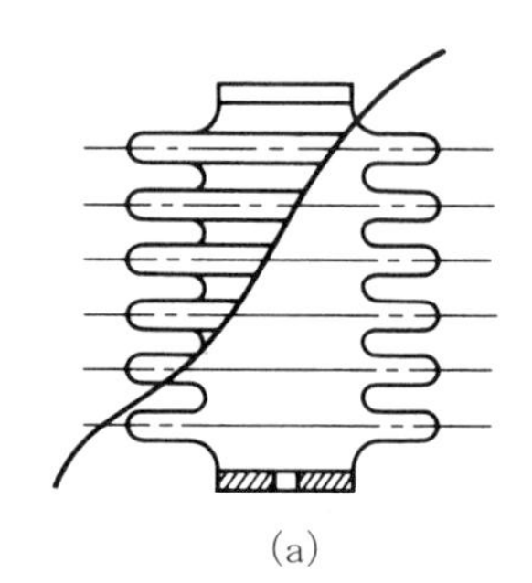
(a)

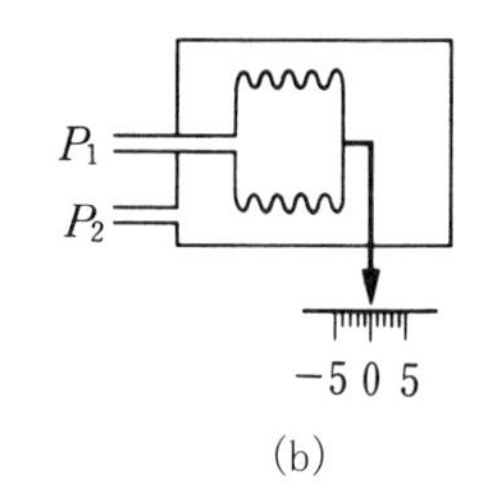

(b)

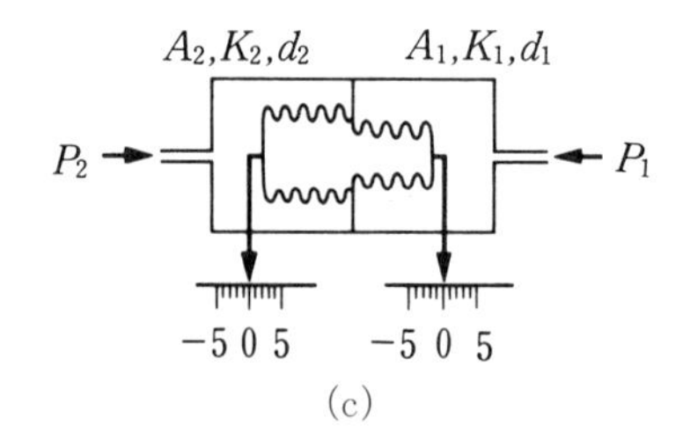

(c)

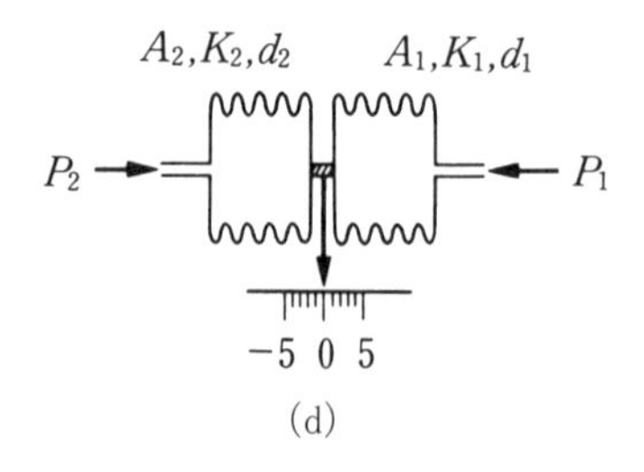

(d)

図 4-1　ベローズ

A_1、A_2 スプリング定数を K_1、K_2 結合部の変位量を d とすると、d だけ変位した状態で２個のベローズの力がバランスしていることに着目すると次式が成り立つ。

$$P_2 A_2 = K_2 d + K_1 d + P_1 A_1$$

したがって受圧面積比を $\alpha\left(=\frac{A_1}{A_2}\right)$ として

$$d = \frac{A_2}{K_1 + K_2}\,(P_2 - \alpha P_1)$$

この式は $\alpha = 1$ とすれば差圧を知ることができることを示している。実際そのようなベローズの組み合わせを使用している。

$\alpha \fallingdotseq 1$ の場合、単純に差圧を知ることは困難である。また、片方を真空ベローズにした場合（$P \fallingdotseq 0$）上式は絶対圧を知ることができることを示している。（後述する吸気圧力計では片方のベローズは真空にしている）

4-4　ブルドン管（Bourdon Tube）

ブルドン管は、図 4-2 (a) に示したように、その断面が偏平（だ円形、平円形等、円形のものもある）な金属管をＣ字形に曲げたもので、管の一端は閉じられ（自由端）、他の端（固定端）から圧力がかけられる。自由端は拡大機構に結合される。

圧力がかけられると、ブルドン管は直線に近づくように伸長し、自由端は、管の内外の圧力の差にほぼ比例して変位する。

ブルドン管は、低い圧力で用いられるものは、りん青銅、黄銅、ベリリウム銅などの板をろう付けして作られるが、高い圧力で用いられるものは鋼の引抜管を用いて作られる。断面は図 4-2 (b) に示したようなものが用いられている。

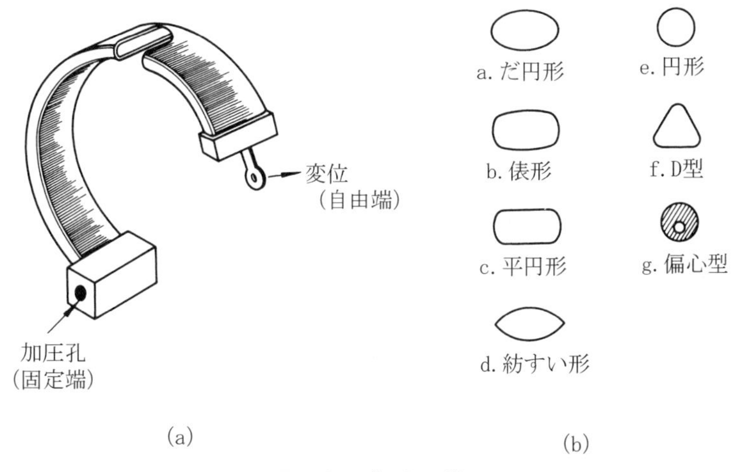

図 4-2　ブルドン管

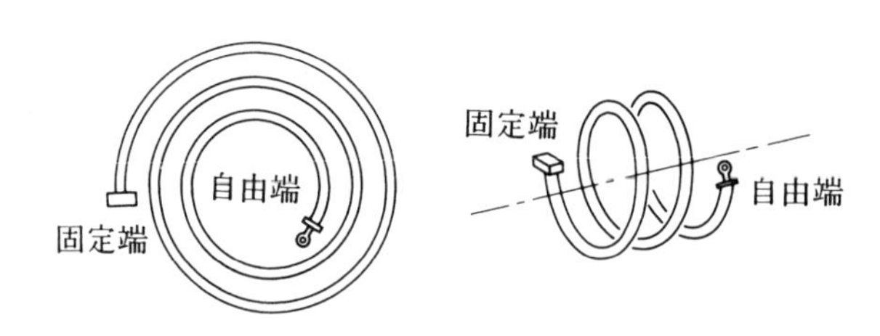

(a) スパイラル形　　(b) ヘリカル形

図 4-3　ブルドン管（マルチ・ターン）

(a) ～(d) は低圧（50kgf/cm^2 ≒ 710psi まで）および中圧（300kgf/cm^2 ≒ 4,270psi まで）に用いられ、(e)～(g) は高圧（300kgf/cm^2 ≒ 4,270psi 以上）用として用いられている。

自由端の変位量を大きくするため**図 4-3** に示したようにスパイラル形、またはヘリカル形としたブルドン管も用いられる。

ブルドン管は、管の内部の圧力が外部より高いものに用いられる。

4-5　絶対圧とゲージ圧

図 4-4 のように、ブルドン管式圧力計を用いて、圧縮空気タンクの圧力を測定し、圧力計の指示が 5 kgf/cm^2 であったとする。この測定では、ブルドン管の外部は大気圧 1 kgf/cm^2 で、タンク内は、それより 5 kgf/cm^2 だけ圧力が高いことを示している。したがってタンク内の圧力は実は、6 kgf/cm^2 である。この場合、5 kgf/cm^2 を**ゲージ圧**（Gauge Pressure）、6 kgf/cm^2 を**絶対圧力**（Absolute Pressure ）と呼ぶ。

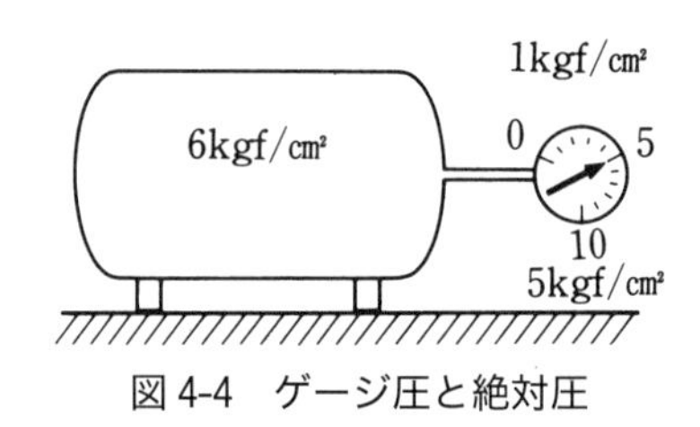

図 4-4　ゲージ圧と絶対圧

4-6　滑油圧力計（Oil Pressure Indicator）

航空機のエンジンは、回転部分などの潤滑をよくするため、ポンプで加圧した滑油を強制的に送り込んでいる。滑油を送り込む圧力が低い場合、またはない場合には、回転部の潤滑が不良となり、エンジンは焼き付きを生じ、飛行不能に陥る。滑油圧力計は、滑油がエンジンに送り込まれる圧力（ゲージ圧）を測って滑油が正常に送り込まれているか否かを監視するために取り付けられている。**図 4-5** に例を示した。

滑油圧力計には、ブルドン管式の圧力計が広く用いられている。ブルドン管の内部に加圧された油

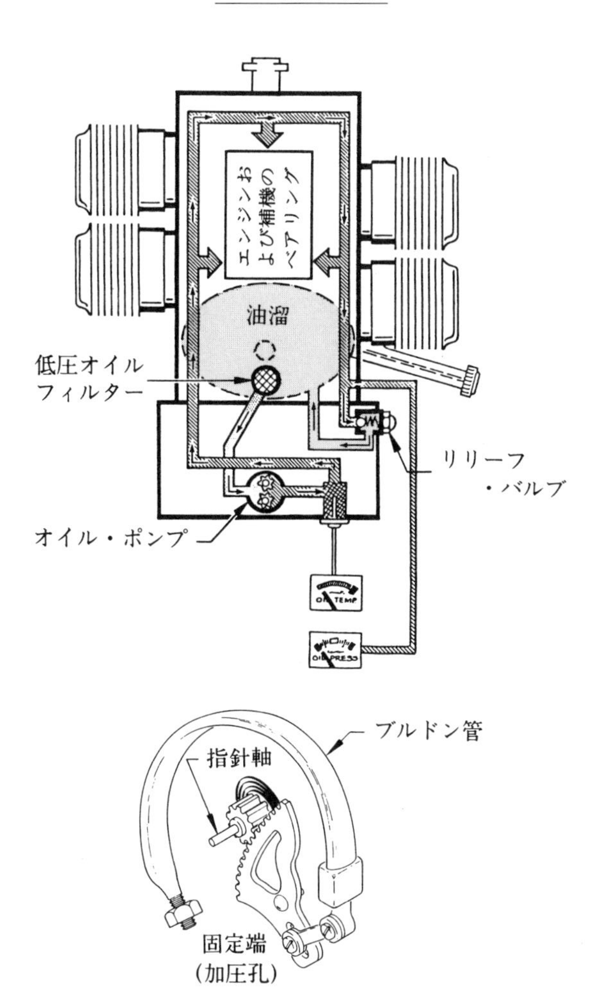

図 4-5　油圧計

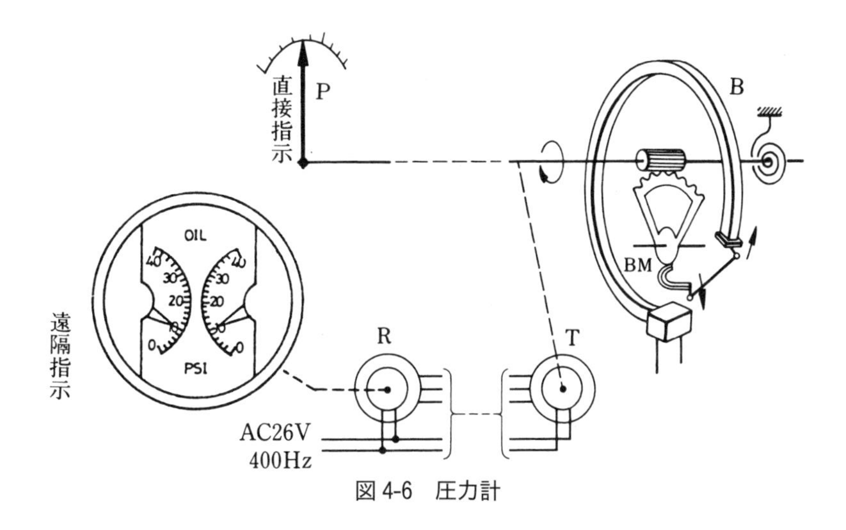

図 4-6　圧力計

の圧力が加えられ、外部は大気圧となっている。したがって**指示する圧力はゲージ圧**である。

単発機の場合には、エンジンが計器板の近くにあるため、計器板の裏まで細い銅管などで、加圧された滑油を導いて滑油圧力計に接続し、その圧力を指示する方式となっている。

多発機の場合には、エンジンの近くに圧力→電気信号の変換装置を付け、計器板まで電気信号として伝送して指示する方式となっているものが多い。

図 4-6 に直接指示形と、遠隔指示形の滑油圧力計の例を示した。図では、遠隔指示のためにシンクロを用いているが、デシンまたはマグネシンも広く用いられている。シンクロ、デシン、マグネシンについては第 10 章の電気計器で説明する。

4-7 吸気圧力計（Manifold Pressure Indicator）

吸気圧力計は、ピストン・エンジンの場合シリンダに吸入される空気、燃料混合気の圧力（マニホールドの圧力）を測るものでマニホールド圧力計とも呼ばれている。吸気圧力はエンジンの回転速度と組み合わせて**エンジンの出力が推定**できる。吸気圧力、回転速度と出力の関係は飛行規程、エンジン・マニュアルなどに示されており、エンジンの型式ごとに求められた個有のものである。図 4-7 に 1 つの例を示した。

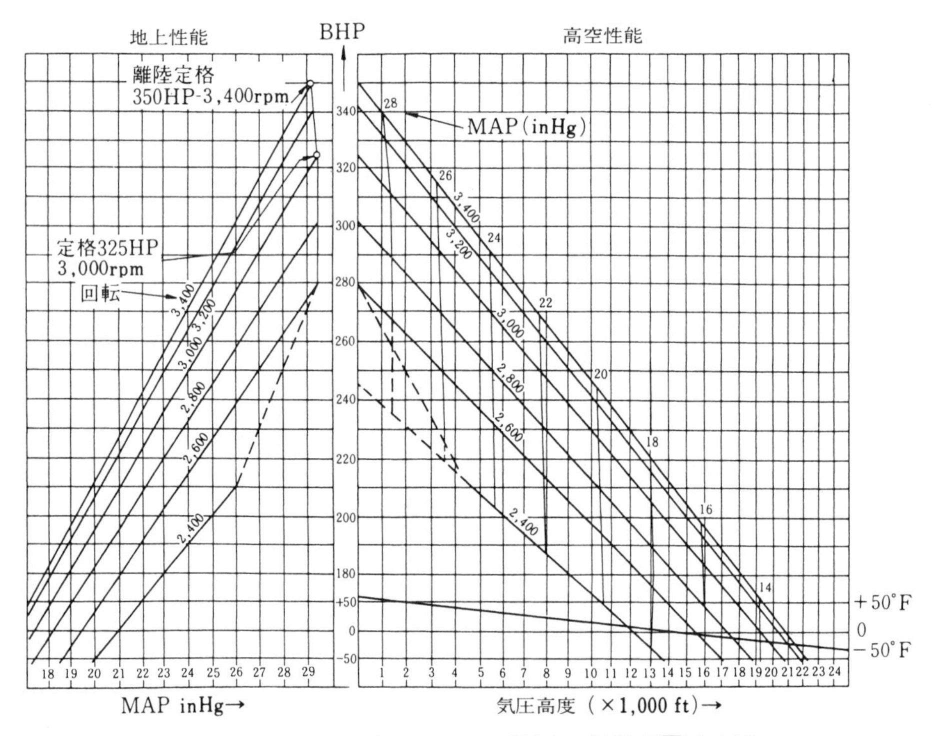

(注) この性能曲線の使い方については『航空工学講座⑥航空用ピストン・エンジン』等を参照されたい。

図 4-7 ピストン・エンジンの出力

吸気圧力計はエンジンに吸入される空気と燃料の量を示すものであり、吸入される空気は飛行高度により変化する。したがって吸気圧力は絶対値を知る必要があり絶対圧力を測定している。

図 4-8 に吸気圧力計の例を示した。ベローズ（空盒タイプもある）B_p の内部には量ろうとする吸気圧が加えられ、外部は大気圧（変化する）となっている。ベローズ B_V は内部が真空になっており、外部には大気圧が加えられている。大気圧が変化した場合には、B_p、B_V は互いに逆方向に伸縮しようとするため、打ち消し合い B_p 、B_V の自由端は変位しない。すなわち指示値は大気圧には影響されない。B_p に加えられている吸気圧が変化した場合には、それに応じて B_p が伸縮する。この伸縮は拡大機構によって拡大され、指針によって吸気圧（絶対圧）が指示される。

吸気圧力計は吸気圧の絶対圧力を指示する計器であるからエンジンが停止している場合には、その場所の大気圧を指示する。吸気圧はエンジンの回転（ピストンの運動）によって脈動的に変動するため、吸気圧力計の入口には、オリフィスまたはコイル状の細い管があり脈動を平滑化している。

吸気圧力計の目盛板には、ターボチャージャーが付いていないエンジン（As-pirated Engine）の場合には 10～40inHg の目盛が設されているものが多い。ターボチャージャーが付いているエンジン（Turbocharged Engine ）の場合には過給する程度に適した目盛が施されている。

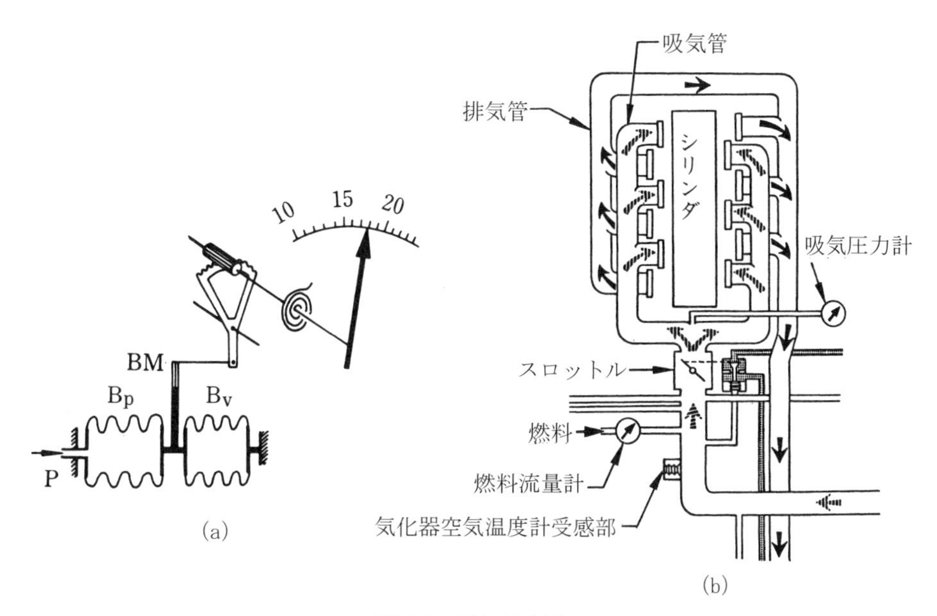

図 4-8　吸気圧力計

4-8　吸引圧力計（Suction Gauge）

空気駆動式のジャイロ計器を装備した航空機の場合には、ジャイロを駆動するための真空ポンプまたはベンチュリ管を備えており、その吸引圧を指示する吸引圧力計が取り付けられている。図 4-9 に吸引系統の例を示した。吸引圧力計には、ダイヤフラム式圧力計が用いられ、ジャイロを駆動する空

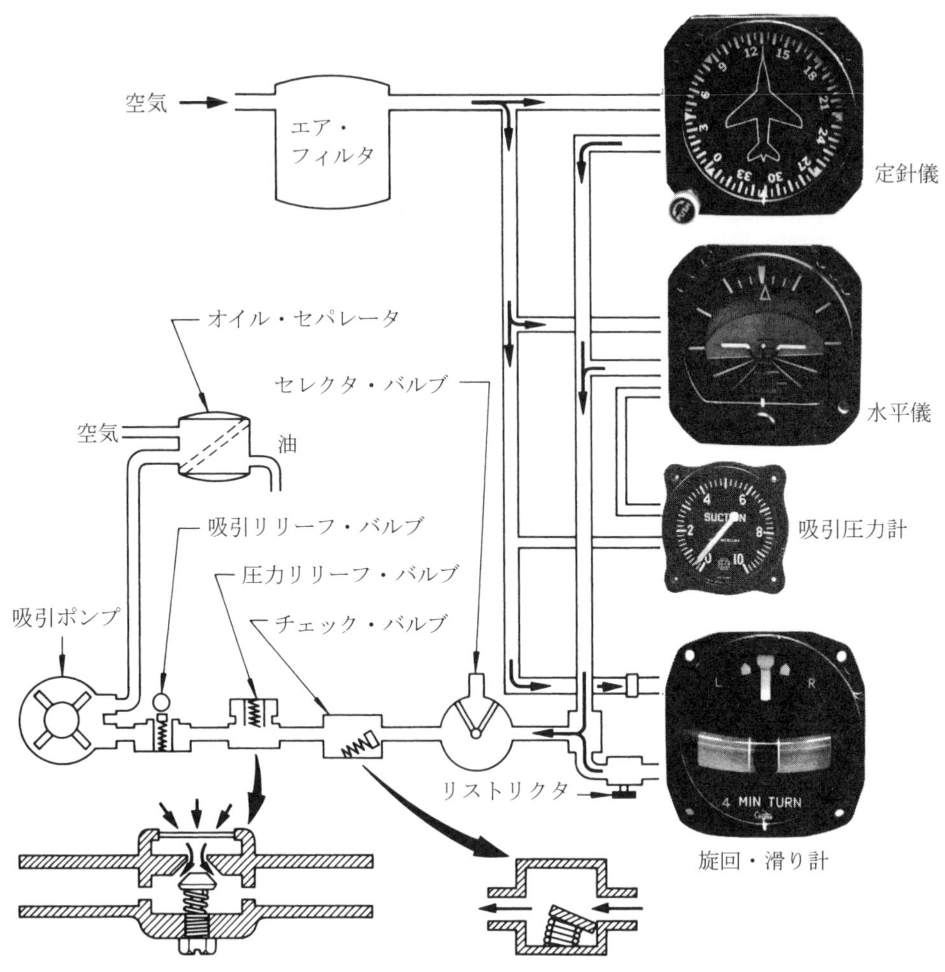

図 4-9 ジャイロの駆動（吸引系統）

気の流入、流出部分の圧力の差を指示するように接続されている。

一般に使用されている空気駆動のジャイロ計器には、水平儀、定針儀および旋回計がある。水平儀および定針儀は5 inHg、旋回計は2 inHg の差圧で正常に作動するように作られている。そのため、吸引圧調整器は水平儀および定針儀の駆動圧が 5 inHg になるように調節し、旋回計は別の吸引圧調整器（リストリクタ）で、旋回計の駆動圧が 2 inHg になるように調節している。

吸引系統には、吸引部にフィルタが取り付けられており、ジャイロ計器の内部にほこり、煙（特にタバコの煙）などが入らないようになっている。ほこり、煙などを吸い込んだ場合には、高速で回転しているジャイロ・ロータの軸受の寿命を著しく短くし、またジンバルやシンバル・ベアリングに付着して、ジャイロのドリフトや拘束の原因となる。

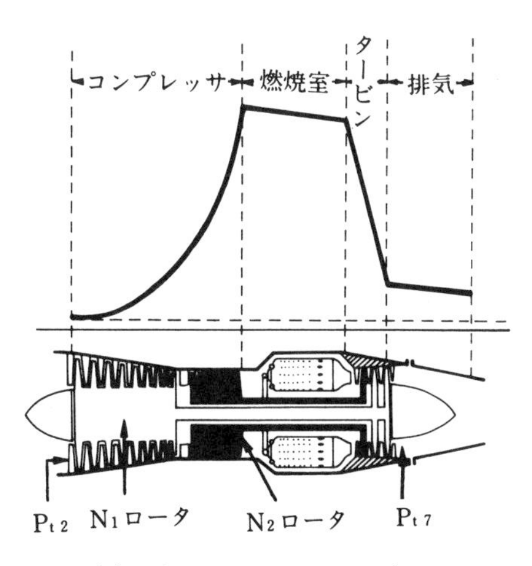

(a) ガスタービン・エンジンの
各部の圧力

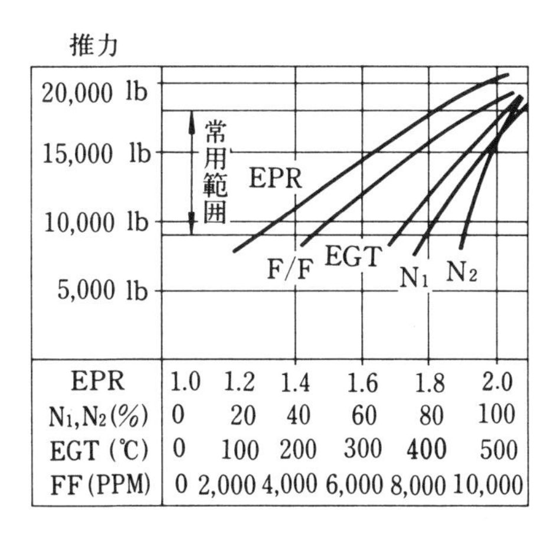

(b) ガスタービン・エンジンの推力と
各パラメータの関係

図 4-10　ガスタービン・エンジン

4-9　EPR 計（Engine Pressure Ratio Indicator）

ピストン・エンジンの場合には、前に説明したように、エンジンの吸気圧と回転速度によって、エンジンの出力を推定した。しかし、タービン・エンジンの場合には出力の推定に EPR 、回転速度などが用いられる。

EPR は、**タービン・エンジンから排出される燃焼ガスの全圧と、流入する空気の全圧の比**である。**図 4-10** にタービン・エンジンの内部の各部分の圧力分布を示した。通常、空気が流入する部分から、燃焼ガスが排出されるまでの主な部分の圧力を P_{t1} 、P_{t2} ………P_{t7} と呼んでいる。この記号の意味は P （圧力）、 t （全圧）、 1 ……… 7 （場所）である。エンジンの内部では空気または燃焼ガスは高速で流れている。ここで考える圧力は、対気速度計の項で説明したピトー圧（全圧）に相当するもので、高速流が圧力センサに衝突して速度エネルギーがすべて圧力エネルギーに変わった場合の圧力(全圧)である。

通常、EPR は P_{t7}（タービン出口の全圧）と P_{t2}（コンプレッサ入口の全圧）の比を用いている。**図 4-11** に EPR 計の例を示した。圧力→ EPR 変換部は、密閉されたケース内にあり、ケース内には P_{t2} が加えられている。ベローズ B_{72} は、内部に P_{t7} が加えられているから、P_{t7} と P_{t2} の差 $P_{t7} - P_{t2}$ によって、自由端が変位する。

ベローズ B_2 は真空空盒であり、P_{t2} によって自由端が変位する。P_{F1} 、P_{F2} 、P_S はコンデンサを形成しており、$P_{F1} - P_S$ 間および、$P_{F2} - P_S$ 間の静電容量が同図下部のブリッジ回路の C_1 および C_2 に相当するように結線されている。P_{F1} と P_{F2} は互いに機械的に固定され、ともに C 軸を回転軸として、また P_S は B 軸を回転軸として回るように組み立てられている。EPR 計の作動を説明するため、P_{t2} は

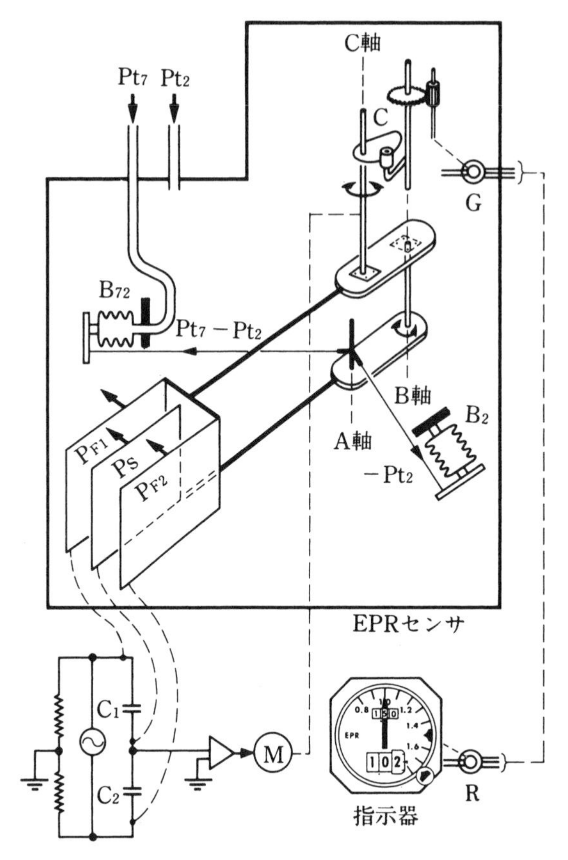

図 4-11　EPR 計

一定に保たれているとしておく。

P_{t7} が増加すると B_{72} によって P_S は、P_{F1} に近づき、P_{F2} から遠ざかるように動く。このことは C_1 が大きくなり、C_2 が小さくなったことであり、ブリッジは不平衡となり、ブリッジから不平衡に応じた（電圧の大きさおよび位相）電圧が発生し、それが増幅され、サーボ･モータを回転させる。サーボ・モータの回転は、歯車列を介して C 軸を回転し、P_{F1} 、P_{F2} を移動させ、ブリッジが平衡した位置で停止する。C 軸の回転は、カム C によって発信シンクロ G のロータを回転させ、G のステータに P_{t7} / P_{t2} に相当する角度信号を発生させる。この信号は、計器板に取り付けられた EPR 指示器の受信シンクロ R に取り付けられた指針によって EPR 値として指示される。

上に説明した EPR 計は、アナログ方式のものであるが、デジタル方式のものでは P_{t7} 、P_{t2} をおのおののデジタル量（電気信号）に変換し、P_{t7} / P_{t2} を計算し、その結果をデジタル表示またはアナログ表示している。

4-10　その他の圧力計

今までの圧力計は

⑴　滑油圧力計

ブルドン管式圧力計でゲージ圧を指示。

⑵　吸気圧力計

ベローズ式圧力計で絶対圧力を指示。

⑶　吸引圧力計

ダイヤフラム式圧力計で２カ所の圧力の差を指示。

⑷　EPR計

ベローズ管式圧力計で２つの圧力の比を指示。

について説明した。

航空機には、上記以外にも多くの圧力計が用いられているが、これらはいずれも、今までに説明した圧力計のいずれかに類似したもので、測定する圧力の範囲が異なるだけである。主なものを以下に示す。

⑴　作動油圧力計

ブルドン管式圧力計、ゲージ圧指示、4,000psi程度以下、ほとんど遠隔指示方式。

⑵　燃料圧力計

ブルドン管またはベローズ式圧力計、ゲージ圧指示、直接指示または遠隔指示方式、100psi程度以下。

⑶　高圧空気圧力計

ブルドン管またはベローズ式圧力計、ゲージ圧指示、直接指示または遠隔指示方式、100psi程度。

⑷　酸素圧力計

ブルドン管式圧力計、ゲージ圧指示、直接指示、1,800psi程度酸素が流入するため、計器内の汚れを厳しく管理する必要がある。油分は厳禁である。

4-11　まとめ

⑴　航空機用の圧力計のセンサは、ブルドン管、ベローズ、ダイヤフラム（いずれも弾性圧力計センサ）が用いられている。

⑵　ダイヤフラムは前章で説明した空盒計器に用いられている。

⑶　ベローズは、中程度の圧力の絶対圧、差圧の測定に用いられるほか可撓部、可動部の気密を保つ

ためにも用いられる。

⑷ ブルドン管は中圧、高圧の測定に適しており、最も広く用いられている。ブルドン管を用いる場合は管の内部を高圧側として、外部は大気圧に開放され、大気圧との差圧を感知するような用い方が多いが、大気圧を無視できるような場合、または大気圧との差圧を知ることが目的である場合である。

⑸ 吸気圧力計は、吸気の絶対圧力を指示する計器であるが、滑油圧力計、吸引圧力計、作動油圧力計、燃料圧力計などは差圧計である。

⑹ EPR はタービン・エンジンの排気圧と流入圧の比を指示する圧力比計である。

（以下、余白）

第5章　温　度　計

5-1　概　要

温度がいかに重要なものであるか、ここで改めて考えることにする。短く書くと「すべての物は温度によって支配されている」と言うことができる。動物、植物、微生物はもちろん、気象現象、火山活動などもすべて温度によって、それらの重要な部分が決まる。またピストン・エンジン、ジェット・エンジン、電気機器、家、食品なども温度によって性能、品質が左右され、また使用制限が設けられる。そして、その制限を無視して使用した場合には焼損、火災など重大な結果を生じる。

仮に、5,000 ℃まで使用できる構造材、絶縁材などが作られたとすると、航空機、地上交通機関、発電設備、家、家庭用品などは想像もできない新しいものが作りだされると考えられる。

このように温度は重要なものであるが、私たちが住んでいる地球がまことにやさしい温度環境を作っているため、温度についてあまり気にしなくても生きていける。

温度が多くの物に影響を与えているため、それらを利用して多くの温度測定方法が考え出された。一般的に用いられている温度測定の方法を表 5-1 に示した。

これらのうち、航空機用として用いられているものは１、２、４および５の方法である。

航空機の場合には、主な温度測定の対象として外気温度、排気ガス温度、滑油温度、シリンダ温度などがあり、測定範囲は－ 100 ℃から 1,200 ℃位である。

表 5-1　各種温度計の測定範囲

方　　法	測定範囲（℃）
1．液体の膨張を利用したもの	－ 200～600
2．固体の膨張を利用したもの	－ 100～600
3．気体の膨張を利用したもの	－ 200～600
4．熱起電力を利用したもの	－ 250～1,600
5．電気抵抗の変化を利用したもの	－ 200～600
6．輻射の強さを利用したもの	50～3,000
7．色温度を利用したもの	700～3,000

これらの温度計の使用目的は

(1) 温度によって制限を受ける機器、材料の**使用制限**を守るため。

(2) 使用制限の範囲内で、**最良の性能**で使用するため。

(3) 計測した温度と他の**量とを組み合わせ**て第3、第4……の量を求めるため。

である。上記(1)は、ほとんどすべての温度計が該当する。(2)に該当するものは排気ガス温度計が代表的であり、(3)には外気温度計がある。外気温度は温度そのものを飛行の安全のために用いる以外に高度、対気速度などと組み合わせてエンジンの出力の設定、真対気速度などを求めるために用いられている。

5-2 電気抵抗の温度による変化

ほとんどすべての金属、半導体は温度が変わると、その電気抵抗が変わる。

金属の場合には、特に作った合金（マンガニン、コンスタンタンなど）の場合はほとんど変わらないが、温度が上昇すると電気抵抗は**大きくなる。**

半導体の場合には、一般に温度が上昇すると、その電気抵抗は**小さくなる**（電気抵抗が温度上昇で増加するものもある）。

ある抵抗体の温度が1℃変化した場合、1Ωについてどの程度の電気抵抗の変化があるかを示す値を、**電気抵抗の温度係数**と呼ぶ。例えば、10℃で100Ωの抵抗体を20℃に熱した結果105Ωであったとすると、その抵抗体の電気抵抗の温度係数αは

$$\alpha = (105 - 100) \times \frac{1}{100} \times \frac{1}{20 - 10} = 0.005$$

である。**表5-2**に金属および半導体の電気抵抗の温度係数を示す。

電気抵抗の変化を利用した温度計にはニッケルの細線、サーミスタ（一種の半導体であり、温度変化に敏感である）などが広く用いられている。

5-3 熱起電力（Thermoelectromotive Force）

図5-1に示したように異種金属、例えば鉄線とコンスタンタンのそれぞれの両端を接続（H点、L点）し、H点を熱すると、電圧計の指針が振れて鉄線が⊕、コンスタンタンが⊖となるような電圧が発生したことを示す。このように、異種の金属を接続し、接続点H点とL点の間に温度差を与えた場合に発生する電圧を**熱起電力**と呼ぶ。なお、**熱電対**（Thermocouple）とは、異種金属を接合したものである。

表 5-2　電気抵抗の温度係数

物　質　名	電気抵抗の温度係数
アルミニウム	4.2×10^{-3}
金	4.0×10^{-3}
銀	4.1×10^{-3}
ニッケル	6.7×10^{-3}
白　金	3.9×10^{-3}
マンガニン（合金）	$-0.03 \sim 0.2 \times 10^{-3}$
コンスタンタン（〃）	$-0.4 \sim 0.1 \times 10^{-3}$
半導体	−数 %

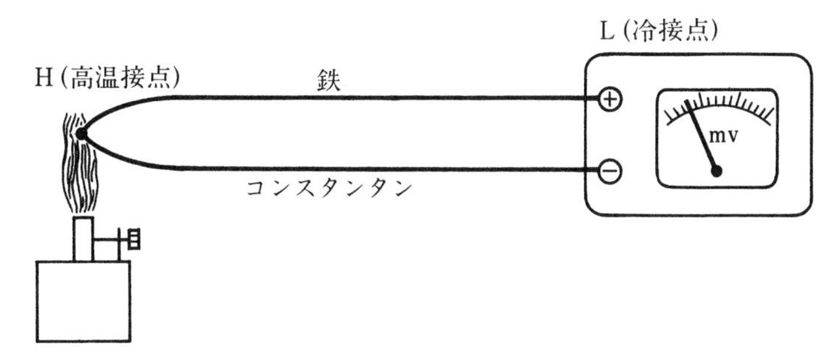

図 5-1　熱電対

熱電対の熱起電力は**金属の組み合わせ**およびＨ点とＬ点の**温度の差**によって変わるが、金属の組み合わせが決まった場合にはＨ点とＬ点の温度の差によって決まってしまう。したがって**Ｌ点の温度が知れている場合には、熱起電力を測ってＨ点の温度を知ることができる**。このことを利用して温度の測定に広く用いられている。**表 5-3** に航空計器用として広く用いられている熱電対（クロメル、アルメル熱電対および鉄、コンスタンタン熱電対）の熱起電力を示した。Ｌ点（冷接点）の温度を０℃とした場合の値である。

表 5-3 に示したとおり、クロメル－アルメル熱電対は温度と熱電力との関係が直線に近く、また高温まで使用できるため、最も広く用いられている。鉄－コンスタンタン熱電対は、温度と熱起電力の比例関係がやや悪く、高温まで使用できないが熱起電力は大きい。

また、バイメタルを利用した温度計もある。バイメタルとは、熱膨張率が異なる２枚の金属板を貼り合わせ、温度の変化によって曲がり方が変化する性質を利用したものである。

表 5-3 熱起電力の例

温度	クロメル⊕− アルメル⊖	鉄 ⊕ − コンスタンタン⊖
0℃	0 mV	0 mV
100	4.10 〃	5.32 〃
200	8.14 〃	10.87 〃
300	12.21 〃	16.44 〃
400	16.40 〃	22.00 〃
500	20.64 〃	27.62 〃
600	24.90 〃	33.39 〃
700	29.13 〃	39.44 〃
800	33.28 〃	45.88 〃
900	37.33 〃	—
1,000	41.27 〃	—
1,100	45.11 〃	—
1,200	48.83 〃	—

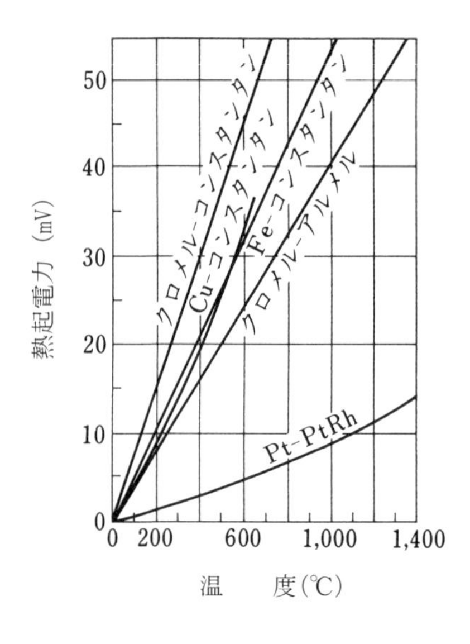

5-4 滑油温度計（Oil Temperature Indicator）

滑油温度の計測には、電気抵抗式温度計、液体膨張式温度計（蒸気圧力式:塩化メチルなどを使用）が多く用いられている。

液体膨張式温度計は、前章で説明したブルドル管圧力計とよく似ており、異なる点は圧力計の場合は、圧力とブルドン管の自由端の変位量との関係から圧力を知ったのであるが、液体膨張式温度計の場合には、体積とブルドン管の自由端の変位量から温度を知る点である。そこで、この節では電気抵抗式温度計について説明することにする。

図 5-2 は電気抵抗式温度計の原理を示したものである。温度を感知する部分（図中の R_t）は、ニッケルの細い線またはサーミスタなどが用いられている。サーミスタの場合には並列に電気抵抗の温度係数が小さい抵抗を接続して、温度と電気抵抗の関係の直線性を改善している。またサーミスタは電気抵抗の温度係数が負（温度が上昇すると抵抗が小さくなる）であるため、上図のニッケル線を、他の部分をそのままにして、サーミスタで置き替えることはできない。

なお、**図 5-2** はニッケル線を用いた場合の接続例である。電源は、14V の場合は GND-14V 間に、28V の場合は GND-28V 間に接続される。**図 5-2**(a) の２つのコイルＨおよびＬは、互いに交って設けられており、同図 (b) に示したようにコイルＨが作る磁場 H_h およびコイルＬが作る磁場 H_ℓ によって合成磁場Ｈが作られる。その位置に、磁片が置かれており、それに結合された指針によって**磁場Ｈの方向**を示すことによって温度が指示される。

滑油の温度が低い場合には、それを感知したニッケル線の抵抗（R_t）が小さくなるため１－３間の

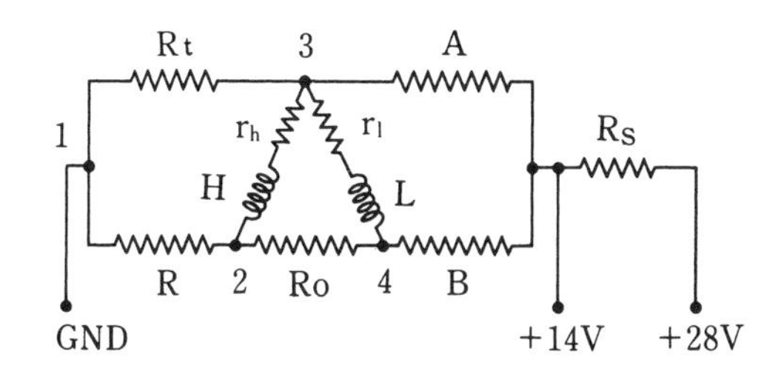

(a) 電気低抗式温度計の電気回路

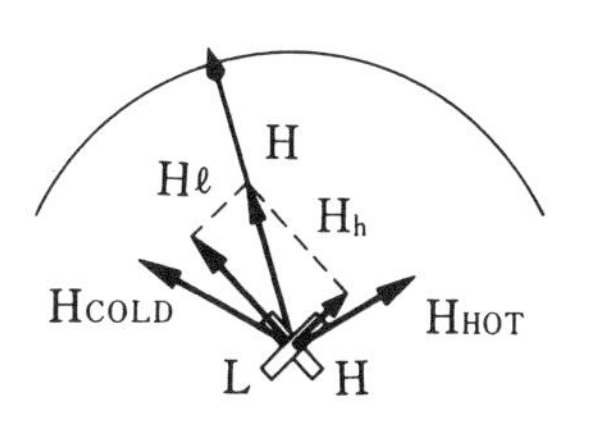

(b) 電気抵抗式温度計指示器

図 5-2

抵抗が小さくなり、コイルLには4から3に向かって比較的大きい電流が流れ、コイルHには2から3に向かって電流が流れる。その結果L、H両コイルが作る合成磁場は H_{COLD} となる。滑油の温度が高い場合には1－3間の抵抗が大きくなるため、Hコイルには3から2に向かって電流が流れ、Lコイルには3から4に向かって電流が流れる。その結果L、H両コイルが作る合成磁場は H_{HOT} となる。

この交差線輪型の温度計は、**電源の電圧が変動しても、H、L両コイルが作る磁場がともに変動するため合成磁場の方向は変わらない**（比率型計器と呼ばれる)。そのため、電源電圧が変動しても、指示値はほとんど変わらないという利点があるため広く用いられている。

5-5　シリンダ温度計（Cylinder Head Temperature Indicator）

ピストン・エンジンを装備した航空機の場合には、エンジンが適正な温度で運転されていることを監視するため、シリンダ温度計を装備している機体がある。

シリンダ温度計は、多数のシリンダの中で最も温度が高い1本のシリンダの頭部の温度を計測するように取り付けられている場合が多い。

シリンダ温度計には、電気抵抗式と熱電対式の2種類があるが、熱起電力が大きいIC（鉄・コンスタンタン）熱電対が広く用いられている。

まず、電圧を測る場合に注意しなければならない点から話を始めることにする。一般に用いられているテスタを使って、乾電池の電圧を測定する場合について考えてみる（**図 5-3**）。乾電池（1.5V、内部抵抗は0.5Ωとする）をテスタ（直流電圧3ボルト・レンジ、内部抵抗は30,000Ω）を使って測定したとすると、テスタにかかる電圧は

$$1.5 \times \frac{30{,}000}{30{,}000 + 0.5} = 1.499975 \text{ V}$$

となり、1.5に極めて近いため、指示値は乾電池の起電力と同じであるとして、指示値をそのまま用いている。しかし、熱起電力のような小さい電圧（数十ミリボルト以下）を測定する場合には、ミリボルト計の内部抵抗が小さいため、熱電対、リード線の抵抗およびミリボルト計の内部抵抗について十分考慮して測定しなければならない。

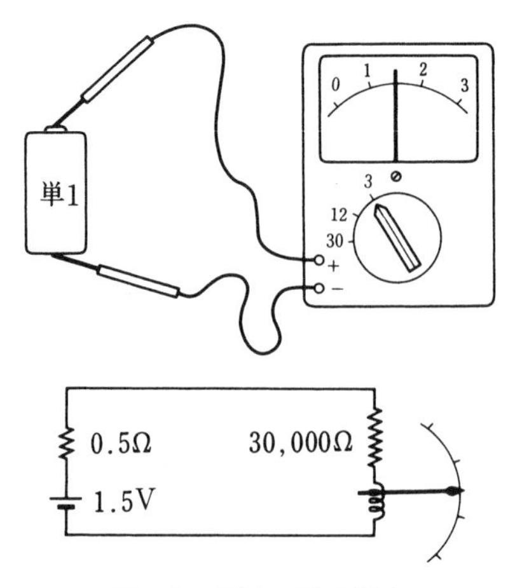

図 5-3　電池の電圧測定

航空機で用いている熱電対式温度計の接続図を図 5-4(a) に示した。同図 (b) は図 (a) の等価回路である。補償抵抗はリード線の長さを変える場合に調整するためのものである。補償導線が長過ぎるときは直径 6 in の円にたばねて、どこかにしっかりとくくりつけること。補償導線とは、8 Ω とか 2 Ω とか定められた抵抗値を補償している線のことであり、長さを勝手に切断できない。R_T は熱電対の抵抗、R_W はリード線の抵抗、R_a は補償抵抗、R_m は指示器の内部抵抗である。

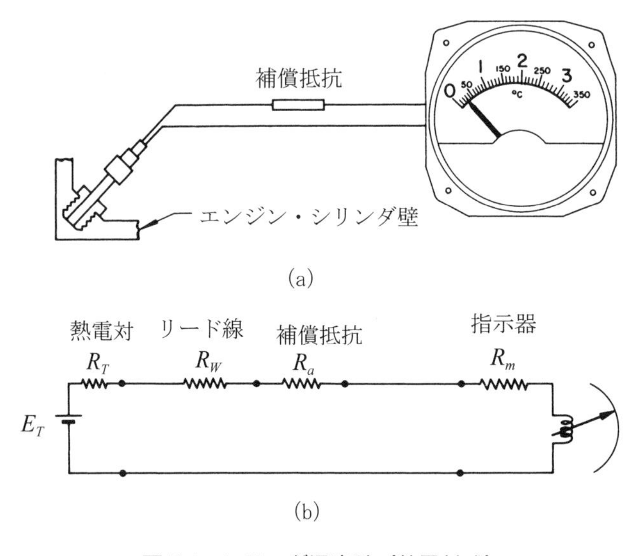

図 5-4　シリンダ温度計（熱電対式）

直流回路では電圧は抵抗に比例して配分されるから、熱起電力を E_T とすると、指示器にかかる電圧 E_m は次式となる。

$$E_m = E_T \frac{R_m}{R_T + R_W + R_a + R_m}$$

熱電対式温度計では**熱起電力 E_T に相当する温度が、指示器（ミリボルト計）の指示値が E_m である点に目盛られている。**航空機用の熱電対式温度計では R_a を調整して $R_T + R_W + R_a$ が 8 Ω（または 2 Ω）となるようにしている。

前（5-3 節）で説明したように熱電対式温度計では、冷接点の温度が知れていなければ温度の測定はできない。

そこで、指示器は**図 5-5** に示したような方法で冷接点の温度を求めている。

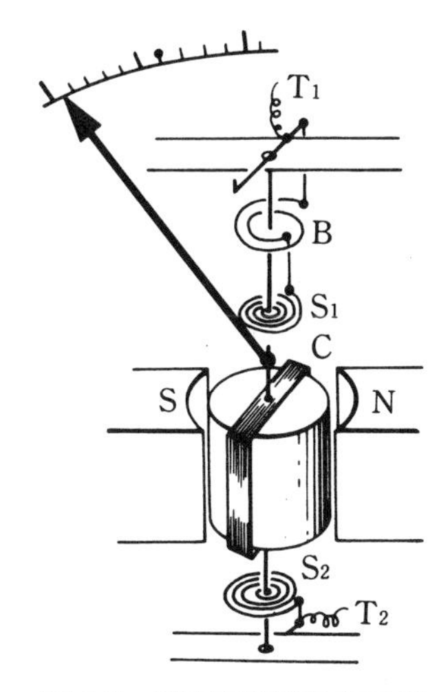

図 5-5　熱電対温度計指示器

熱電対の熱起電力は、リード線と補償抵抗を通って端子 T_1、T_2 に接続される。

可動線輪に給電しているスプリング S_1 はバイメタル B を通して固定されており、指針は指示器の温度（冷接点の温度）を指示するようにつくられている。

したがって、**バイメタルによって冷接点の温度が機械的に常温を指示し、冷接点と高温接点の温度差による熱電対からの起電力が 0℃ から高温部の温度差の起電力の指示と合致するように指示器の温度が追加され、高温接点部の温度が示される。**〔例：温度差が 0 ℃ と 400 ℃ のとき 20mA 流れるとすると、いま室温が 30℃ のとき 400 ℃ の差は、例えば、18mA で 370℃ を指示するので、バイメタルで 400℃ を指示するように調整する。

5-6　ガス温度計（TGT Indicator, EGT Indicator）

ピストン・エンジンの場合でも排気ガス温度計を装備して空燃比の調整などに用いているものがあるが、一般的にはシリンダ温度計を装備して、シリンダ温度を知ってエンジンの状態を監視するものが多い。しかしガスタービン・エンジンの場合には、燃焼ガスの温度は、エンジンの性能および状態を監視するために不可欠なものであり、必ず装備されている。

ガスタービン・エンジンの場合には、燃焼ガスの温度は、タービンの中段部分もしくは最終段通過

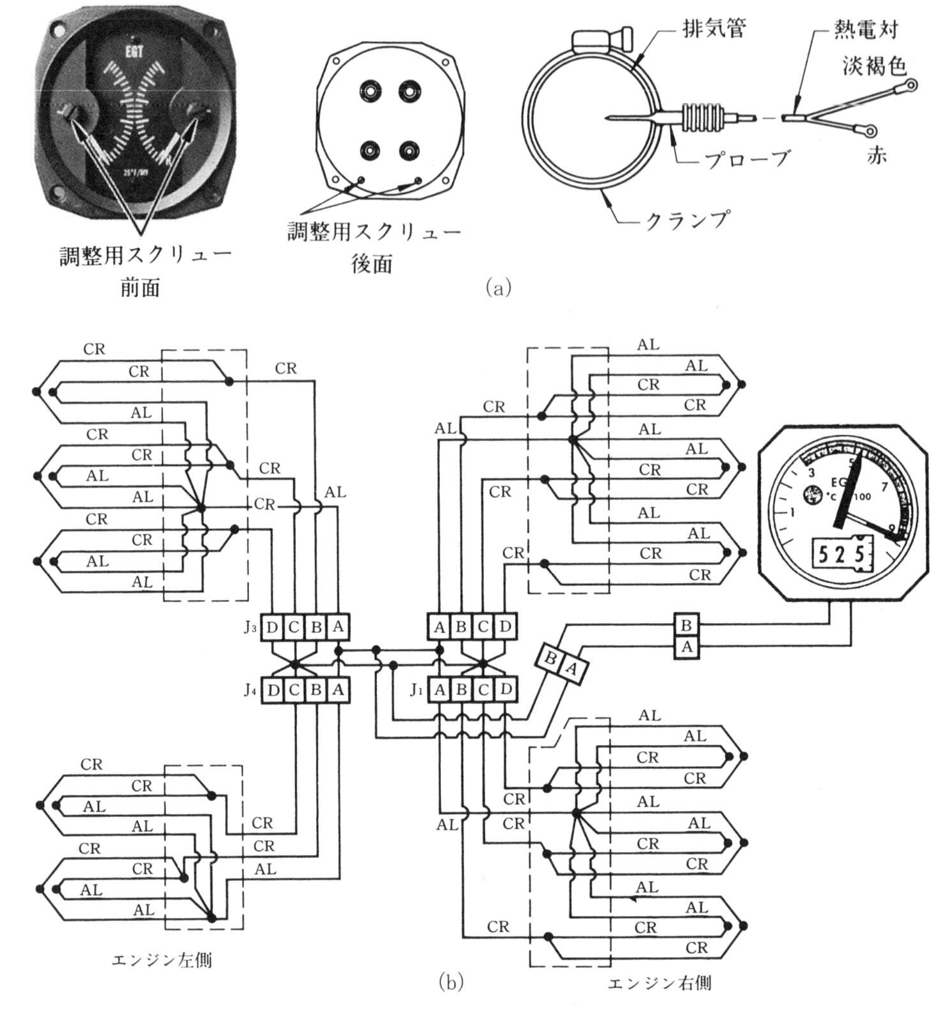

図 5-6 燃焼ガス温度計

後のガス温度を測定するのが一般的であり、前者を TGT（Turbine Gas Temperature）、後者は EGT（Exhaust Gas Temperature）と呼んでいる。

ガスタービン・エンジンの燃焼ガスの流れの断面はドーナツ形になっているため、1 個所で燃焼ガスの温度を測定しただけでは全体の温度を知ることはできない。そのため数個所ないし、大きいエンジンの場合には、十数個所の温度を測定して、**各測定個所の平均値**を燃焼ガスの温度としている。このような理由で、燃焼ガスの流れの断面に円形に配置された多数の熱電対は、**図 5-6** のように接続されている。

図 (a) は小型ガスタービン・エンジンに、図 (b) は大型ガスタービン・エンジンに用いられる。

平均温度が求められる理由について、**図 5-7** に示したような、熱電対が 2 個ある場合について説明する。熱電対は同じもので、おのおののリード線の長さも同じに作ってあるため、その等価回路は、同図 (b) のようになる。電池の電圧 e_1、e_2 は、温度が t_1、t_2 である場所に置かれた熱電対の熱起電力である。２つの熱電対の温度に差がある場合には、e_1 と e_2 に差があるため、ループ電流 i が流れる。この電流の大きさは

$$i = (e_1 - e_2)/2r$$

である。したがって、２つの熱電対を接続した点に生じる電圧 e は

$$e = e_1 - ri = e_1 - r\frac{e_1 - e_2}{2r}$$

$$= \frac{e_1 + e_2}{2}$$

となり、e_1 と e_2 の平均となる。

熱電対およびリード線で組み立てた平均値回路に発生した熱起電力の平均値は、リード線および補償回路を通って温度指示器に接続され、燃焼ガス温度の平均値が指示される。

燃焼ガスの温度指示器は、前項で説明したシリンダ温計と同じように、燃焼ガス温度を目盛った冷接点温度修正機能が付いたミリボルト計、または図 5-8 に示したようなサーボ式指示器が用いられている。図 5-8 に示したサーボ式指器は次のように作動している。

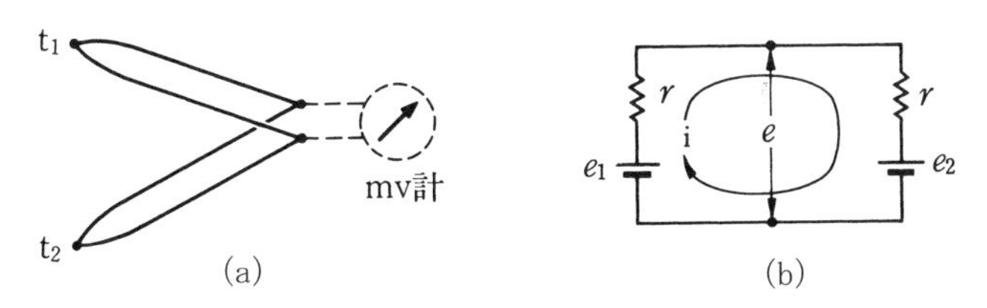

図 5-7　平均値回路の原理

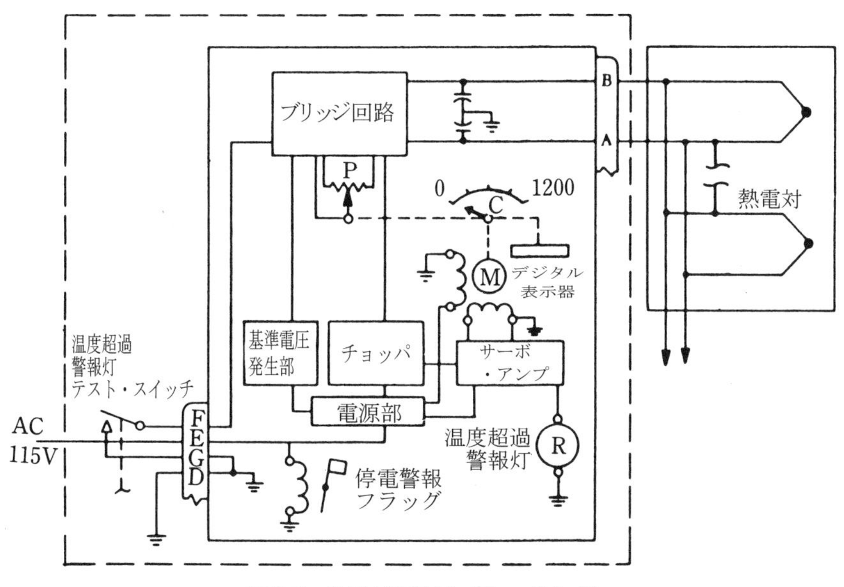

図 5-8　熱電対温度計（サーボ方式）

多数の熱電対に発生した熱起電力の平均電圧は、端子A、Bに接続される。この電圧はブリッジ回路に入り、冷接点温度の修正を行うための電圧が加算され、ポテンショメータのP点の電圧と比較される。電圧に差がある場合は、その差電圧が増幅され、サーボ・モータを駆動し、P点の電圧が熱起電力の平均電圧と同じになるまでポテンショメータを回転させる。平衡した点でサーボ・モータは停止する。そのときの、ポテンショメータのスライド・アームの位置が指示器の指針によって温度として指示される。

5-7　外気温度計（OAT：Outside Air Temperature）

外気温度はエンジンの出力設定、着氷防止、燃料中の水分の凍結防止などの目的で使用され、飛行中の航空機にとって重要なものである。さらに、高速機では航法の上で必要な真対気速度を求める計算で是非とも必要なものである。

外気温度の測定は、次の方法の内のいずれかが用いられている。

⑴　温度計の感温部を機外に突出させ、その指示値を、そのまま外気温度として用いる。この方法は低速機で広く用いられている。

⑵　電気抵抗式温度計の受感部を機外に置き、その指示値を、そのまま外気温度として用いる。この方法は低速機で、遠隔指示が必要な場合に広く用いられている。

⑶　電気抵抗式温度計の受感部を機外に置き、他の情報（較正対気速度、高度）と組み合わせ、断熱圧縮による温度上昇を修正して外気温度を求める。高速機の場合には、必ずこの方法を用いている。

⑵の測定方法は、滑油温度計の項で説明したものと同じであるため、省略してここでは⑴、⑶について説明する。

⑴　感温部を機外に突出させ直接指示するもの

バイメタルを用いた温度計で、図5-9に構造を示す。感温部を機外に突出させ、指示部を操縦者が見えるように取り付けて使用する。目盛は℃および°Fが施されている。低速小型機に広く用いられている。

⑵　他の情報と組み合わせて静温度を指示させるもの

高速機では、温度計の受感部に衝突した空気が断熱圧縮されて温度が上昇するため、受感部は大

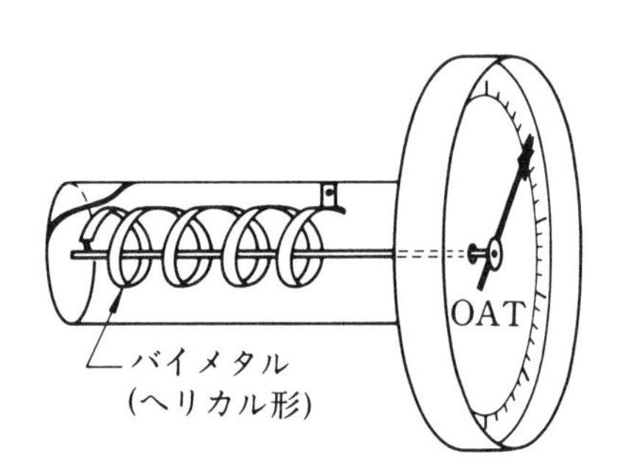

図5-9　バイメタル温度計

気の真の温度より高い温度を感知してしまう。この温度を**全温度**（Total Air Temperature ）と呼び、これに対し大気の温度（これを気温と呼んでいる）を**静温度**（Static Air Temperature）と呼ぶ。全温度と静温度の間には

$$SAT = \frac{TAT}{1 + 0.2KM^2}$$

TAT：Total Air Temperature〔K〕

SAT：Static Air Temperature〔K〕

M：マッハ数

K：受感部特有の係数で 0.80～0.99 位

の関係がある。高速機では、速度および高度からマッハ数を求め、さらに上式の関係を用いて静温度（SAT）を求めている。このことについては後章のエア・データ・コンピュータで説明する。

表 5-4 に 0 ℃ の大気中を飛行した場合の速度と TAT の関係を示す。

表 5-4　飛行速度と TAT の関係

マッハ数	TAT〔℃〕
0	0
0.1	0.55
0.2	2.17
0.3	4.92
0.4	8.73
0.5	13.64
0.6	19.97
0.7	26.77
0.8	34.95
0.9	44.22

5-8　まとめ

⑴　航空機に用いられている温度計の受感部には、液体の膨張、固体の膨張、熱電対、電気抵抗の変化を利用したものが用いられている。

⑵　熱電対を用いた温度計の場合には、冷接点温度を機械的または電気的に求め、冷接点と高温接点との温度差による熱電対の熱起電力を測って、高温接点の温度を知るように作られている。

⑶　電気抵抗の変化を利用した温度計の指示器には比率型計器が用いられており、電源電圧の変動があっても指示値はほとんど変わらない。

⑷　熱電対と可動線輪型直流計器を組み合わせた温度計の場合には熱電対から指示器までの電線（熱電対と同じ材料が用いられている）の電気抵抗が、熱起電力（温度）を測る電気回路の全電気抵抗を左右するので、電線の長さを勝手に変更することはできない。

⑸　ガスタービン・エンジンの場合には複数個の熱電対を用いて、それらが感知した温度の平均値を指示するようにしている。

⑹　外気温度計は、低速機の場合には温度センサが感知した温度を外気温度としているが、高速機では他の量と組み合わせて真の外気温度を求めている。また外気温度計は外気の温度を知る以外に、他の量と組み合わせて真対気速度を求めるためにも用いられている。

第6章　回　転　計

6-1　概　要

航空機は、翼（固定翼または回転翼）に発生した揚力によって地面から離れて飛行している。その揚力はエンジンの回転によって発生した推力、または回転翼の回転によって作られている。航空機での回転計はエンジン、回転翼などの回転速度を知るために用いられており、「飛行」ということが存在するために最も重要な計器の１つである。

回転速度は、**１分間の回転数**（rpm：Revolutions Per Minute）または**定格回転速度に対する百分率**（%）で表される。

ピストン・エンジンの場合は、回転速度は１分間の回転数で表示される場合が多い。図 6-1 (a) に rpm で表示された回転計指示器の例を示した。指示器の文字板の目盛は 100rpm を単位として書かれており、例えば 20 は 20 × 100rpm ＝ 2,000rpm を意味する。

タービン・エンジンの場合には、回転速度は定格速度に対する百分率で表されるものが多い。図 6-1 (b) に % で表示される回転計指示器の例を示した。長針は０から100% までの範囲を約 3/4 回転で表示し、短針は１回転で、長針の主要目盛１区かく（10%）を表示している。

図 6-2 に代表的なタービン・エンジンの構造を示した。図に示されているように、エンジンの回転速度には、低圧コンプレッサと低圧タービンを結んだ軸の回転速度（N_1）および高圧コンプレッサと高圧タービンを結んだ軸の回転速度（N_2）とがある。そのためタービン・エンジンの回転計には N_1 回転計および N_2 回転計が用いられている。

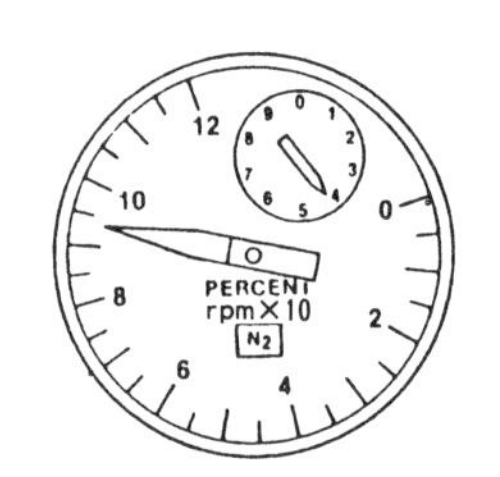

(a) ピストン・エンジン　　(b) タービン・エンジン

図 6-1　回転計

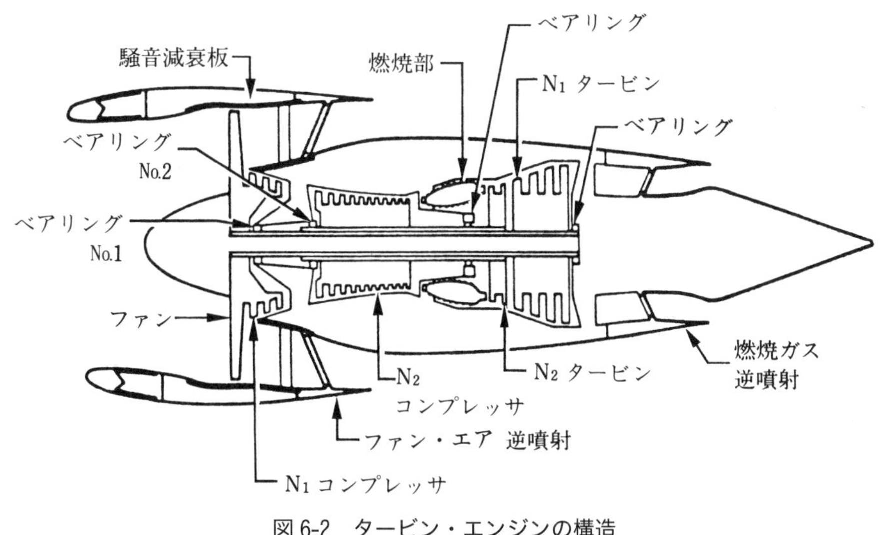

図 6-2　タービン・エンジンの構造

ヘリコプタの場合では、回転翼の回転速度（N_R）を監視することが重要である。そのため、ピストン・エンジンを装備したヘリコプタではエンジンの回転計および回転翼の回転計が装備され、タービン・エンジンを用いたヘリコプタではエンジンの回転計として、N_1 回転計と N_2 回転計が装備され、回転翼の回転計として N_R 回転計が装備されている。N_R は、エンジンの回転速度と**同軸二針式**（または三針式）の指示器で表示されている。これは、回転翼を駆動する**クラッチに滑り**を生じた場合に容易に発見できるためである。クラッチに滑りがない場合には２つの指針は重って見えているが、滑りを生じた場合には２つの指針はＶ字型に見えるようになる。いわゆる「針割れ」と呼ばれる非常に危険な状態である（図 6-3 参照）。

航空機に使用されている回転計は、その作動原理で分類すると

⑴　電気式回転計　ａ．直接駆動されるもの
　　　　　　　　　ｂ．遠隔指示するもの
⑵　電子式回転計　ａ．回転数計測型（回転している部分の突起物を数えるもの）
　　　　　　　　　ｂ．周波数計測型（発電された交流電圧の周波数を数えるもの）

に分けることができる。

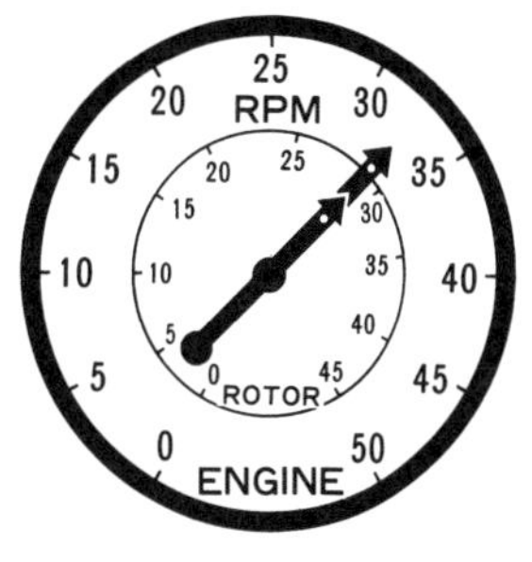

図 6-3　デュアル・タコメータ

電気式回転計では**ドラッグ・カップ**（Drag Cup）と呼ばれるものが回転速度を指示する基本になっている。したがって回転計の具体的な話はドラッグ・カップから始まることになる。

図 6-4 (a) に示したように、容易に回転できるように支えられたアルミなどの非磁性導体で作られた円板を両極ではさむように永久磁石が置かれている。磁石が円板と相対的に静止しているときは円板も静止している。しかし磁石を矢印の方向に動かした場合には、円板の中に電磁誘導によって図示

したような渦電流（Eddy Current）が発生する。この電流は磁石によって作られている磁場によって力を受けるため、円板は矢印の方向に回転を始める。この**回転方向は、非磁性導体で作られた円板が磁石により引きよせられるような方向**である。この装置はアラゴの円板として知られている。

図 6-4 (b) は、アラゴの円板の原理を応用した装置で電気式回転計の主要な部分である。永久磁石は、アルミなどの非磁性導体で作られたカップの中で回転している。カップはスプリングで抑制された回転軸で支持されている。カップには渦電流による回転力が発生し、カップは回転を始めるが、スプリングによる抑制トルクと平衡する角度まで回転し静止する。カップが静止した後は、カップと磁石の相対的な回転速度は磁石の回転速度と同じになる。

カップに発生した**回転力は、カップと磁石との相対的な回転速度（磁石の回転速度）に比例する**ので、カップの回転角によって磁石の回転速度を知ることができる。このような目的で用いられるカップを**ドラッグ・カップ**と呼んでいる。ドラッグ・カップは電気式回転計として自動車、一般動力装置にも広く用いられている。

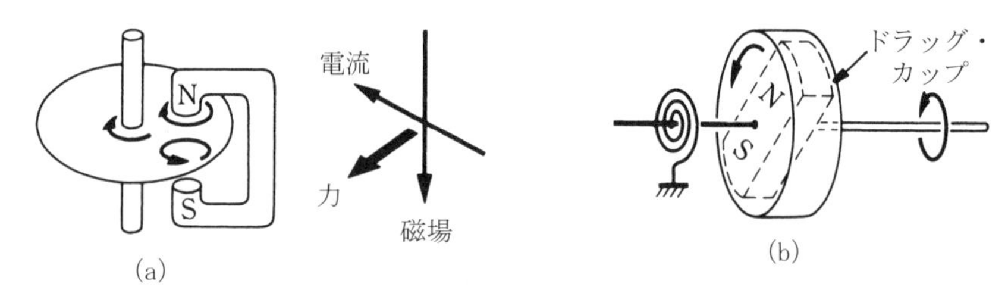

図 6-4　アラゴの円板

6-2　電気式回転計（直接駆動式）

単発固定翼機の場合は、エンジンと計器板が近いため、エンジンの回転または補機駆動軸の回転を、可撓(かとう)軸（フレキシブル・シャフト）で計器板まで導いて回転計に機械的に結合して、回転速度を表示しているものが多い。図 6-5 に構造を示した。可撓軸で導かれた機械的な回転は、永久磁石②が取り付けられた軸①に結合されている。永久磁石が、アルミニウムで作られたドラッグ・カップ（Drag

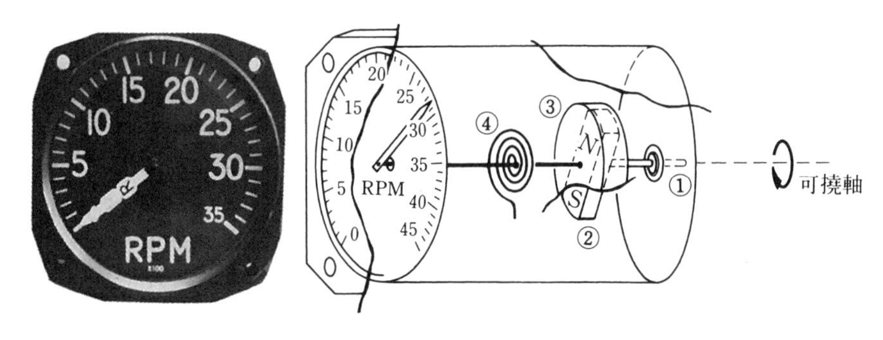

図 6-5　直接駆動式の回転計

Cup）③の中で回転するため、ドラッグ・カップに発生する渦電流と永久磁石の磁場によって、磁石と同じ方向に回転しようとするがドラッグ・カップの軸に取り付けられた抑制スプリング④によって抑制され、ある角度まで回転して静止する。静止するまでの回転角度によって回転速度が指示される。

6-3　電気式回転計（遠隔指示型）

多発固定翼機または回転翼機の場合には、エンジンが計器板から遠くにあり、また可撓軸で機械的な回転を伝達しようとしても、その経路に曲りが多くなり、機械的な伝達には不都合を生じる。そのため、エンジンの近くでエンジンの回転速度を電気信号に変えて指示器まで送り、指示器内で電気信号によって回転速度を表示する方式がとられている。図 6-6 に電気式回転計の構造を示した。

永久磁石Ⅰと３相巻線が施されたステータⅡで構成された３相交流同期発電機（これは回転計発電機と呼ばれる）がエンジンに取り付けられ、エンジンの**回転速度に比例した周波数の３相交流電圧**が発生される。この電圧（周波数として回転速度の情報が含まれた電気信号である）は電線によって指示器に入る。指示器内には３相巻線を施したステータⅢと永久磁石Ⅳで構成された３相交流同期電動機があり、その軸は前項で説明したドラッグ・カップ式の指示器の入力軸に結合されている。指示器内の３相交流同期電動機は、エンジンに取り付けられた３相交流同期発電機（回転計発電機）に比例した速度で回転するから、結局エンジンの**回転速度が電気的に指示器まで伝達**されたことになる。

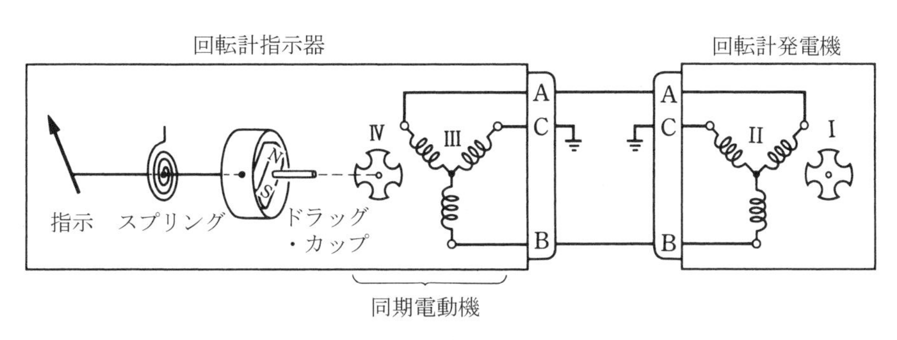

図 6-6　電気式回転計

6-4　電子式回転計（回転数計測型）

エンジンの内部または外部で、回転数（回転速度ではない）を数えやすいような回転している部品がある場合には、**１秒間または１分間の回転数を数え**れば回転速度が求められるはずである。図 6-7 はピストン・エンジンのカム軸を駆動している歯車で、歯数は 50 枚あるとする。歯車の近くの１点に置かれた検出器で、その点を通過する歯の数を数えた結果、１秒間に 1,000 枚通過したことが知れた。

この場合には歯車の回転速度は

1,000 枚 / 秒÷ 50 枚 / 回転× 60 秒 / 分＝ 1,200 回転 / 分

となる。カム軸は、クランク軸の半分の速さで回転しているから、エンジンの回転速度は

1,200 回転× 2 ＝ 2,400 回転 / 分　　となる。

電子式回転計は、上の例に示したような方法で回転速度を測っている。

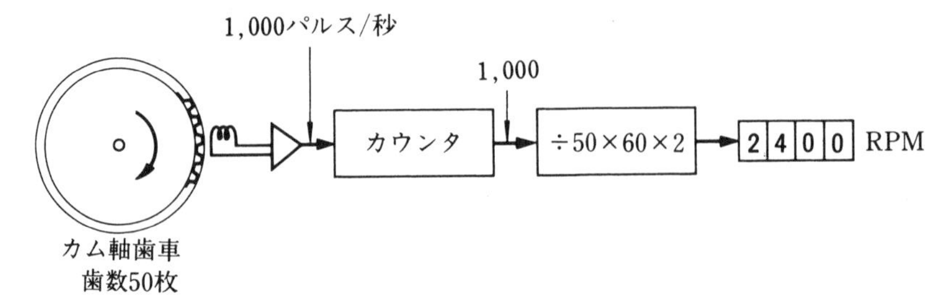

図 6-7　カウンタによる回転計

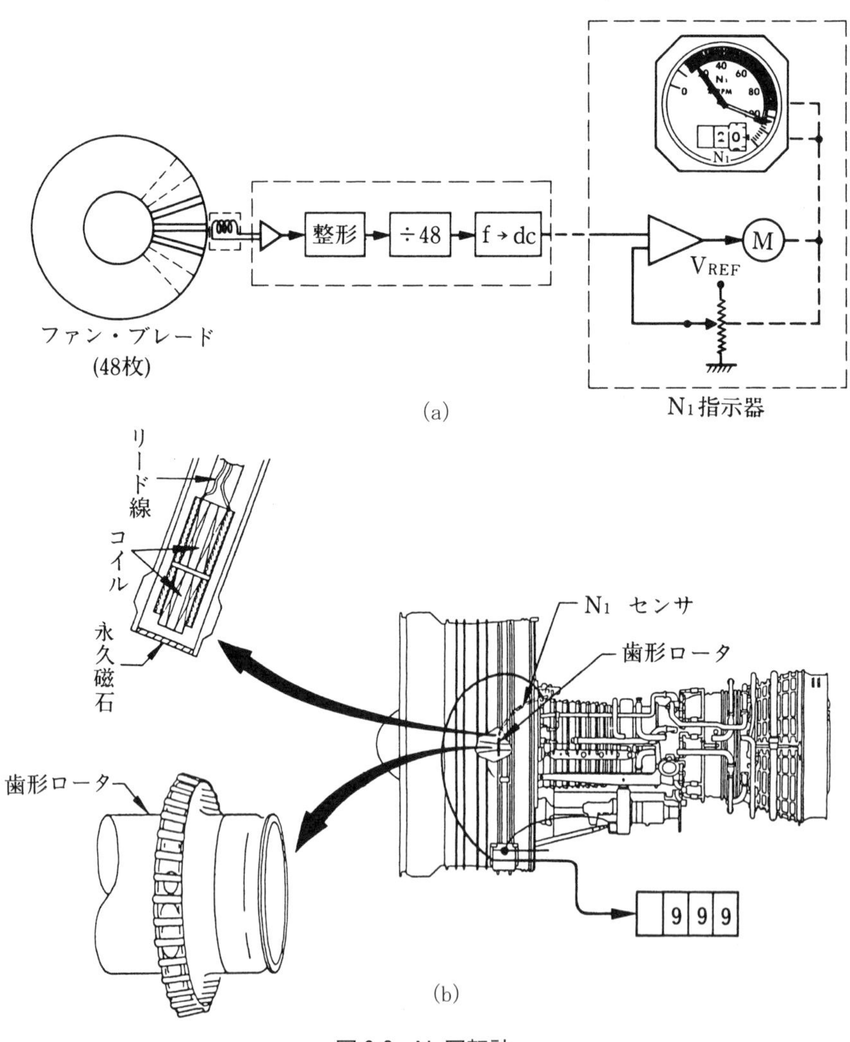

図 6-8　N_1 回転計

ガスタービン・エンジンの場合にはファン・ブレードなどの数えやすいものが多くあり、またN_1の場合には回転軸が内側の軸であるため電子式回転計を用いると都合がよい。図 6-8 は、ガスタービン・エンジンのN_1回転計の例を示した。この例ではブレードの数が 48 枚あるので、1 秒間に数えたブレードの数をMとすると、N_1は

$$N_1 = \frac{M}{48} \times 60\text{rpm}$$

と求められる。この例では 1 秒間の回転数に相当するパルスを直流電圧に変換して % 表示している。

6-5　電子式回転計（周波数計測型）

ガスタービン・エンジンの場合に、高圧コンプレッサと高圧タービンが結合された軸（N_2ロータ軸）からは補機駆動のための回転軸が取り出されており、回転計発電機を容易に取り付けることができる（図 6-9 参照）。

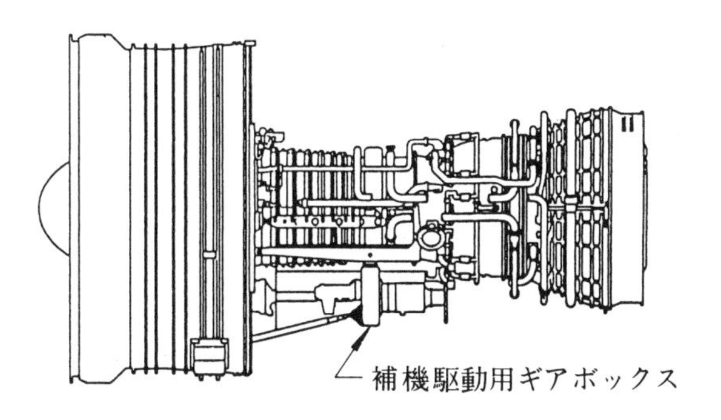

図 6-9　N_1、N_2センサ

この方式の回転計は、例えば滑油ポンプ駆動軸の端に永久磁石を取り付け、その周囲に、磁石の極数に応じた単相巻線を施したステータを設けて、ステータ巻線にN_2に比例した周波数の交流電圧を発生させる（図 6-10 参照）。この**交流電圧の周波数を数えて**、N_2を求める。図 6-10 に示した例において、滑油ポンプはN_2の 1/12 の速さで駆動され、回転計発電機の磁極数は、6 極であったとする。発電された交流電圧の周波数が毎秒 150 Hz であったとすると、滑油ポンプの駆動軸の回転速度Nは

$$N = \frac{2 \times \text{周波数}}{\text{磁極数}} \quad 〔\text{回転} / \text{秒}〕$$

$$= \frac{2 \times 150}{6} = 50 〔\text{回転} / \text{秒}〕$$

である。したがって

$$N_2 = 50 \times 12 = 600 〔\text{回転} / \text{秒}〕$$

$$= 36{,}000 〔\text{rpm}〕$$

となる。この例では発生したパルスを、そのまま直流電圧に変換して % 表示している。

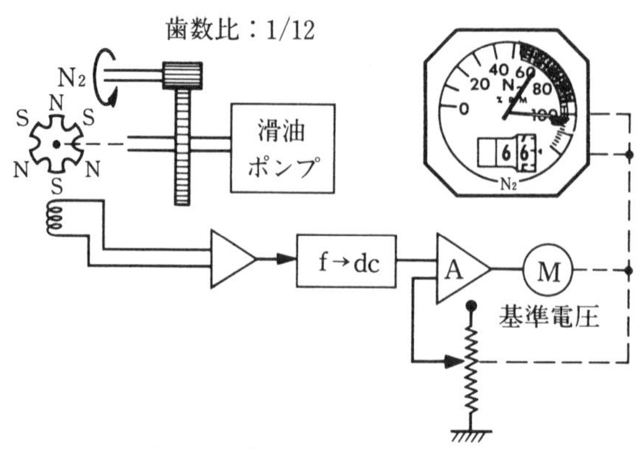

(a) N2回転計の原理

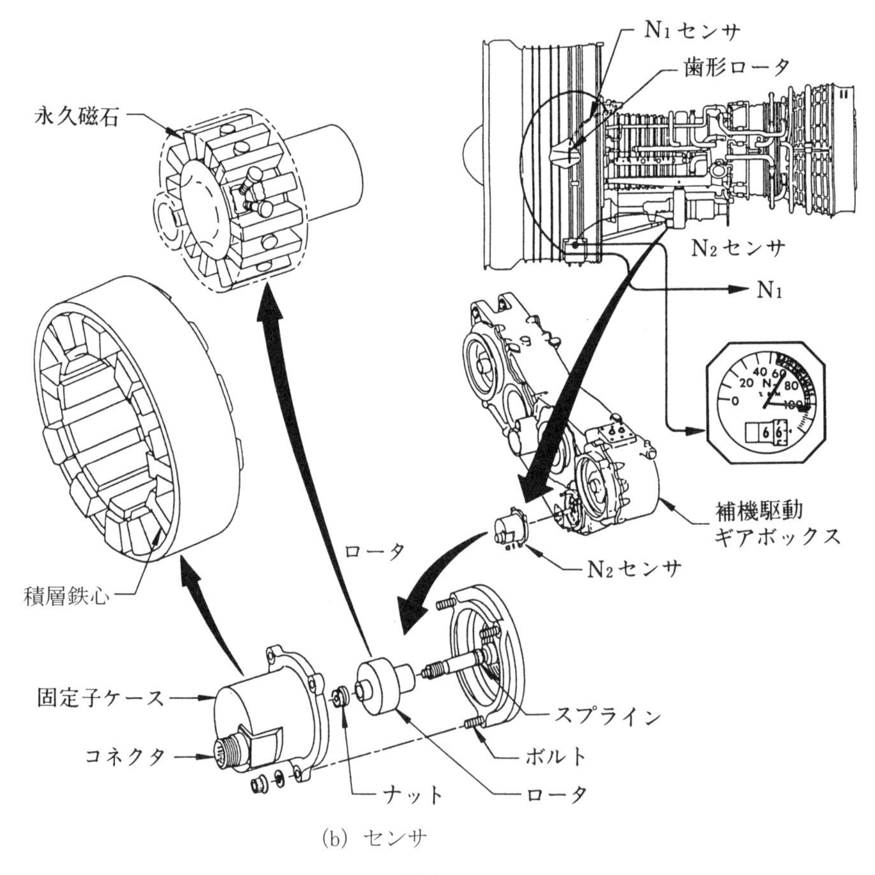

(b) センサ

図6-10

6-6　同調表示器

多発機の場合には、各エンジンの回転速度が同じになるように調節する必要がある。特にピストン・エンジン多発機またはプロペラを装備した多発機の場合には、各エンジンの**回転速度の差が少ない**場合に、エンジン音またはプロペラ騒音の**唸り音**が発生し、不快感、不安感を与える。回転速度の差が大きい場合は、回転計の指示の差によって調節できるが、回転速度の差が小さく（数 rpm 以下）なると、回転計の指示によって調節することはむずかしくなる。このような場合に用いられるのが同調表示器である。

図 6-11 に同調表示器の構造を示した。同調表示器は一種の誘導電動機の回転軸に指針を取り付けたものである。ステータおよびロータにはともに３相巻線が施されており、ロータ巻線は３個のスリップリングを通して給電される。ステータおよびロータの巻線は、左右エンジンの回転計発電機から送られてきた３相交流電圧によって、ステータ内部およびロータ表面に同方向の回転磁界が発生するように励磁されている。

左右エンジンの回転速度が同じであるときは、ステータおよびロータの回転磁界はともに同じ速さで移動して行くため、ロータには回転力が発生しない。したがって指針は静止している。右エンジンを基準とし、左エンジンの回転速度が大きい場合には、ステータの回転磁界がロータの回転磁界を引き進めるため指針は FAST 方向に回転する。逆に左エンジンの回転速度が小さい場合には、ステータの回転磁界がロータの回転磁界を引き戻すため、指針は SLOW 方向に回転する。指針の回転速度は左右エンジンの回転速度の差に比例する。

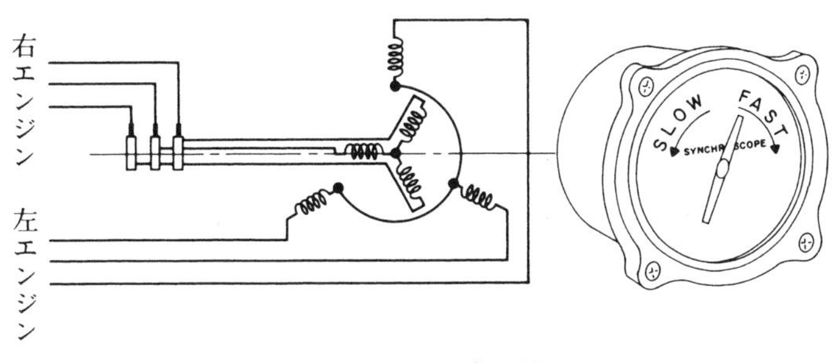

図 6-11　同調表示器

6-7 まとめ

⑴ ピストン・エンジンの場合には、回転速度は1分間の回転数（rpm ）で表される。

⑵ ガスタービン・エンジンの場合には、定格回転速度に対する百分率（%）で表されるものが多い。

⑶ ヘリコプタの場合には回転翼とエンジンの回転速度を同軸二針式（同軸三針式）の指示器で指示し、「針割れ」を早期発見しやすいようにしている。

⑷ ガスタービン・エンジンの場合には N_1 回転計および N_2 回転計が装備されている。

⑸ 電気式回転計では、ドラッグ・カップと抑制スプリングが回転速度を計測する主役である。

⑹ 遠隔指示型の電気式回転計では3相交流同期発電機と3相交流同期電動機によって、回転速度を電気的に指示器まで送っている。

⑺ 電子式回転計には、回転部分の回転数を数える回転数計測型、および回転部に結合された単相交流同期発電機で発生された交流電圧の周波数を数える周波数計測型のものがある。

⑻ ピストン・エンジンを装備した多発機の場合には同調表示器が装備されている。

（以下、余白）

第７章　液量計・流量計

7-1　液量計概要

航空機には、燃料、滑油、水、防氷液、作動油（油圧機器用油）などの液体が搭載されている。これらのものは、いずれも飛行を行う上で欠くことのできない重要なものであり、それぞれの液量を表示する計器を装備するように定められている。どのような方式の計器を用いるかは液量、タンクの形、位置などによって異なってくるが、大部分のものが液面の位置を知ることによって液量を測定する方式のもので、測定技術の面から考えると液面計である。

一般に用いられている液量計は

⑴　直視式液量計

⑵　浮子式液量計

⑶　液圧式液量計

⑷　静電容量式液量計

に分類することができる。

液圧式液量計は、被測定液の底部に開孔された管に空気を送り込み、液底部から空気が気泡状で放出されるときの空気圧によって液底部の圧力を求め、これによって液面までの高さを知り液量を求める方式のものである。この方式は運動する航空機の場合には指示が不安定であるため現在では用いられていない。航空機の液量計としては上記の１、２および４の方式のものが用いられている。

7-1-1　直視式液量計（Sight Gauge）

直視式液量計はゲージ・ガラスによって直接液面を見ることによって液量を知る方式のものである(図 7-1 参照)。この方式の液量計は、タンクと操縦者との位置関係で制約されるため、飛行中に使用される液量計としては、ほとんど使用されておらず、**地上における整備作業**のために取り付けられている。

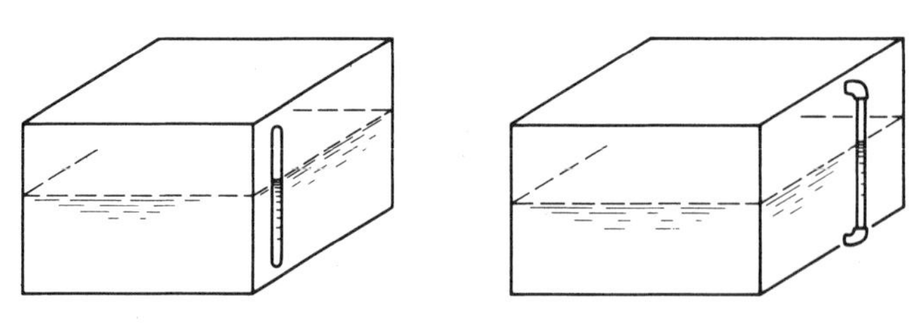

図 7-1　直視式液量計

7-1-2　浮子式液量計（Float-type Fuel/Oil Quantity Indicator）

浮子式液量計は、液面に浮いた浮子の位置によって液面の高さを知る方式のもので、最も多く用いられている液量計である。

液面に浮いた浮子の位置を知る方法によって多くの方式のものがあるが、広く用いられているものについて説明する。

a．レバー付浮子を用いた液量計

⑴　機械式のもの（Mechanical Fuel/Oil Quantity Indicator）

図 7-2 に示したように、レバー付浮子によって歯車が回転され、その軸の先に付けられた磁石によって、磁気的に指針が回転して液量を表示する。この方式のものも、操縦者とタンクの位置関係によって制約があるため飛行中に用いられるものではなく、地上における整備作業に用いられている。前述した直視式液量計に代わるものである。**構造が単純**であるため**信頼性が高く**広く用いられている。

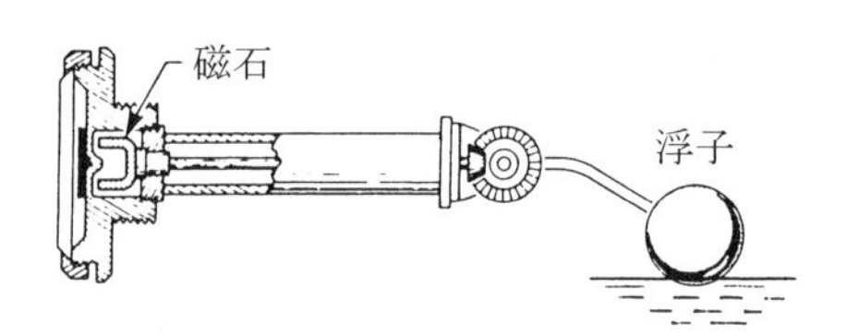

図 7-2　機械式液量計

⑵　レバー付浮子と可変抵抗器を用いたもの

（Ratiometer-type Fuel/Oil Quantity Indicator）

この方式の液面計は、自動車などで広く用いられている燃料計と同じである。図 7-3 に代表的な例を示した。可変抵抗器 VR の摺（しゅう）動片は、液面に浮いたフロートによって摺動する。液面計の発信部（タ

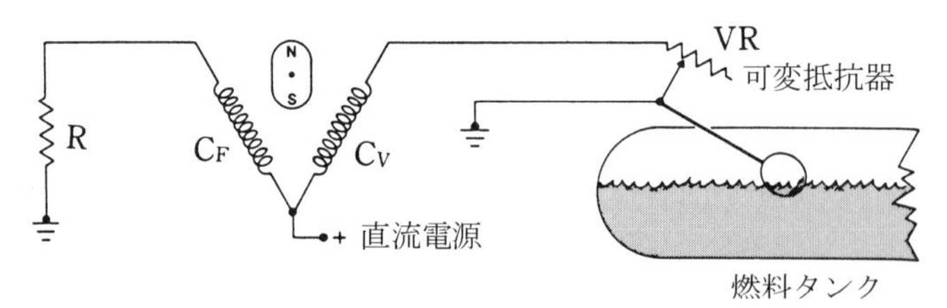

図 7-3　電気抵抗式液量計

ンク・ユニットと呼ばれる）は、上記のように可変抵抗器とフロートから構成されている。可変抵抗器は、タンクが液体で充たされた場合に抵抗値が最小になる方式のものと、最大になる方式のものがある。

液面計の指示器は、２つのコイル、磁片が取り付けられた指針および抵抗器で構成されている。コイル C_F に流れる電流は、液面の高さに関係なく一定であるが、コイル C_V に流れる電流は、液面の高さに応じて変化する。そのため磁片が置かれた位置の合成磁場の方向は変わる。磁片は磁場の方向に追従するので、磁片に結合された指針により液面の高さを知ることができる。

この方式の指示器は、電源の電圧が変動した場合には C_F、C_V 両コイルの電流が共に変化し C_F、C_V の電流の比で決定する磁場の方向は変わらないから指示値も変わらない。このような計器は**比率型計器**（Ratiometer Type Gauge）と呼ばれ、広く用いられている。第５章で説明した電気抵抗式温度計の指示器も比率型計器であった。

ｂ．浮子と螺旋（らせん）ガイドを用いた液量計

（Rotating Float-type Fuel Quantity Indicator）

浮子は螺旋状の溝が付いた円筒の中にあり、液面が上下すると螺旋溝に導かれて回転する（図 7-4 参照）。浮子の回転は、中央の軸によってシンクロ（またはデシンなど）のロータに伝達される。ロータの回転によって、ステータには、ロータの回転角に応じた角度信号が発生される。この**角度信号**は液量計指示器に送られ、**液量**が指示される。この方式の液量計は、タンクの形状が比較的縦長である場合（ヘリコプタでよく用いられている）に有利である。

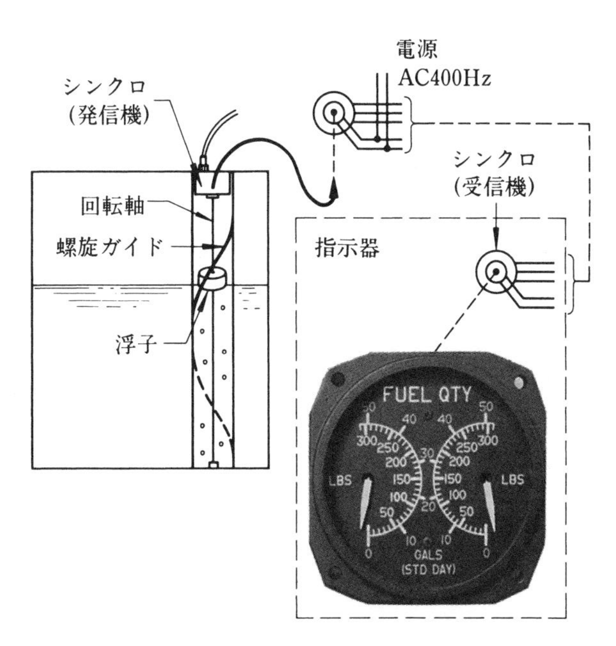

図 7-4　螺旋ガイドを用いた液量計

7-1-3　蓄電器（Condenser）

この節は、次の節で説明する静電容量式液量計のために設けたもので、静電容量、誘電率、比誘電率、燃料の比誘電率の値などを改めて整理、理解するためである。

接近した２枚の金属板などによって電気を蓄えるようにした装置が蓄電器（コンデンサ）である。コンデンサが電気を蓄える能力は、金属板の形（主として面積）、２枚の金属板の距離および金属板の間にある物質の特有な性質（誘電率と言われる）の３つで決まる（図 7-5 参照）。この蓄電能力はコンデンサの静電容量と言われ、コンデンサの金属板の面積 A および金属板間の物質の誘電率 ε に正比例し、金属板の距離 d に逆比例して変わる。

尚、コンデンサの静電容量については、講座９「航空電子・電気の基礎」第２章に詳細が記述されている。

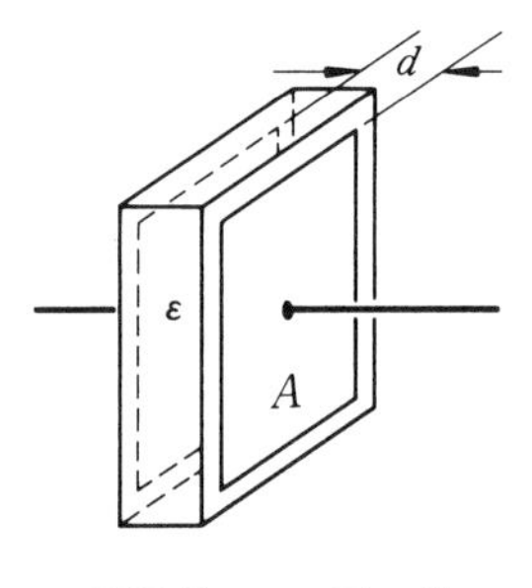

図 7-5　コンデンサ

比誘電率は、２枚の金属板の間が真空である場合を１とし、これに対して物質の誘電率の大きさを比較したもので、空気の場合には約１（1.0005)、石油系燃料では、約２（０℃で 2.07）である。コンデンサの**静電容量は、どのような形のコンデンサであっても、誘電率の大きさに正比例**している。

図 7-6 に平行平板の場合と同軸円筒の場合の静電容量を示した。同じ形のコンデンサを燃料の中に沈めて置いた場合には、空気中に置いた場合に比べて、静電容量は約２倍になる。

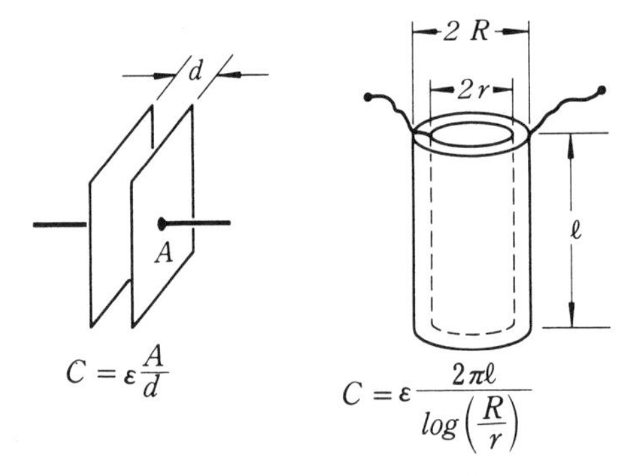

図 7-6　コンデンサの静電容量

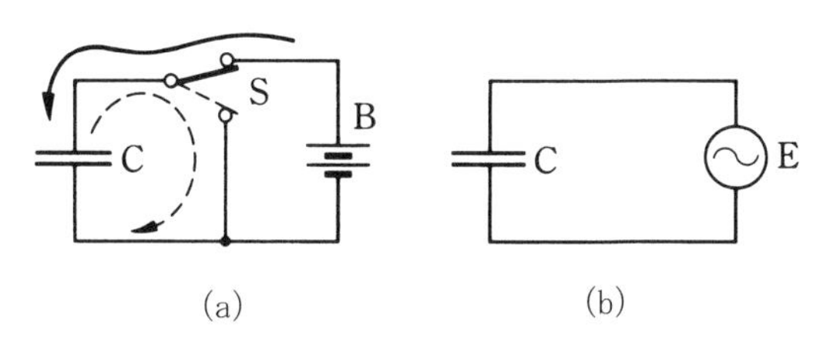

図 7-7　コンデンサの充放電

図 7-7 (a) はコンデンサ C をスイッチ S と電池 B を用いて充電と放電が行えるようにした装置である。スイッチを電池側にした直後にはコンデンサに蓄えられるだけの電気が→方向に流れ、放電側にスイッチを操作した直後には、コンデンサに蓄えられていた電気が流れ出して⇠方向に電流が流れる。コンデンサの静電容量が大きいほど蓄えられる電気が多いので電流も大きくなる。同図 (b) は、交流電圧にコンデンサを接続した場合である。交流電圧の場合には、大きさも方向も変化するのでコンデンサは充電、放電、次は逆方向の充電、放電……と充放電が繰り返されるため、コンデンサの静電容量に比例した大きさの電流が流れる（電圧は一定）。

このように、絶縁された２枚の金属板であっても、電圧が変化（大きさ、方向）する場合には電流が流れるようになる。交流電圧の場合には、電圧 E、周波数 f、電流 I、静電容量 C の間には

$$I = 2\ \pi f C E$$

の関係がある。この式は書き改めると

$$I = \frac{E}{\dfrac{1}{2\ \pi f C}} \quad \text{または} \quad E = I \times \frac{1}{2\ \pi f C}$$

となり、$1/2\pi fC$ が直流電気回路の場合の電気抵抗に相当する。$1/2\pi fC$ は容量リアクタンスと呼ばれコンデンサの交流電圧に対する電流の通りにくさを示す量である（講座 9「航空電子・電気の基礎」6-4 参照）。

7-1-4　静電容量式液量計（Capacitance-type Fuel Quantity Indicator）

静電容量式液量計は、空気と燃料などの液体の誘電率の差をうまく利用した液量計で、図 7-8 に原理図を示した。C_F は一部が燃料に没した同軸円筒形コンデンサ、C は固定コンデンサ、C_C は全部分が燃料に没した同軸円筒形コンデンサである。変圧器 T には図示したような二次巻線が施され、位相が逆関係にある電圧 V_1、V_2 が発生している。サーボ増幅器 A の入力 P 点には、C_F を通った V_1 による電流 i_1 および C 、C_C を通った V_2 による電流 i_2 が流れ込む。この入力によってサーボ・モータ M が回転し、平衡点に達した時点で停止する。

液面が高くなり C_F が増加すると、i_1 が大きくなるが、この i_1 を打ち消すため、V_R が下に動いて i_2 を増大させ平衡する。したがって V_R が停止した位置（指針の位置）によって液面の高さを知ることができる。燃料の誘電率が変わった場合、燃料温度変化により密度が変化すると誘電率が変化する（温度が上昇すると容積は増すが密度が低下し誘電率が小さくなる）。コンデンサ C_c は常に燃料に没して

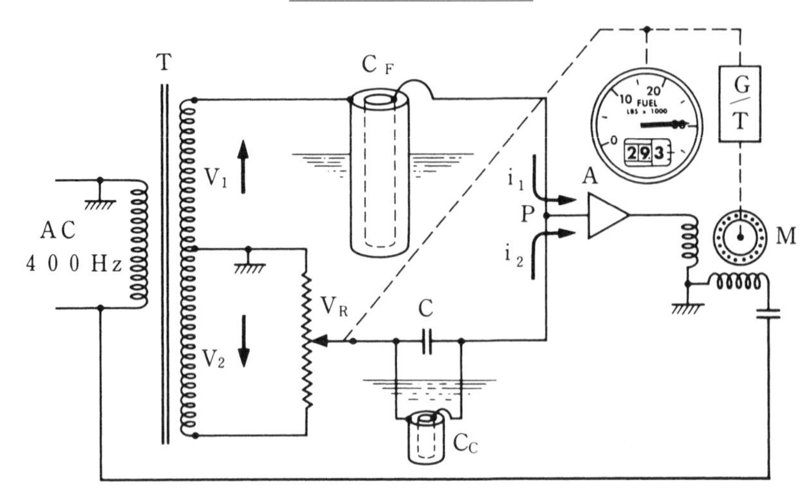

図 7-8　静電容量式液量計

おり、燃料の誘電率が変化した場合（温度変化、異なった品質の燃料を使用した場合）には、C_c の静電容量が変わるため指示値は影響されない。

静電容量式液量計には次のような利点がある。

(1)　**上反角がある主翼**の燃料タンクでも図 7-9 に示したように複数個のタンク・ユニットを取り付けることによって液面を知ることができる。

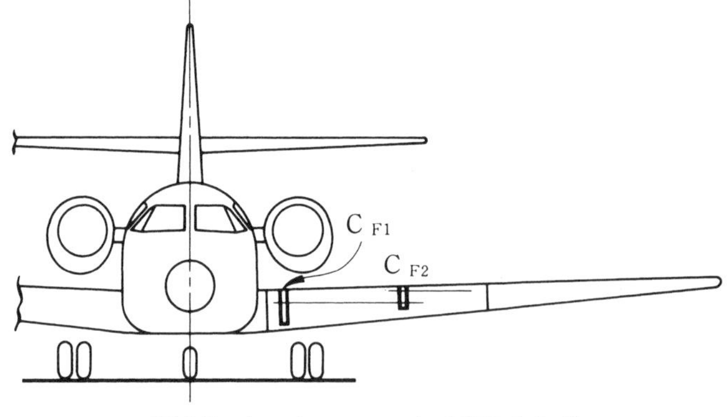

図 7-9　タンク・ユニットの組み合わせ

(2)　タンク･ユニットの電極の形を選ぶことによって、指示器の**目盛を平等目盛**とすることができる。図 7-10 参照。

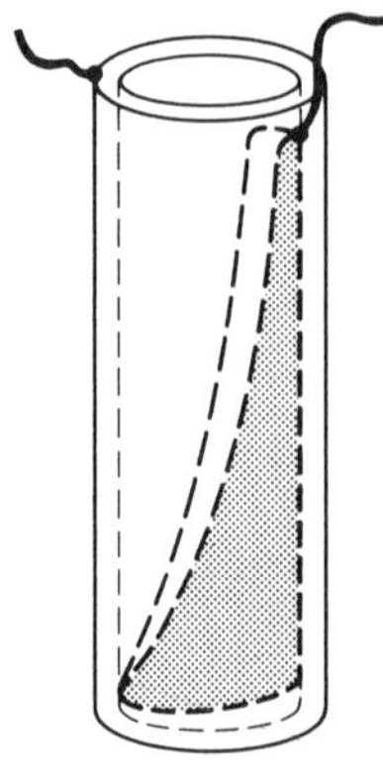

図 7-10　タンク・ユニットによる指示の直線化

(3)　修理の際に手間を要する燃料タンク内部に、**可動部分がない**ため有利である。

一部小型機を除いた固定翼機や回転翼機には、ほとんど静電容量式液量計が用いられている。

7-2　流量計概要

航空機に用いられている流量計は、エンジンを適正に運転するため、エンジンに流入する燃料の流量を測り、操縦室に取り付けられている燃料流量計指示器で表示している。航空機の流量計の場合には燃料流量はポンド / 時（lb/h）またはガロン / 時（gal/h）で表示される場合が多い。

大型のエンジンでは、エンジンに燃料を供給する管路の途中に、流量を計測する装置を設け、流量を電気信号に変換して操縦室まで送り燃料流量計指示器によって流量を表示する方法がとられている。小型エンジン（燃料噴射式エンジン）の場合には、燃料噴射ノズルに送られた燃料の圧力と吸気圧との差を（低圧噴射方式）燃料流量に換算して表示しているものが多い。

航空機用として広く用いられている燃料流量方法には、次のものが用いられている。

(1)　差圧式流量計

(2)　容積式流量計

(3)　質量流量計

大型のエンジンでは(2)または(3)が広く用いられているが、燃料噴射式の小型ピストン・エンジンでは(1)が用いられている。

7-2-1　差圧式流量計（Differential Pressure-type Flowmeter）

図 7-11 は差圧式流量計の原理を示したものである。液体を送る管路の途中に、図に示したような小さい孔を設けた仕切り（オリフィス：Orifice）を置くと、液体の流れがないときはオリフィスの上流と下流の圧力に差はないが、液体を流すと、上流と下流の圧力に差が生じる。オリフィスの形と液体の性質が定まった場合は、流量と圧力差の間には一定の関係（流量は圧力差の平方根にほぼ比例する）があるので、圧力差を測定することによって流量を知ることができる。

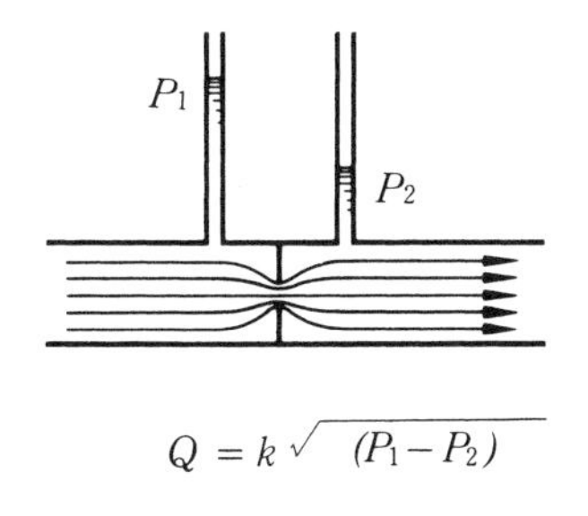

$$Q = k\sqrt{(P_1 - P_2)}$$

図 7-11　差圧式流量計（原理）

図 7-12 に差圧式流量計（燃料）の例を示した。燃料タンクから送られた燃料は 16 の燃料入口に流入し、気泡が取り除かれ、加圧ポンプ５および燃料圧調整器 12 によって吸気圧力に適した圧力まで加圧される。加圧された燃料は吸入空気流量に適した流量に７の空燃比制御部によって調整される。流量を調整された燃料は、燃料弁９を通って燃料噴射器 10 に送られる。燃料噴射器はエンジンの吸

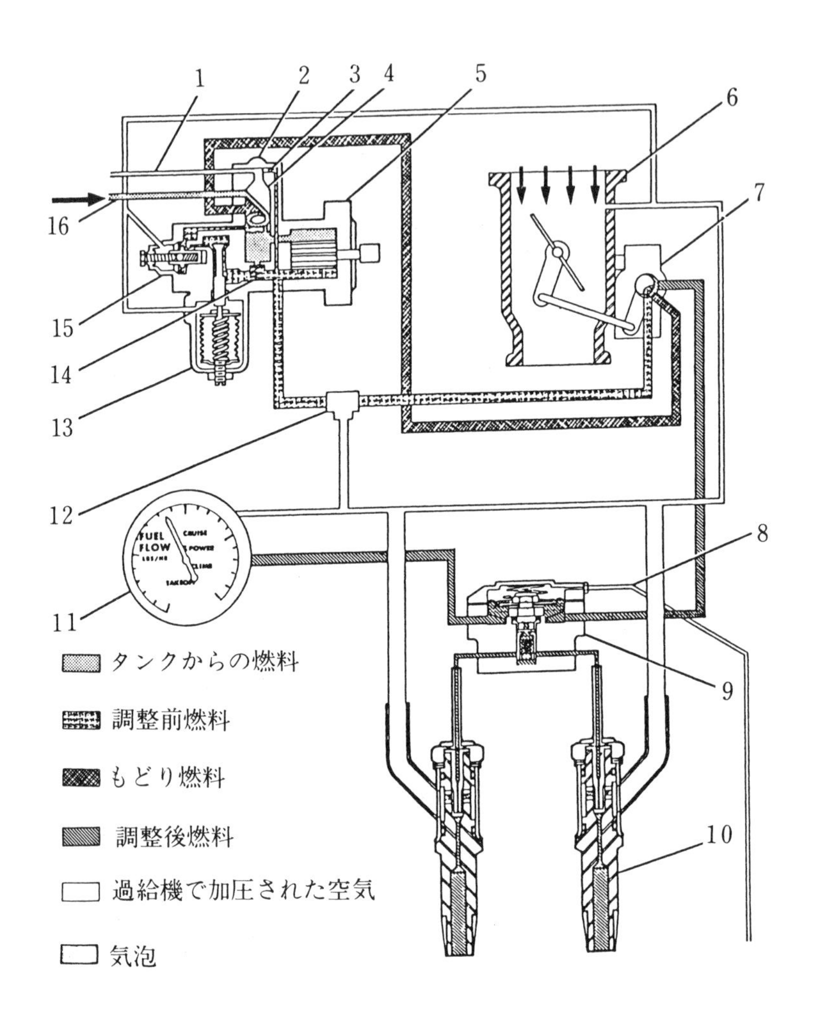

1．気泡排出路
2．気泡分離機
3．気泡排出部
4．気泡分離部
5．ポンプ
6．スロットル
7．空燃比制御部
8．ベント・ドレーン
9．燃料弁
10．燃料噴射器
11．燃料流量計
12．燃料圧調整器
13．アネロイド・バルブ
14．チェック・バルブ
15．リリーフ・バルブ
16．燃料入口

図 7-12　差圧式流量計

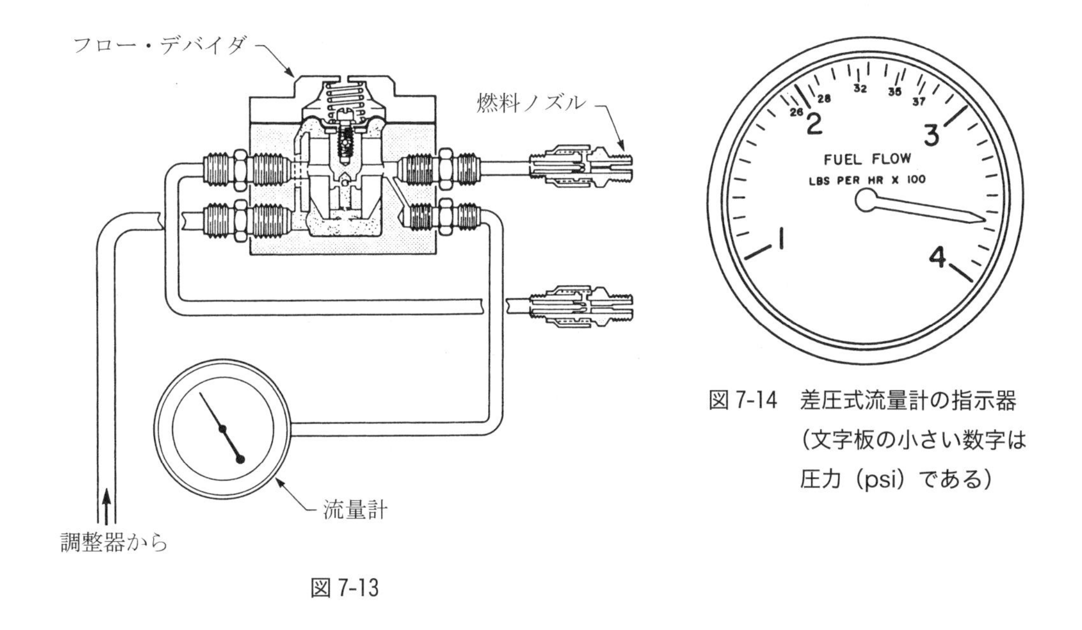

図 7-13

図 7-14　差圧式流量計の指示器（文字板の小さい数字は圧力（psi）である）

気弁の上流近くに（低圧噴射方式）取り付けられており、噴射された燃料は吸気とともにシリンダ内に吸入される。流量計は燃料噴射器に入る**燃料の圧力と燃料が噴射される場所（吸気管内）の圧力の差**を計測している。

過給機がないエンジンの場合には（図 7-13 参照）燃料加圧ポンプの吐出圧を大気圧に応じて調整し、燃料流量計（差圧計）の**一端を大気圧**としたものが用いられている。

燃料流量計指示器は低圧噴射方式（ほとんど低圧方式である）では、ベローズを用いた差圧計に流量（または流量および差圧）の目盛を施したものが用いられている。図 7-14 に 1 つの例を示した。

7-2-2　容積式流量計（Vane-type Flowmeter）

図 7-15 に容積式流量計の例を示した。ベーンVは流れていないときは、スプリングSによって液体の通路を閉じる 1 の位置にあるが、流れがあるときは、**流量に応じて** 2、3……の位置に変わってスプリングの**抑制力と平衡**する。ベーンの角度は磁石 M_1 、M_2 によって隔壁Wの外側に伝達され、シンクロ（またはデシン、マグネシンなど）によって流量計指示器まで電気的に送られ流量が指示される。

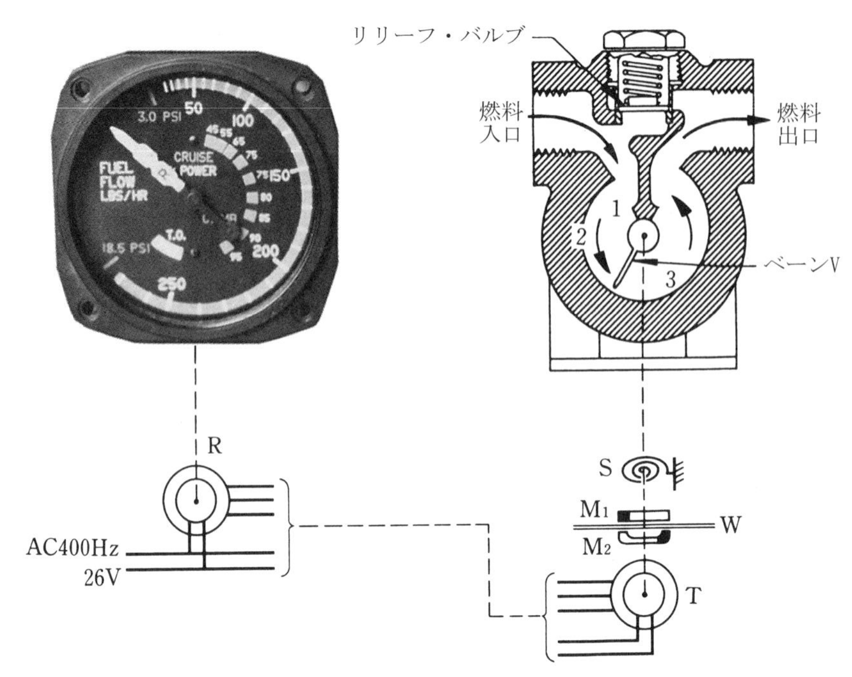

図 7-15　容積式流量計

7-2-3　質量流量計（Mass Flow type Flowmeter I）

断面積 A の管内を、密度 d の液体が速度 V で流れている場合に

$$Q_V = AV$$

が容積流量であり

$$Q_m = AVd$$

が質量流量である。

図 7-16 に広く用いられている質量流量計の例を示した。燃料は質量流量計を構成する円筒 CY 内を左から右に流れる。円筒内には水晶発振器Ｘで制御された定周波電源装置 PS によって駆動された定速電動機M、この電動機に直結されたリングR、定速電動機Mにトルク・スプリングＳを介して結合されたインペラＩが設けられている。リングRには永久磁石 m_1、m_1' が取り付けられており、これに対応してインペラＩには永久磁石 m_2、m_2' が取り付けられている。円筒の外部には m_1 、m_1' が通過したことを検出するコイル P_1 および m_2、m_2' が通過したことを検出するコイル P_2 が取り付けられている。

円筒内に燃料が流れていないときは、P_1 および P_2 が検出する電圧波形は、同時に発生するが、燃料が流れているときは、インペラＩによって燃料に渦巻状の運動を与えるため、トルク・スプリングＳにねじれが生じて、検出コイル P_2 に発生する電圧波形は、P_1 によって検出された電圧波形より一定時間ｔだけ遅れる。この**遅れ時間ｔは流量（質量流量）に比例する**ので、遅れ時間ｔを計測するこ

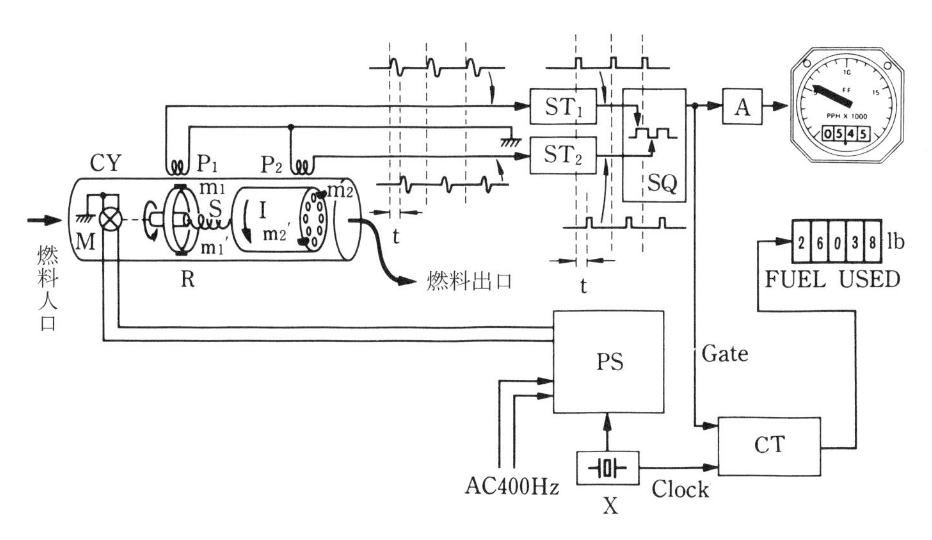

図 7-16　質量流量計（Ⅰ）

とによって質量流量を知ることができる。

P_1、P_2 に発生した電圧は、パルス発生回路 ST_1、ST_2 によって、おのおのの電圧の立上時刻に立ち上がる幅の狭いパルスに変換され、矩形波発生回路 SQ に入る。矩形波発生回路では P_1 コイルの電圧に同期して立ち上がり、P_2 コイルの電圧に同期して立ち下がる矩形波が作られる。したがって、この矩形波の幅は遅れ時間 t と同じものとなる。この矩形波は平均化回路 A で平均値（流量に比例する）に変換された流量計指示器に入り、流量として表示される。

一方、遅れ時間に比例した波幅を持つ矩形波は、カウンタ CT のゲート信号として CT に入り、矩形波が Hi である期間だけ、CLOCK 信号を数え、燃料使用量の累計が表示される。

この流量計は、作動原理から推測できるように質量流量を表示することになり、表示の単位はポンド / 時（1b/h）となる。

7-2-4　質量流量計（Mass Flow type Flowmeter II）

前にも説明したように、質量流量は、容積流量に密度を乗じたものである。図 7-17 は、容積流量を測定し、その値を密度測定の結果から、その値によって修正する方式の質量流量計である。

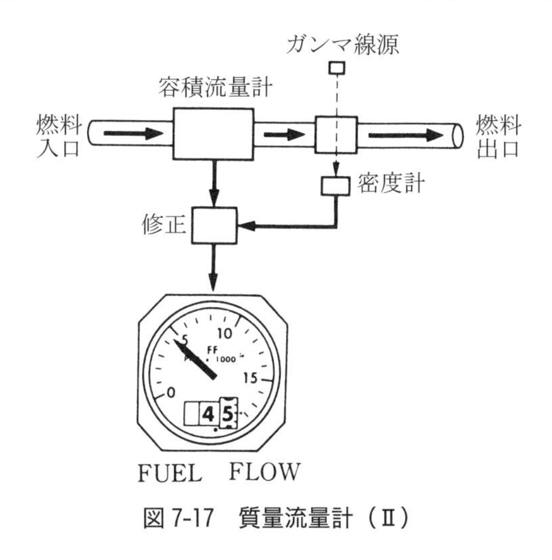

図 7-17　質量流量計（Ⅱ）

7-3　まとめ

⑴　実用されている液量計は直視式、浮子式、静電容量式の３つに大別できる。

⑵　浮子式の液量計には、機械的に指針を駆動するもの、可変抵抗器を駆動するもの、およびシンクロ、デシンなどを駆動するものがある。

⑶　浮子によって可変抵抗器を駆動する方式の液量計指示器は比率型計器で電源電圧の変動による影響はほとんどない。

⑷　浮子によりシンクロ、デシンなどを駆動する方式の液量計も電源電圧の変動による指示値の変動はない（シンクロ、デシンは比率型計器に属する）。

⑸　静電容量式の液量計は、タンク内に可動部分がない。どのようなタンクの形であっても指示器の目盛を平等目盛にすることができる。タンク・ユニットを複数個用いることによって、どのようなタンクにでも適用できる。

⑹　流量計には容積流量を測るものと質量流量を測るものがある。

⑺　実用されている流量計は差圧式、容積式および質量流量計である。

⑻　大型エンジンの場合には流量（燃料の流量）を測る装置の管路の途中に設けている。しかし小型エンジンの場合には燃料噴射ノズルに送られる燃料の圧力と吸気圧（または大気圧）との差圧を測って流量を求めている。

（以下、余白）

第8章　ジャイロ計器

8-1　概　要

ジャイロの特性を利用した計器は、航空機には多く用いられており、最も航空計器らしい計器である。ジャイロ計器の分類は

(1)　ジャイロの性質を利用して得られた量による分類。

(2)　ジャイロの性質を利用して作られた計器の用途による分類。

(3)　ジャイロそのものによる分類。

がある。表 8-1 は広く用いられているジャイロ計器を分類したものである。

表 8-1　ジャイロ一覧表

(a) ジャイロの動きによる分類

構造による分類	検出信号	一般的呼称	製品例
自由度1ジャイロ	角速度	Rate Gyro	旋回計
自由度2ジャイロ	角度	VG(Vertical Gyro) DG(Directional Gyro)	水平儀 定針儀
自由度3ジャイロ	角度	AHRS　INU IRU	

(b) 構造による分類

- 機械式ジャイロ
  - ロータ回転式ジャイロ
    - 空気駆動式
    - 電気駆動式
  - その他のジャイロ
    - 流体式ジャイロ
    - 振動ジャイロ
- 光式ジャイロ
  - リング・レーザ・ジャイロ
  - 光ファイバ・レーザ・ジャイロ

※ AHRS（Attitude Heading Reference System）
IRU（Inertial Reference Unit）
INU（Inertial Navigation Unit）

8-2　ジャイロの性質

古くから利用されてきたジャイロは、すべて機械的なものであったが1970年代に光を利用したジャイロが実用化され、ジャイロと言えば当然機械式ジャイロであるという常識を変えねばならなくなった。

この章ではジャイロ全般について説明することにしているが、光を利用したジャイロに関しては最後の節で説明するので、それまでは従来どおりの機械的なジャイロについて話を進めることにする。

機械的なジャイロのもつ特徴は**剛性**および**プリセッション**（摂動）の２つであり、多くのジャイロ計器およびジャイロ応用装置の作動原理は、この２つの性質の利用または性質に基づく制御から成り立っている。

8-2-1　機械式ジャイロの剛性

図8-1は厚い円板に回転軸を付けたもの（ロータ：Rotor）をジンバル（Gimbal：吊枠）によって外部からの回転が絶縁できるようにしたものである。ロータが回転しているときは、ロータの回転軸は、空間に対して**一定の方向を保とうとする**性質がある。

これは機械式ジャイロの**剛性**（Rigidity）と呼ばれる。回転している機械式ジャイロには剛性があるため、例えば、12時に回転軸が垂直になるように赤道上に置かれたジャイロは、夕方6時には回転軸が水平になったように見える（図8-2参照）。

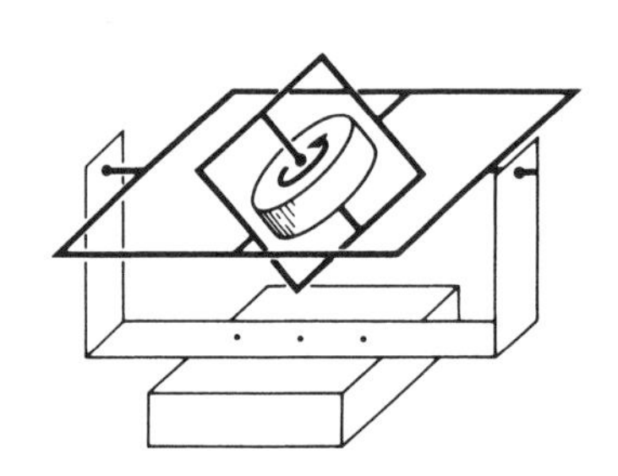

図8-1　ジャイロスコープ

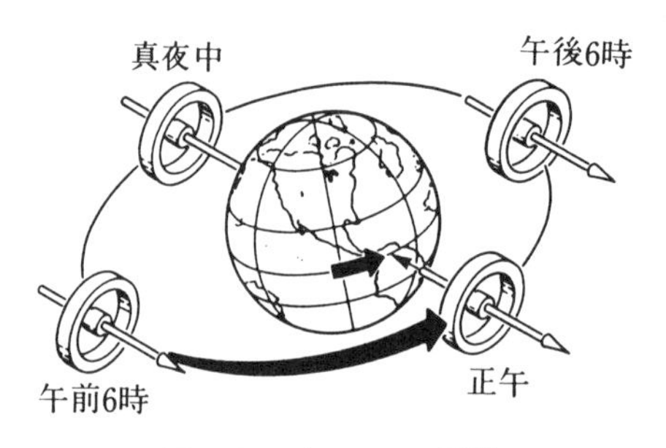

図8-2　ジャイロの剛性

機械式ジャイロの剛性は、ロータの回転軸を傾けようとするときに、これに抵抗する回転力で表される。この剛性は

(1)　ロータの回転速度が**大きい**ほど強い。

(2)　ロータの質量が、回転軸から**遠くに分布**しているほど強い。

図 8-3 に示したように全質量が同じであっても、図 (b) のように回転軸から遠くに質量を分布させた方が剛性は大きくなる。

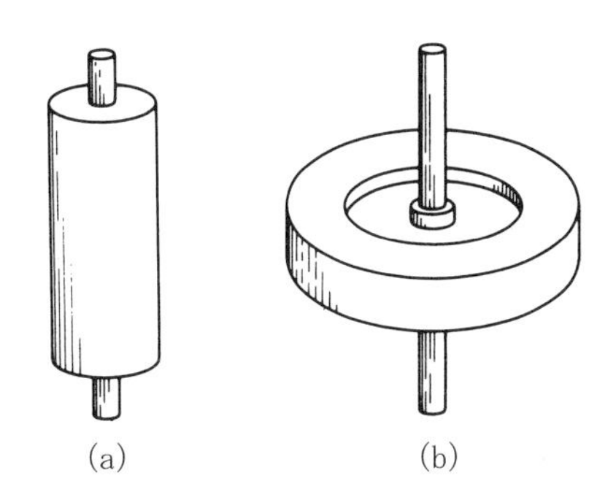

図 8-3　ジャイロのロータ

8-2-2　プリセッション（Precession：摂動）

図 8-4 に示したように、回転しているロータの軸を傾けようとして力 f をかけるとロータは、その**回転方向に 90° 進んだ位置に同じ大きさの力** f' がかかったように傾く。このことを**プリセッション**と呼ぶ。プリセッションは日常よく見かけることである。**図 8-5** は、地球の重力に対して傾いて置か

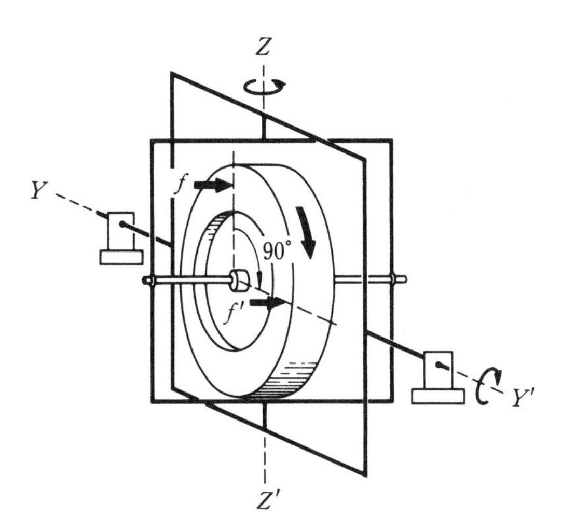

ロータ軸を Y-Y' 軸に関して↷方向に傾けようとして、力 f をかけると、ロータ軸は、力f' がかかったように Z-Z' 軸に関して↷方向に傾く。

図 8-4　プリセッション

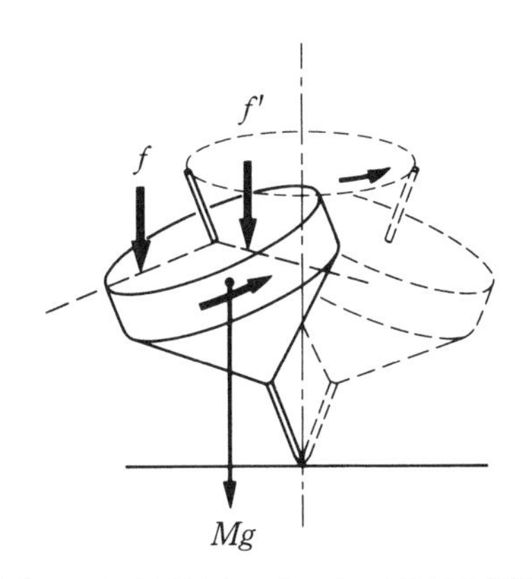

図 8-5　コマのプリセッション（ミソスリ運動）

れたコマである。コマは傾いて置かれたため、重力によって⌒方向にさらに傾けようとする力fがかかるが、プリセッションによって回転方向に 90° 進んだ力f' がかかったように傾くため、コマの軸の上端は円周上を動く、いわゆる**ミソスリ運動**（または首ふり運動）を始める。

自転している地球も一種のジャイロであり、太陽の引力の影響でミソスリ運動をしている（図 8-6 参照)。地球の自転軸は、地球の軌道面と直角になっていない。また太陽の引力は、太陽に面した半球の方が太陽に近いため、反対側の半球より強い。そのため地球は、回転力を受けている。この回転力によってプリセッションを生じ、周期が約 26000 年のミソスリ運動をしている。地球のミソスリ運動のため、夜空の星の様子は年々変わって行くことになる。そのため、地球のミソスリ運動は**歳差運動**（または歳差）と呼ばれている。このことからコマ、ジャイロ・ロータのミソスリ運動のことを歳差運動と言うこともある。

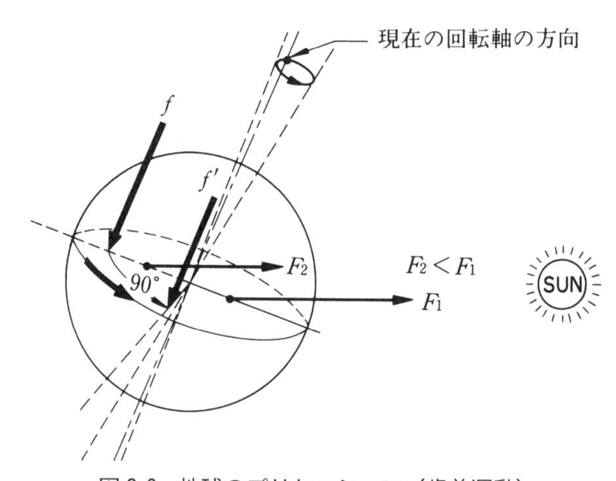

図 8-6　地球のプリセッション（歳差運動）

8-3　ジンバル（Gimbals）と自由度

ジャイロのロータは、不要なトルクによって傾かないように、**ジンバル**によってベアリングを介して支持されている。図 8-7 は、１つのジンバルGによって、ロータが支持されたジャイロである。ジンバルによって支持されているため、$X-X'$ 軸に関する外部からの回転に対しては絶縁されている。しかし、$Z-Z'$ 軸に関する外部からの回転に対しては、ロータの回転軸の方向は、影響を受ける。このようなジャイロは**自由度（Degree of Freedom）１**のジャイロと言われる。ロータ軸に関しても外部からの回転は絶縁されるが、自由度を算えるときは計算に入れない。

次に、図 8-8 に示したように、ジンバル軸が直角に交わる２つのジンバルG_1、G_2によってロータを支持した場合には２つの軸$X-X'$ および$Z-Z'$ に関する外部からの回転は絶縁されるので**自由度２**のジャイロとなる。この場合は、G_1を**内ジンバル**（Inner Gimbals)、G_2を**外ジンバル**（Outer

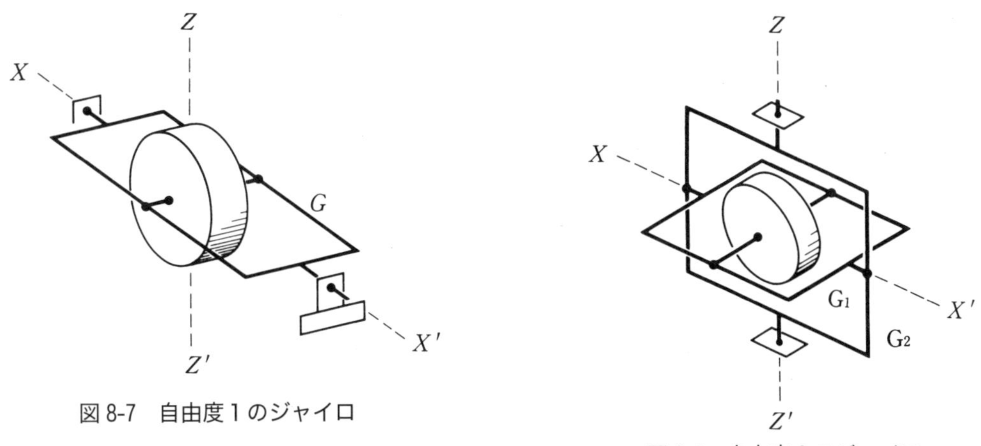

図 8-7　自由度１のジャイロ

図 8-8　自由度２のジャイロ

Gimbals ）と呼ぶ。

図 8-9 はジンバル軸が互いに直角に交わる３個のジンバルによって自由度１のジャイロを３個支持した自由度３のジャイロである。自由度３のジャイロでは、外部からの回転は完全* に絶縁される。INU は自由度１のジャイロを３個組み合わせて安定化プラットホーム（Stable Platform ）を作っている。

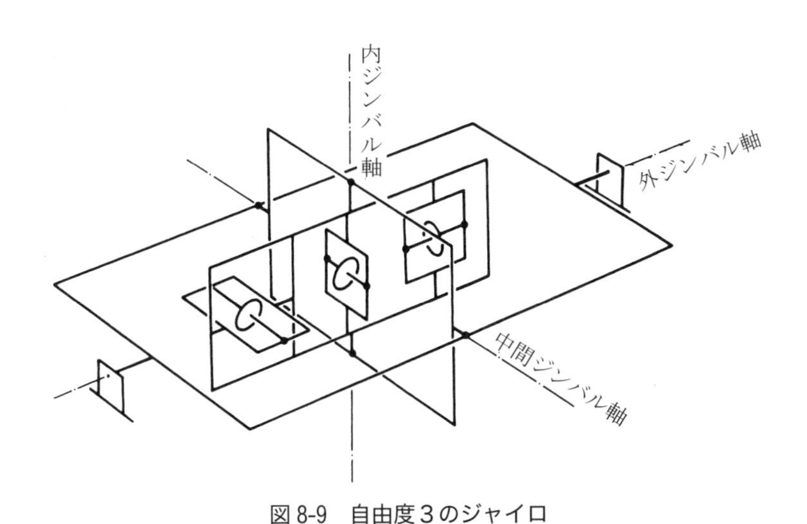

図 8-9　自由度３のジャイロ

＊２つのジンバルが同一面になった場合は、完全には絶縁されなくなる。このことはジンバル・ロック（Gimbals Lock）と呼ばれる。実際のジャイロではジンバル・ロックが生じないように制御している。

8-4　ジャイロのドリフト（Drift）

ジャイロのロータ軸は、空間に対して一定の方向を保つべきものであるが、次に示すようにロータ軸の傾き（Drift ）が生じる。ドリフトは次の３つに分類できる。

a．ランダム・ドリフト（Random Drift）

ジンバル・ベアリング、ジンバルの重量的不平衡、角度情報を感知するためのシンクロによる電磁的結合などによって生じるトルクのために、ロータ軸が時間の経過とともに傾いていくもので、**ランダム・ドリフト**と言われる。

b．地球の自転によるドリフト

地球が毎時 15° の速さで回転しているため、ロータ軸が空間に対して一定の方向を保っていても、地球とともに回転している人は、見かけ上、ロータが傾いたように感じる。例えば、赤道上で正午にロータ軸が垂直になるように置かれたジャイロは、６時間後には

15° / 時間× 6 時間＝ 90°

だけロータ軸が傾いたように見える*（図 8-10 参照）。地球の自転によるドリフトは、**見かけのドリフト**であり、ジャイロ軸は空間に対して一定の方向を保っている。

c．移動によるドリフト

このドリフトも**見かけのドリフト**であり、ロータ軸は空間に対して一定の方向を保っている。東京でロータ軸が垂直であったジャイロは、北極上空では

90° － 35° 30′ ＝ 54° 30′

だけ傾いたように見える。

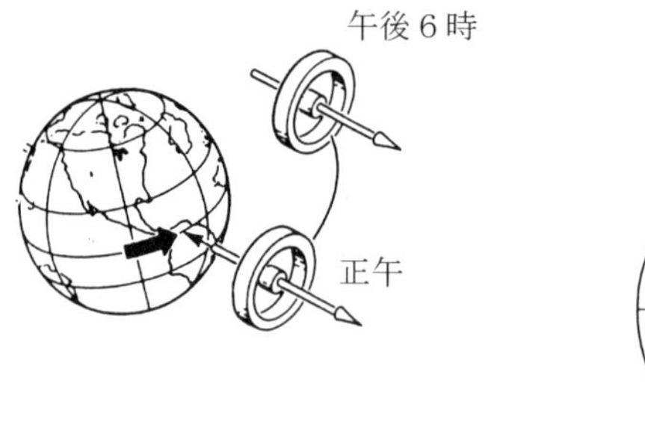

（a）地球の自転によるドリフト

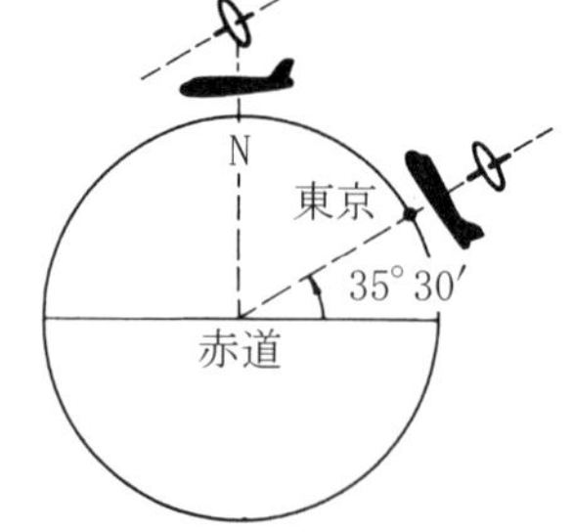

（b）移動によるドリフト

図 8-10　見かけのドリフト

＊ Gyro というギリシャ語は、英語の Revolution（回転）であり、Scope in は英語の View（見る）である。要するに地球の回転を見ることができる装置で、ジャイロ（Gyroscope）という語は、このことから作られた語である。

8-5　水平儀（姿勢ジャイロ）と姿勢指示器（バーティカル・ジャイロ）

飛行中の航空機は、図 8-11 に示したように、３つの軸に関して姿勢が変わる。

航空機の対地姿勢（ピッチおよびロール）を表示する計器として、水平儀および姿勢指示器（ADI）がある。これらに使用されているジャイロは、ジャイロのロータ軸を垂直にした自由度２のジャイロ図 8-12 で、ジャイロの剛性を利用しピッチ軸およびロール軸に関する航空機の姿勢について感知するものである。

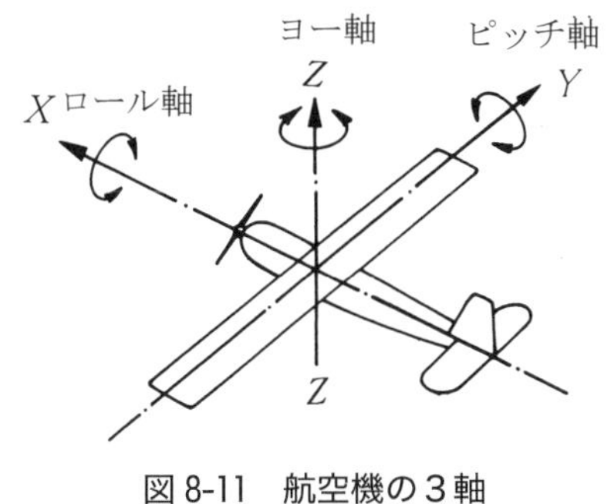

図 8-11　航空機の３軸

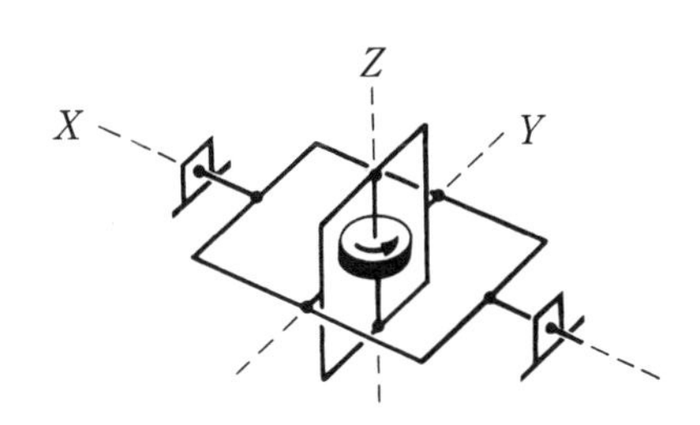

図 8-12　自由度２ジャイロ

航空機の姿勢を感知する方法には２つがある。ひとつは、図 8-13 に示すように、ジャイロの出力で表示機構を機械的に直接作動させて姿勢を表示するもので、水平儀（Gyro Horizon、Artificial Horizon、Horizon Indicator）と呼ばれ、空気式水平儀と電気式水平儀がある。

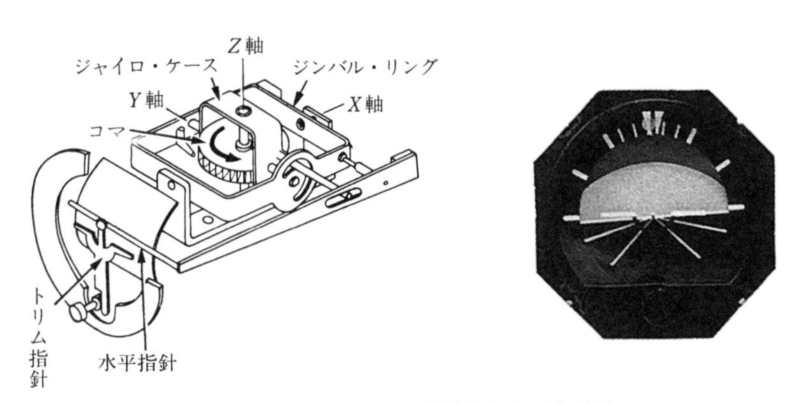

図 8-13　水平儀および内部構

もうひとつは、水平儀からジャイロ装置部分を取り去り V/G（バーティカル・ジャイロ）と指示器を別にし、ジャイロの出力をいったん電気信号に変えて姿勢を表示するもので姿勢指示器（ADI）と呼ばれている（図 8-14）。また、この電気信号は自動操縦装置、レーダ装置、飛行記録装置などで、姿勢情報として用いられている。

図 8-15 航空機の運動における水平儀の動きを示す。

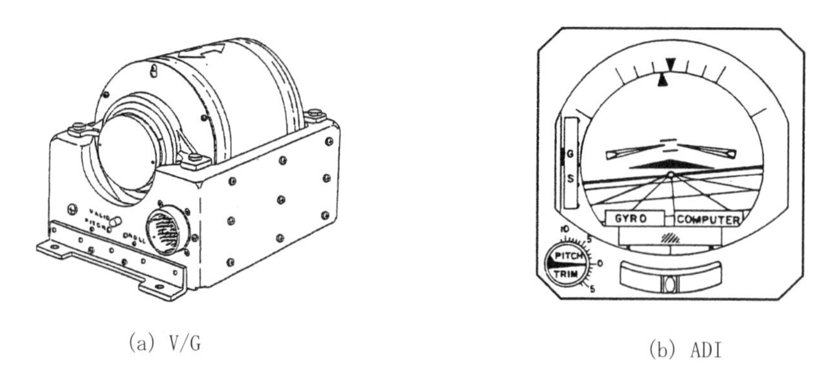

(a) V/G　　(b) ADI

図 8-14　姿勢指示システム

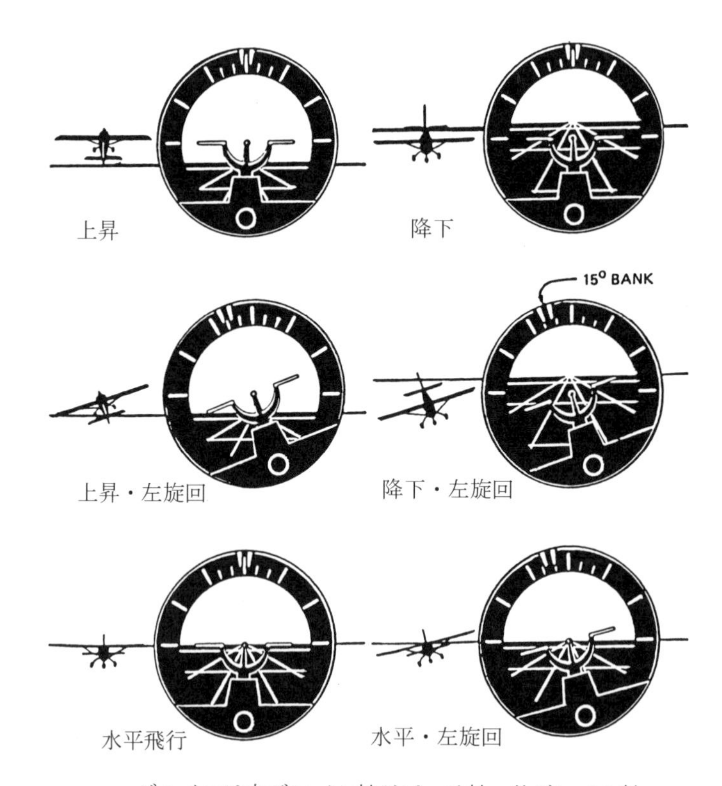

ジャイロは内ジンバル軸がピッチ軸、外ジンバル軸がロール軸と平行になるように装着される。

図 8-15　航空機の運動に対する水平儀の動き

ジャイロは、**ロータ軸が常に地球の重力の方向と一致**（水平儀の場合には、前方に約３°傾けたものが多い）するように制御された自由度２のジャイロである。通常、外ジンバル軸がロール軸に、内ジンバル軸がピッチ軸と平行になるように装備される。そのため、外ジンバルを Roll Gimbal、内ジンバルを Pitch Gimbal と呼ぶことがある。

ジャイロは外ジンバルと機体との相対角度からロール姿勢に関する情報、内ジンバルと外ジンバルとの相対角度からピッチ姿勢に関する情報を得ている。

ランダム・ドリフトがない理想的なジャイロが作れたとしても、地球の自転によるドリフトおよび移動によるドリフトによって、ロータ軸は傾いたように感じられる。VGの場合には、ロータ軸を常に垂直に保つように制御されている。このように、ジャイロのロータ軸が一定の方向になるように制御することを**自立制御**（Erection Control）と呼ぶ。自立制御には

a．レベル・スイッチによる方法

b．振子による方法

　⑴　振子とシンクロによる方法

　⑵　振子と磁石による方法

c．ピンボールによる方法

d．空気の噴射による方法

のいずれかの方法が用いられている場合が多い。

a．レベル・スイッチによる自立制御

図 8-16の例では内ジンバルの傾きを修正する場合について示されている。内ジンバルの傾きはレベル・スイッチSにより感知され、外ジンバル軸に取り付けられたトルカー（Torquer：トルクを発生する装置）によって外ジンバル軸にトルクを与え、プリセッションによって内ジンバル軸の傾きが修正される。

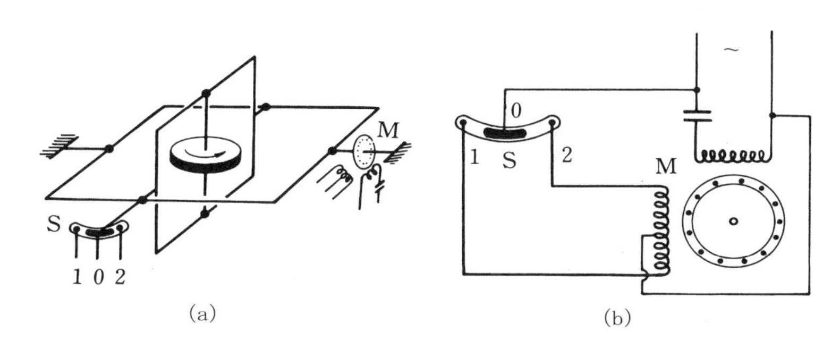

図 8-16　レベル・スイッチによる自立制御

b．振子とシンクロによる自立制御

図 8-17は、外ジンバルの傾きを修正する例を示した。振子Pとシンクロ Sによって外ジンバルの傾きが感知され、その信号を増幅し、内ジンバル軸に取り付けたトルカーによって、内ジンバル軸にトルクを与へ、プリセッションによって外ジンバルの傾きが修正される。

c．振子と磁石による自立制御

図 8-18に示すように、ロータ軸の下端に皿形の非磁性金属（アルミニウムなど）の回転体（エレクション・コーン）を付け、その下に、振子に結合された永久磁石が置かれている。ロータ軸が傾いた場合には、エレクション・コーン内に流れる渦電流が図のように分布するため、この電流と永久磁石の作る磁場の相互作用によって、ロータ軸にトルクが発生し、プリセッションによってロータ軸は垂直になる。

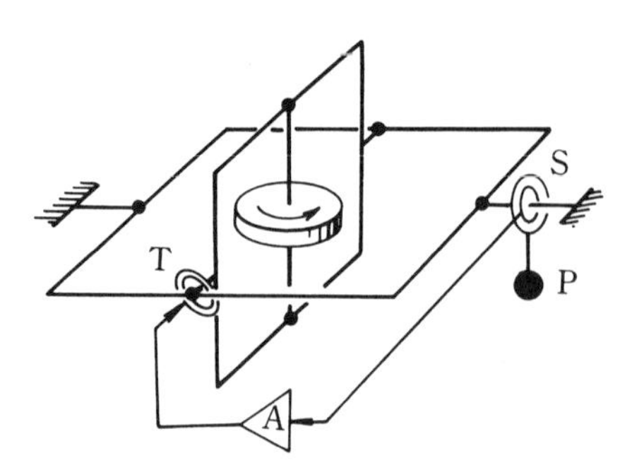

図 8-17　振子とシンクロによる自立制御

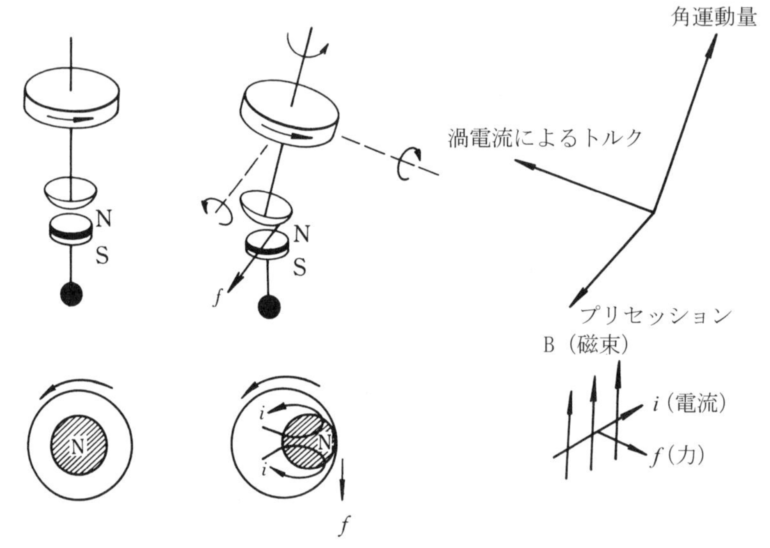

図 8-18　振子と磁石による自立制御

d．ピンボールによる自立制御

図 8-19 に示すように、ロータ軸の上端に取り付けられた永久磁石Mの回転によって、非磁性金属皿Cはゆっくり回転している。ロータ軸が垂直である場合には、皿の上のボールはロータ軸を中心とした円形の軌道で回転しているため、ロータ軸を傾けようとするトルクは、前後左右で相殺して０となる。

しかし、ロータ軸が傾いた場合には皿の上のボールの軌道に上り坂、下り坂の差が生じ、ボールの滞在時間が非対称となるため､ロータ軸を傾けようとするトルクが生じ､プリセッションによってロータ軸は垂直になる。

e．空気の噴射による自立制御

この自立制御は、空気で駆動されるジャイロのみに適用される方法である。ロータを駆動した空気は、図 8-20 に示すように、ロータ・カバーの下端に設けられた４個のノズルから放出されている。このノズルは楔形（くさびがた）の振子によって吹き出し面積を変えるように組み立てられている。ロータ軸が垂直な場合には、４つのノズルから同じ量の空気が噴出されるため、ロータ軸を傾けるトルクは発生しな

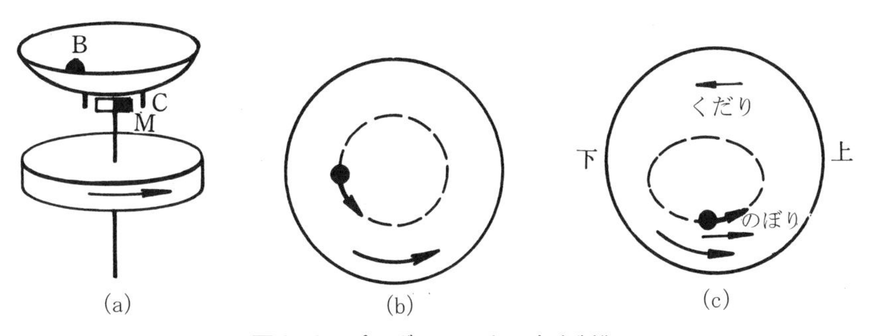

図 8-19　ピンボールによる自立制御

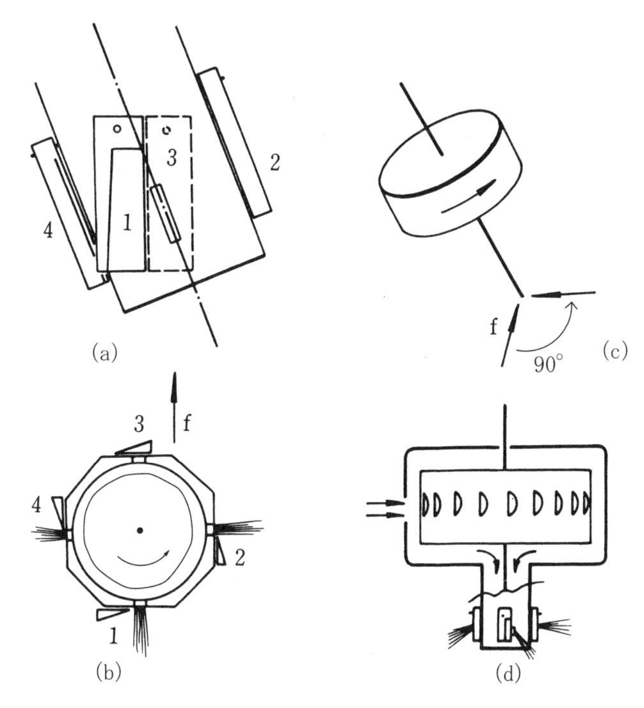

図 8-20　空気の噴射による自立制御

い。しかし、ロータ軸が傾いた場合には、ノズルから噴出される空気の流量は不平衡となり、ロータ軸を傾けるトルクが発生し、プリセッションによってロータ軸は垂直になる。

上に説明したように、自立制御は、飛行中の航空機の内の**見かけの重力の方向**によって行われている。しかし、機上の見かけ上の重力の方向は、航空機の姿勢、加速、減速などによって変わる。そのため、自立制御の速さは、**ドリフトが修正できれば、それ以上に速くしない方がよい**。しかし、ドリフトが修正できる程度の速さにしておくと、ジャイロを起動した場合に、自立に要する時間が長くなるため、起動時のみ自立速度を大きくし（Fast Erection）、自立した後は自立能力を弱くする。または、手動でロータ軸が垂直に近い状態として起動するなどの方法がとられている。また旋回時、加減速時に、機上の見かけの重力の方向にロータ軸が傾くことを防止するため

⑴　加減速時、旋回時に自立制御の能力を切る。

⑵　ロータ軸を少し前に傾けておく。

⑶　振子をヨー軸の角速度で制御する。

などの方法がとられている。

図8-21 は、ジャイロと姿勢表示装置が同じケース内に納められ、空気によって駆動されるものの例である。ケース内の空気が吸引ポンプによって吸い出されるため、ケース内に空気が流入する。流入する空気は、フィルタを通り、外ジンバル軸受部で外ジンバルの内に入り、内ジンバル軸受部で内ジンバルに流れ込み、ノズルから噴出してロータを駆動する。

ロータを駆動した空気は、ロータ・ケースの下部の自立制御装置を通って放出される。

図8-22 は、ジャイロ部と姿勢表示部が分かれているものの例である。ジャイロ部から送られたピッチおよびロール姿勢の情報は、サーボ増幅器で増幅され、姿勢表示装置を駆動いている。

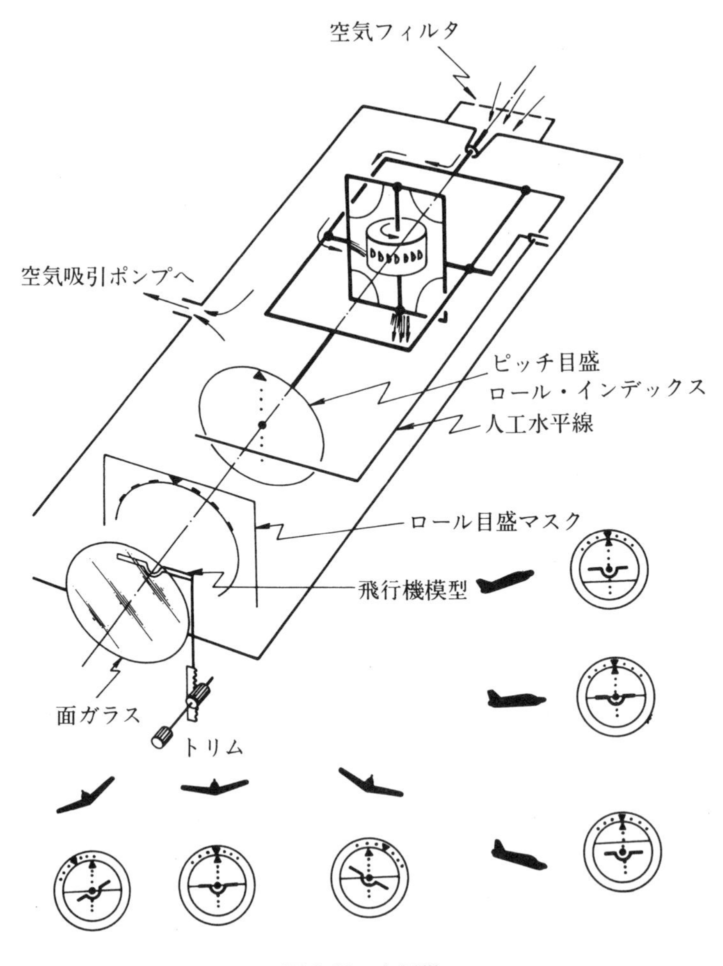

図8-21　水平儀

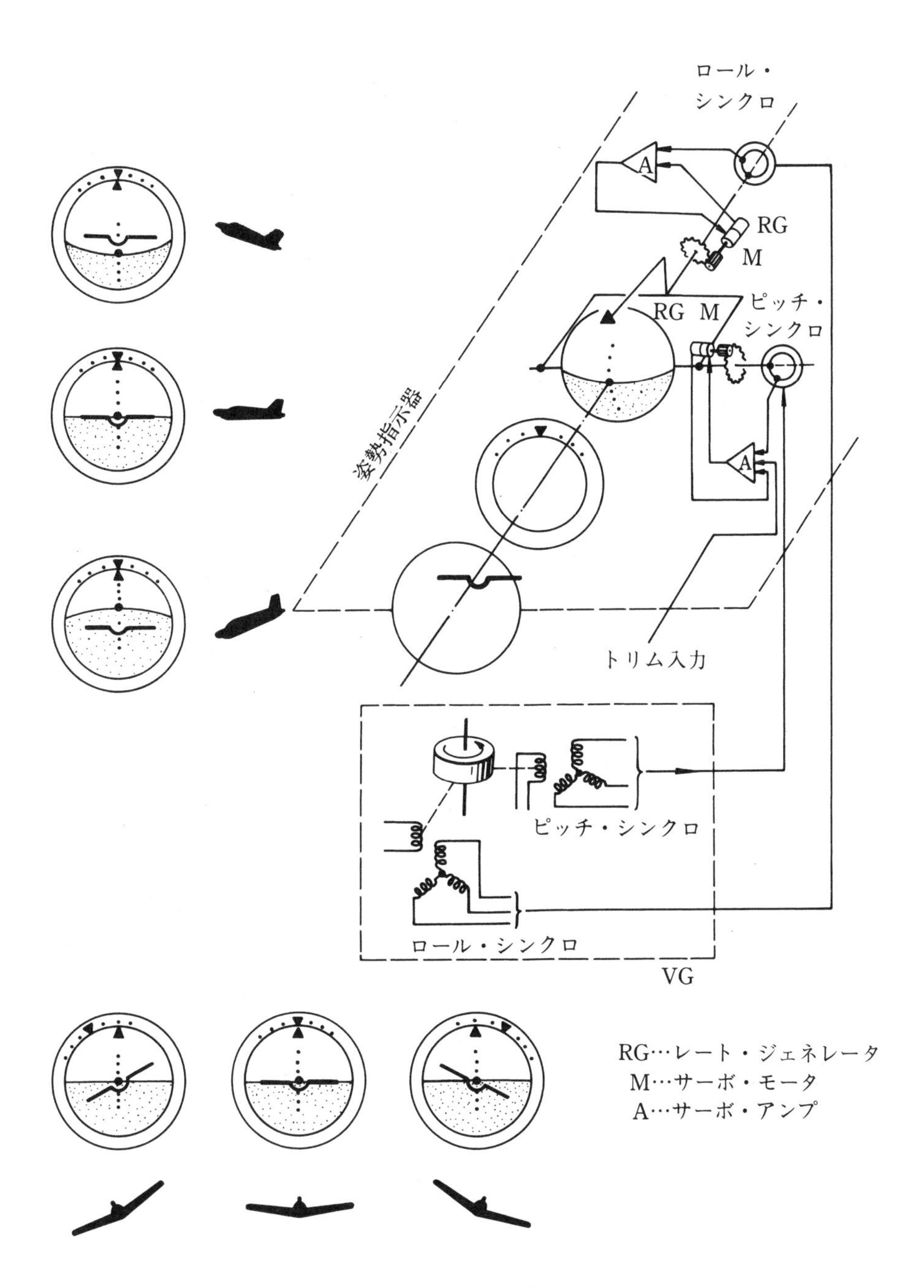

図 8-22　VG と姿勢指示器

8-6　定針儀（Directional Gyro）

定針儀は飛行中の航空機の方位を表示する指示器であり、「方位カード型」定針儀と「方位ドラム型」定針儀の２種類がある（図8-23）。いずれもロータの回転軸を水平にした自由度２のジャイロを使用し、また方位はジャイロの剛性を利用したものである。ジャイロは空間に対して常に一定方向を保っているのでコンパスの役目をし、機体が一定方向を向いているかどうか知ることができる。ただし機体の加速度や自転のため指示が変化（１時間に 15°）するので、磁気コンパスをマスターにして定針儀の目盛りを修正する必要がある。

定針儀の他に、現在の多くの航空機に用いられているジャイロシン・コンパスと呼ばれる遠隔指示システムがある。このシステムは、定針儀からジャイロ装置部分を取り去りジャイロ（D/G：Directional Gyro）と指示器（RMI）を別にし、ジャイロの出力をいったん電気信号に変えて方位を表示するものである。

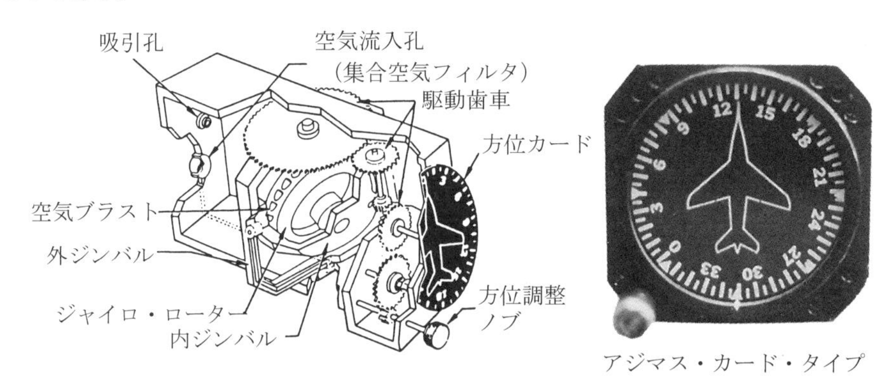

(a) 方位カード型の定針儀

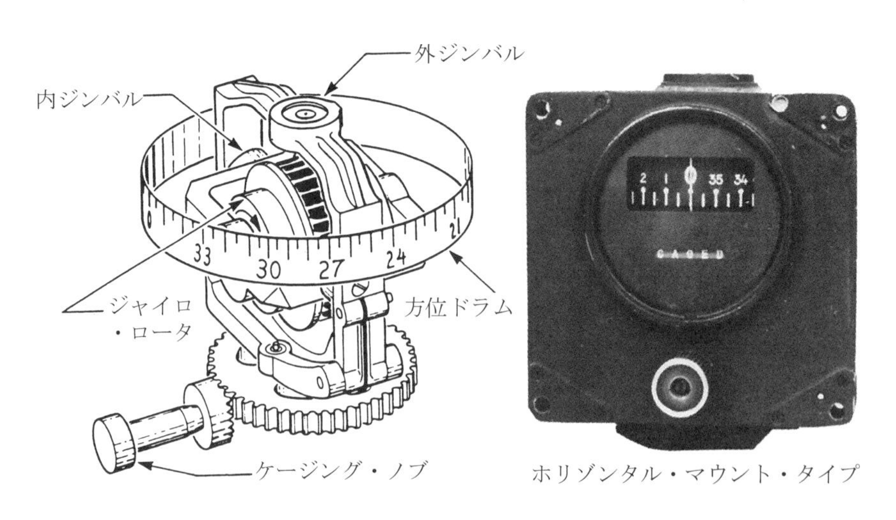

(b) 方位ドラム型の定針儀（ケースは取り外してある）

図 8-23　定針儀

なお、ジャイロシン・コンパスについては、「第９章磁気コンパスと遠隔指示コンパス」に詳細が記述されている。

V/G が垂直方向の一時記憶装置であったように、D/G は方向の一時記憶装置である。

D/G も V/G の場合と同じように、時間が経過するとロータ軸の方向が傾く。この原因も
V/G と同様

⑴　ランダム・ドリフト

⑵　地球の自転によるドリフト（図 8-24 参照）

⑶　移動によるドリフト（図 8-25 参照）

である。

水平面内でロータ軸の方位が、一定になるように制御する必要がある。ロータ軸を、水平（または機体平面に平行）に保つこと（エレクションという）は、重力方向（または機体平面）を基準として制御すればよいが、水平面内で、**ロータ軸の方位を一定に保つこと（スレービングという）は、基準とすべき方位がないので DG のみでは制御することはできない。**そこで DG の場合には、15 分に 1 回、**手動**で磁気コンパスの方位（磁方位）を基準として、ドリフトを修正する。

すなわち、定針儀は一定方向を維持する性質があり、一方、地球は 24 時間で 360°回転、つまり自転しているため 1 時間に 15°の割合で狂いが生じる。従って水平直線飛行しているときは 15 分ごとに、定針儀を磁気コンパスに合わる。

以上のような面倒な操作や、磁気コンパスの種々の誤差を少なくしたジャイロシン・コンパスと呼ばれるものが採用されている。

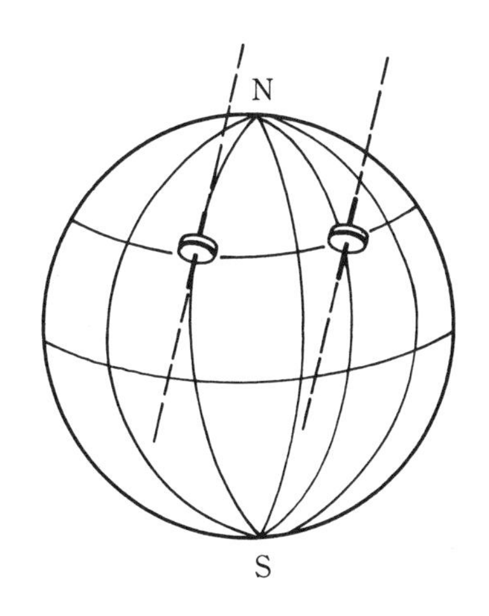

図 8-24　地球の自転によるドリフト

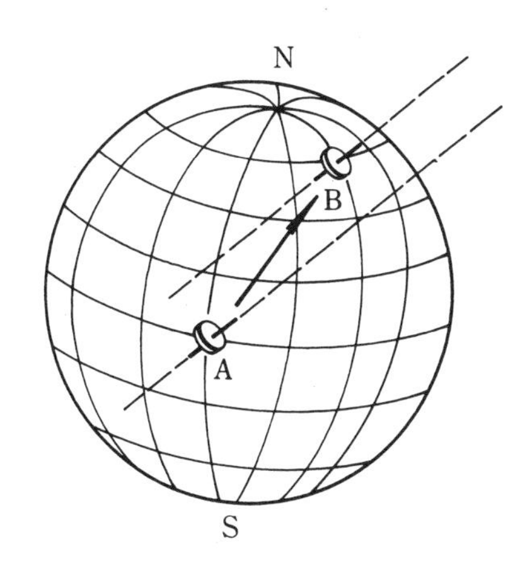

図 8-25　移動によるドリフト

8-6-1　エレクション（Erection）

ａ．レベル・スイッチによる方法

図 8-26 の内ジンバルに取り付けた、レベル・スイッチＳによってロータ軸の傾きを検出し、トルカによって外ジンバル軸にトルクを与へ、プリセッションによってロータ軸を水平にする。

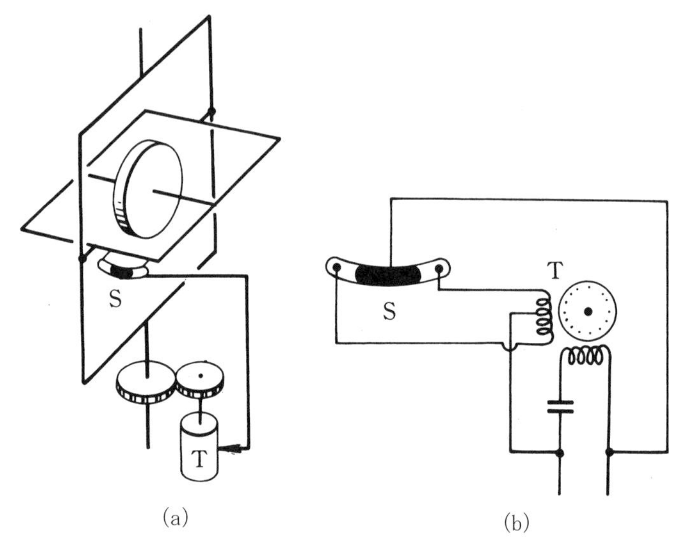

図 8-26　レベル・スイッチによる方法

ｂ．空気の噴射による方法（ａ）

この方法は、空気によって駆動されるジャイロに用いられるもので、ロータ軸は、機体平面に平行に保たれる。図 8-27 参照。ロータＲを駆動した空気は、ロータ・ケースＣからエレクション・ノズルＮを通って噴出され、エレクション・プロウ（Plow）Ｐによって２つの流れJ_1およびJ_2に分けられる。

ロータ軸が機体平面に平行な場合には、J_1とJ_2は同じ流れとなるので、噴流J_1、J_2による反力f_1、f_2は同じ大きさであるため、外ジンバル軸にトルクは生じない。しかし、ロータ軸が傾いた場合には、J_1とJ_2の流れに差を生じ、f_1とf_2のバランスが破れ、外ジンバル軸にトルクが生じ、プリセッションによってロータの傾きは修正される。

ｃ．空気の噴射による方法（ｂ）

この方法も空気駆動式のジャイロに用いられ、ロータ軸は、機体平面に平行に保たれる。図 8-23 を参照。ロータを駆動する空気は、外ジンバルに固定されたノズルＮから噴出される。ロータ軸に傾きがない場合には、ノズルから噴出されロータに当たった空気は、外ジンバル面に関して対称に流れるため、外ジンバル軸にトルクは生じない。しかし、ロータ軸が傾いた場合には、ロータに当たった空気の流れは、外ジンバル面に関して非対称となるため、外ジンバル軸にトルクが生じ、プリセッションによってロータ軸の傾きが修正される。

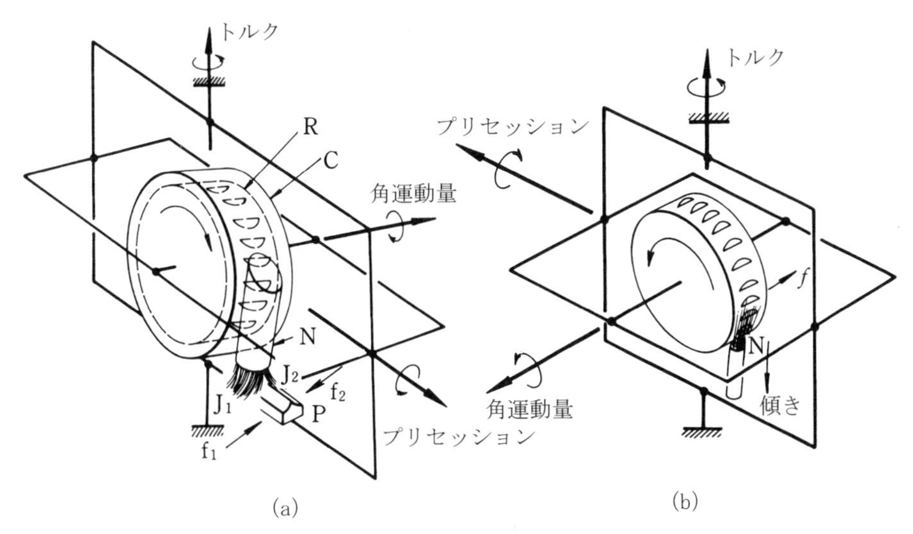

図 8-27　空気の噴射による方法

8-7　旋回計（Turn Indicator, Turn Coordinator）

前節までに説明した VG および DG は、いずれも角変位の計測または検出を行うものであった。この節で説明する旋回計は角変位の速さ（角速度）を計測または検出するものである。

旋回計はレート・ジャイロの一種で自由度 1 のジンバル構成となっている場合が多い。図 8-28 にレート・ジャイロの例を示した。レート・ジャイロの場合には、計測または検出しようとする角速度が与えられる軸を**入力軸**（IA；Input Axis または SA；Sensitive Axis）と呼び、入力軸に与えられた角速度によってプリセッションが生じる軸を**出力軸**（OA；Output Axis）と呼ぶ。またロータの回転軸の方向を SRA (Spin Reference Axis) と呼んでいる。

レート・ジャイロは、旋回計、ヨー・ダンパー、安定化プラットホームなど航空用として広く用いられている。

入力軸に角速度が与えられると、出力軸がある角度まで回転し抑制スプリングによるトルクと平衡したところで止る。このようにロータ軸が傾くとレート・ジャイロは、ロータ軸（傾く前の）の角速

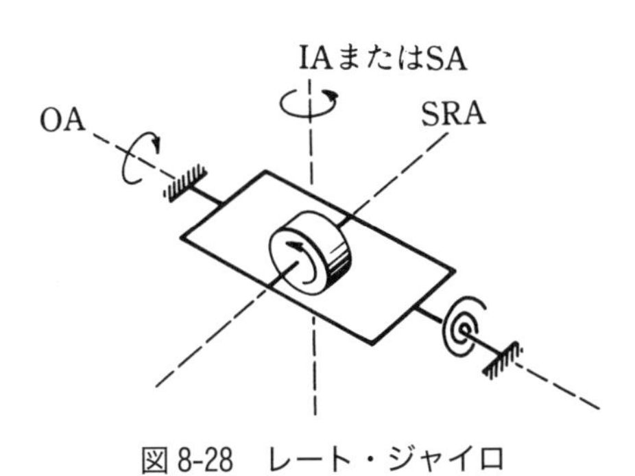

図 8-28　レート・ジャイロ

度も感知するようになる。このことをクロス・カップリング（Cross Coupling）と呼ぶ。**クロス・カップリング**を少なくするために、レート・ジャイロは強い抑制スプリングを用いてロータ軸の傾きが少ない状態で用いるか、または、図 8-29(a) に示したように、ロータ軸の傾きが、小さくなるような方法で用いられる。この例では機体が左旋回（左バンク）したときは、ジャイロの出力軸は右バンクし、ジンバルはほぼ水平に保たれる。

図 8-29 に、レート・ジャイロの応用例として、広く用いられている旋回計を示した。図中の矢印は左旋回を行った場合の各部の動きを示す。また不要な振動を除くためのダッシュ・ポットがある。

ターン・コーディネータ（Turn Coordinator；図 8-30 参照）では、入力軸を**ヨー軸から少し傾けてあり、ロール軸の角速度も感知する**ように作られており、実際の旋回動作に遅れることなく、指示を一致させることができる。

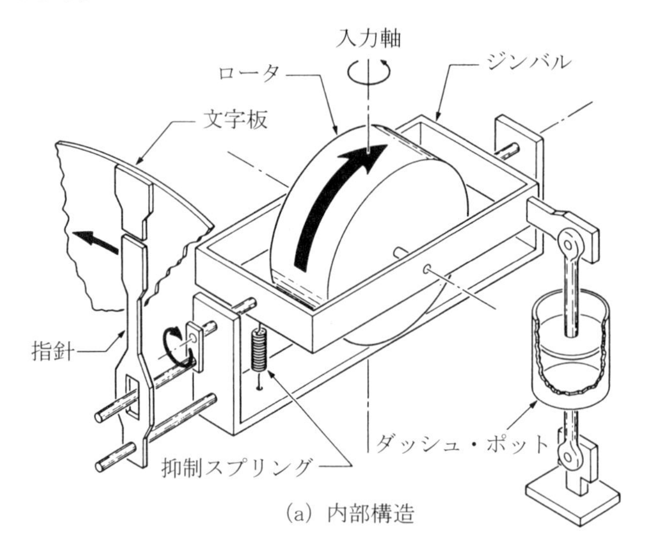

(a) 内部構造

〈参考〉 2分、4分旋回計

(b) 2分計　　(c) 4分計

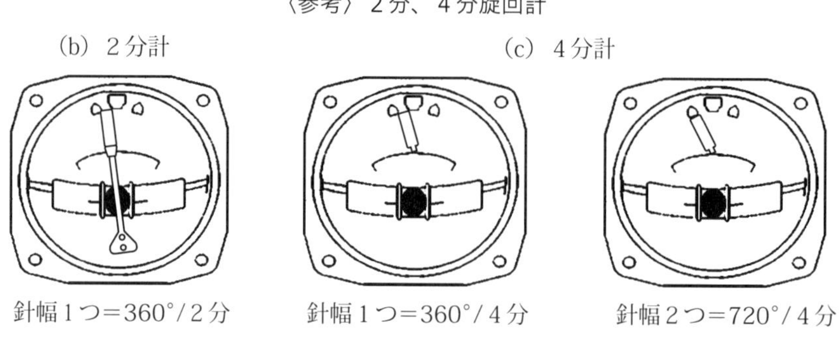

針幅1つ＝360°/2分　　針幅1つ＝360°/4分　　針幅2つ＝720°/4分

図 8-29　旋回計

〔故障探究例〕

2分計で、針幅旋回で 360° 旋回したら1分 30 秒かかった。この原因は、リストリクタの調整不良で、2 inHg の圧力がなくて低過ぎたためである。

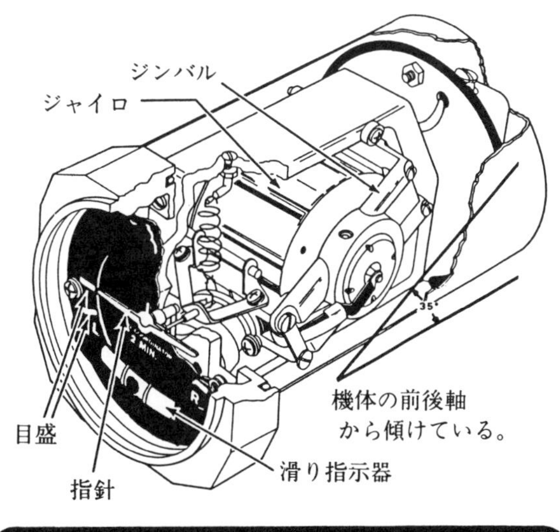

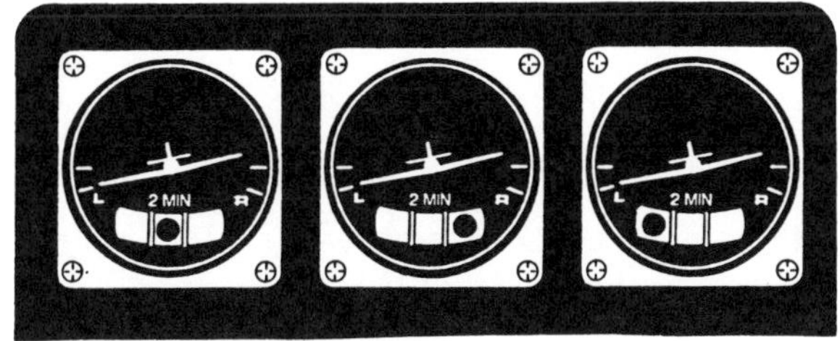

釣合旋回　外滑り　内滑り
ターン・コーディネータの場合には，入力軸がヨー軸から傾けてあり，ヨー軸およびロール軸の角速度を感知する。

図 8-30 ターン・コーディネータ

8-8 レーザ・ジャイロ（Laser Gyro）

8-8-1 概 要

長距離航法装置は、ロラン、ドップラ航法装置に次いで、慣性航法装置（INS）が用いられている。しかし、INS では高性能なレート・ジャイロや複雑なジンバルが用いられているため平均故障時間（MTBF：Mean Time Between Failure）が短く、また 1 回の整備費が高価である。またオメガ航法装置の場合には、全世界に設置された（8 カ所）地上局を頼りにしていること、空電の影響を受けるなどの理由で長距離航法の主装置として使用することに問題が多い。

このような情況の下で開発されたレーザ・ジャイロには、多くの優れた点があり、INS に用いられていた機械式ジャイロを、レーザ・ジャイロに置き替えた* 慣性基準装置（IRS：Inertial Reference System と呼ばれている）が作られ広く用いられるようになった。

＊その他、複雑なジンバルを必要とした Stable Platform を使用しない Strap Down 方式となった。

8-8-2　レーザ・ジャイロの原理

レーザ・ジャイロには、リング・レーザ・ジャイロと光ファイバー・レーザ・ジャイロがある。

リング・レーザ・ジャイロは、図 8-31(a) に示したように、レーザ光源、反射鏡、プリズム、光検出器などから構成されている。この装置が外部から↷方向の回転を受けている場合には、↷方向に進む光の経路は↶方向に進む光の経路より長くなる。光の伝播速度は一定であるから、両方向に進んだ光は振動数に差を生じる。そのため、スクリーンを図の位置に置いた場合には、その上の縞(しま)模様は角速度に比例した速さで移動する。したがって、図のように２個のフォト・ダイオードによって縞模様の移動方向と縞の移動数を求めることによって

(1)　縞の移動数によって角変位

(2)　縞の移動速度によって角速度

(3)　縞の移動方向によって回転の方向

を知ることができる。

レーザ・ジャイロの作動範囲は、非常に広く、検出可能な最小角速度が 0.015 度 / 時、最大測定可能角速度が 400 度 / 秒のものが IRS に利用されている。

図 8-31(b) は光ファイバ・レーザ・ジャイロの原理を示したもので、このジャイロは長い光ファイバ（例えば１ km）を比較的小半径（例えば 2.5cm）のコイル状に巻き、巻数倍（6,300 倍）の感度の向上をはかるものである。

レーザ光源より発した光は、ビーム・スプリッタを介して分割され右回り光と左回り光に伝搬する。

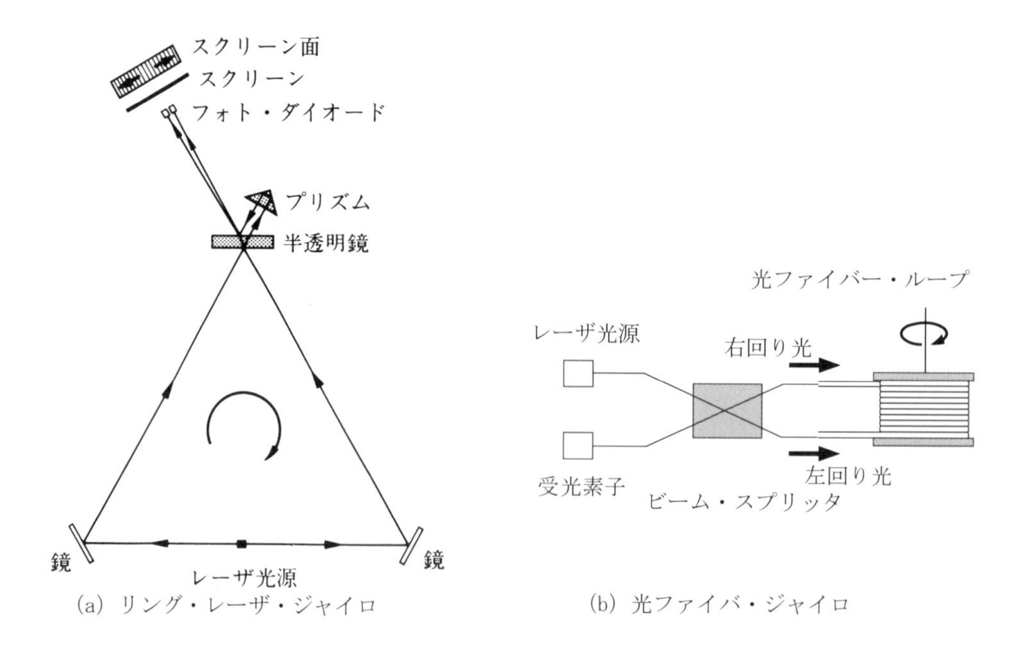

(a) リング・レーザ・ジャイロ　　(b) 光ファイバ・ジャイロ

図 8-31　レーザ・ジャイロ

これらの光は再びビーム・スプリッタを経て受光素子に達する。

この光ファイバ・コイルを角速度で回転すると、右回りの光と左回り光の間に位相差が生じる。両光の位相差を干渉計で読み取ってジャイロの回転角速度を測っており、AHRS に利用されている。

8-8-3　レーザ・ジャイロの特徴

レーザ・ジャイロの**作動範囲**は、非常に広く、その出力と角速度入力との関係の**直線性**が非常に良い。そのためストラップ・ダウン（Strap Down）方式の慣性基準装置を実現することができた。**ストラップ・ダウン方式**の慣性基準装置では、ジャイロ（レーザ・ジャイロ）と、加速度計を直接機体にくくりつけ（Strap Down）、局地的な水平はコンピュータ内で計算上で作り、ジャイロおよび加速度計の出力を、計算上で作っておいた局地的水平によって、局地的水平に関する成分に換算して航法計算および姿勢指示を行っている。

ストラップ・ダウン方式の慣性基準装置では複雑なジンバルを必要とする**安定化プラットホームが不要**であり、またジャイロにも機械的な**回転部分がない**ため、平均故障時間は INS に比べて大幅に改善された。さらに重量、体積、消費電力も大幅に改善され、加速度によって複雑なジンバルが悪影響を受けることもなくなった。これら多くの長所はレーザ・ジャイロの特徴によって間接的にもたらされた結果である。

レーザ・ジャイロについては、講座 10「航空電子・電気装備」4 － 11 慣性基準装置（IRS）にも詳細が記述されている。

8-9　まとめ

(1)　機械的なジャイロが持つ特徴は剛性およびプリセッションの２つであり、ジャイロを応用した計器は、すべてこの特徴を利用または特徴に基づく制御から成り立っている。

(2)　機械的なジャイロの剛性は、ロータの回転速度が大きいほど、また同じ重さであれば回転軸から遠くに質量を分布させるほど強い。

(3)　プリセッションは、ロータの回転軸を傾けようとして力をかけると、ロータの回転方向に 90°進んだ所に力がかかったように傾く性質、または現象である。首振り運動することから才差運動または才差という語が生まれたが、一般の回転体に関する用語として才差運動（プリセッション）が用いられる。

(4)　ジャイロの自由度を数える場合には、ロータ軸に関する「自由さ」は数えない。

(5)　ジャイロのドリフトには、ランダム・ドリフト、地球の自転によるドリフト、移動によるドリフトがある。これらの内、ジャイロの不完全さから生じるドリフトはランダム・ドリフトのみであり、他の２つのドリフトは見かけのドリフトである。

(6)　バーティカル・ジャイロは VG と略称され、ロータの回転軸が地球重力の方向と一致するように制御された自由度2のジャイロである。

(7) VGでは内ジンバル軸がピッチ軸、外ジンバル軸がロール軸と平行になるように取り付けられている。そのため内ジンバルをピッチ・ジンバル、外ジンバルをロール・ジンバルと呼ぶことがある。

(8) VGのロータ軸が重力方向を向くように制御することを自立制御と呼んでいる。

(9) ディレクショナル・ジャイロはDGと略称され、ロータ軸が水平になるように制御された自由度2のジャイロである。

(10) DGでは、ロータ軸が一定の方向を保つように制御している。このことをスレービングと呼んでいる。

(11) DGでは内ジンバル面が水平、外ジンバル軸が機体のヨー軸と平行になるように取り付けられている。

(12) スレービングは、手動で一定時間ごとに磁気コンパスを基準として調節する方法、およびフラックス・バルブによって感知された磁方位信号によって一定の方向を保つように自動的に制御する方法がある。

(13) レート・ジャイロは角速度を計測または検出する目的で作られたジャイロであり、自由度が1のジンバル構成である。計測または検出しようとする角速度が与えられる軸を入力軸、入力軸に与えられた角速度によってプリセッションが生じる軸を出力軸と言う。

(14) レート・ジャイロでは出力軸を軸としてロータが傾くとクロス・カップリングが生じるので特別な配慮がなされている。

(15) ターン・コーディネータでは入力軸をヨー軸から傾けているので、ロール軸の角速度も感知し、旋回計として使用した場合に、早めに指示されるので操縦上で都合がよい。

(16) レーザ・ジャイロは機械的な回転部分がない、角速度の計測可能範囲が広い、入出力関係の直線性が良い。そのため、ストラップ・ダウン方式の慣性基準装置（IRS）が作られた。

（以下、余白）

第９章　磁気コンパスと遠隔指示コンパス

9-1　概　要

この章で説明するコンパスは、可動磁針によって地磁気の方向および向きを知ることにより、航空機の機首方位（Heading）を直接表示する方式と遠隔指示方式のものである。

直接表示方式の磁気コンパスは、航空機の機首方位を表示する最も基本的な重要計器である。

9-2　地磁気（Terrestrial Magnetism）

地球は一種の磁石であり、N極が地理学上の南極の近く（64° 28′ S、137° 43′ E ）にあり、S極は地理学上の北極の近く（83° 58′ N、122° 48′ W）にある〔2007年１月（この数値は毎年変動する）〕。このような地球のもつ磁気を地磁気という。

磁針の重心を支え、水平面、垂直面に自由に回転できるようにすると、磁針はある方向および向きを指して静止する。この場合、静止した磁針は、その点の地磁気による磁場の**方向**および**向き**を示している（図 9-1 参照）。

磁北と真北とのなす角を偏角（α）と呼ぶ。また磁針が水平面となす角を伏角（θ）、地磁気の水平成分（Hh）を水平分力と呼んでいる。これらを地磁気の３要素という。

羽田空港の場合（2020年）では

偏角：7° 31　′ W

伏角：49° 34　′

水平分力：30、218 nT

である。

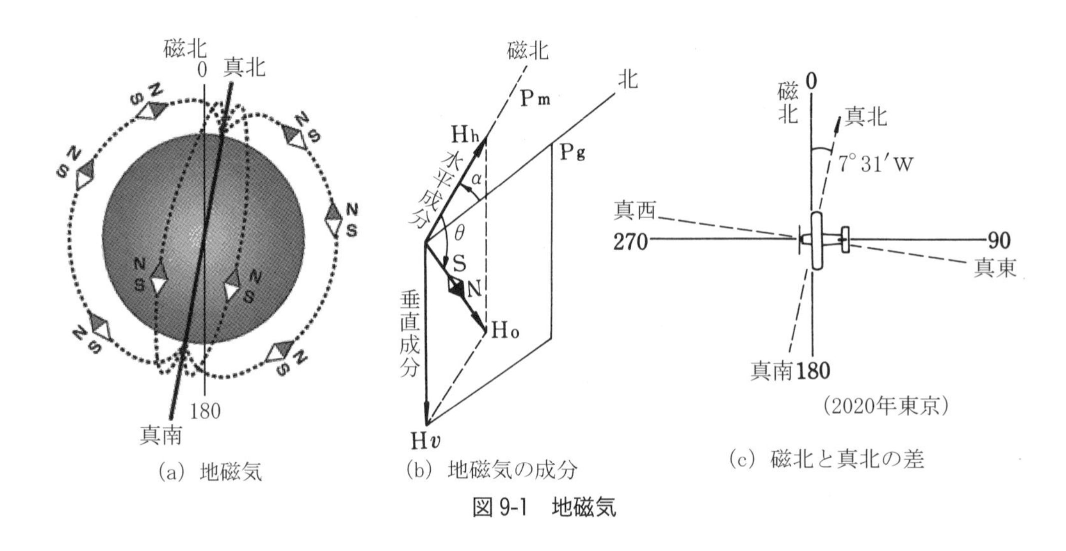

(a) 地磁気　(b) 地磁気の成分　(c) 磁北と真北の差

図 9-1　地磁気

9-3　磁気コンパス（Magnetic Compass）

9-3-1　構造と機能

磁気コンパスは棒磁石と、方位目盛を施したコンパス・カードCをピボットPによってささえ、面ガラスG、および読取線（Lubber's Line）によって方位が読み取れるように作られている。コンパス・カードには、観測者が面ガラスに向かった場合、**観測者が向いている方位**（磁方位）が目盛られている。コンパス・カードなどの可動部は、**コンパス液**（ケロシン）が充たされたアルミ合金製のコンパス・ケース内に納められ、不要な動揺が制動されている。また、コンパス・カードには**フロート**が設けられており、その浮力によってピボットにかかる重量が軽減され、ピボットの摩耗および摩擦による誤差が軽減される。

温度変化によるコンパス液の膨張、収縮のために生じる不具合をなくすため、コンパス・ケースには**膨張室**が設けられている。コンパス・ケースの下部には、**自差修正装置**（Compass Compensator）

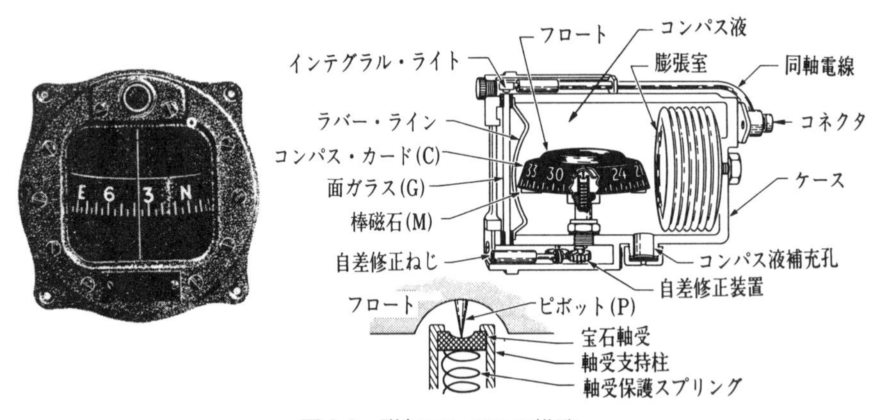

図 9-2　磁気コンパスの構造

が取り付けられており、正面下部にある２個（N－S、E－W）の調整ねじを回すことによって自差の修正を行うことができる。また正面上部には内部照明用の小形電球が取り付けられており、この電球への配線は、点灯時の電流による磁場で誤差を生じないよう⊕⊖のより線か同軸線が用いられている。

なお、磁気コンパスは伏角でカードが水平でなくなるので、重りをつけてカードを水平に保っている。

9-4　磁気コンパスの誤差

磁気コンパスには、次のような静的誤差と動的誤差がある。

ａ．**静的誤差**（Static Error）

⑴　半 円 差（Semicircular Deviation）

⑵　四分円差（Quadrant Deviation）

⑶　不 易 差（Constant Deviation）

これら３つの和を**自差**（Deviation）と呼ぶ。

ｂ．**動的誤差**（Dynamic Error）

⑴　北 旋 誤 差（または旋回誤差；Northerly Turning Error）

⑵　加速度誤差（または東西誤差；Acceleration Error）

⑶　渦 流 誤 差（Oscillation Error）

9-4-1　静的誤差

ａ．半円差

半円差は、航空機が自ら発生する磁気（磁化されて磁石になった鋼材および電流によって発生する磁力線を含む）によって生じる誤差である。**図 9-3** に１つの例を示した。この例は右脚に使用している鋼材の脱磁が不完全であったため、図のように永久磁石を置いたことと同じ結果となってしまった。右脚によって生じた磁場 H_m が地磁気の磁場 H_e に加えられ、磁気コンパスの位置では合成磁場はＨとなる。そのため磁気コンパスは、正しい磁方位（30°）からｅだけ右にずれた磁方位を示すことになる。

航空機が向きを変えると、H_m は H_e の矢印を中心として円を描くように変わるので**誤差は 180°ごとに正負が反転する**。そのため**半円差**と呼ばれる。

半円差は、H_m を自差修正装置の永久磁石で相殺する磁場を人工的に作ることによって**修正することができる**。

ｂ．四分円差

四分円差は、航空機に使用されている軟鉄材料によって地磁気の磁場が乱されるために生じる誤差

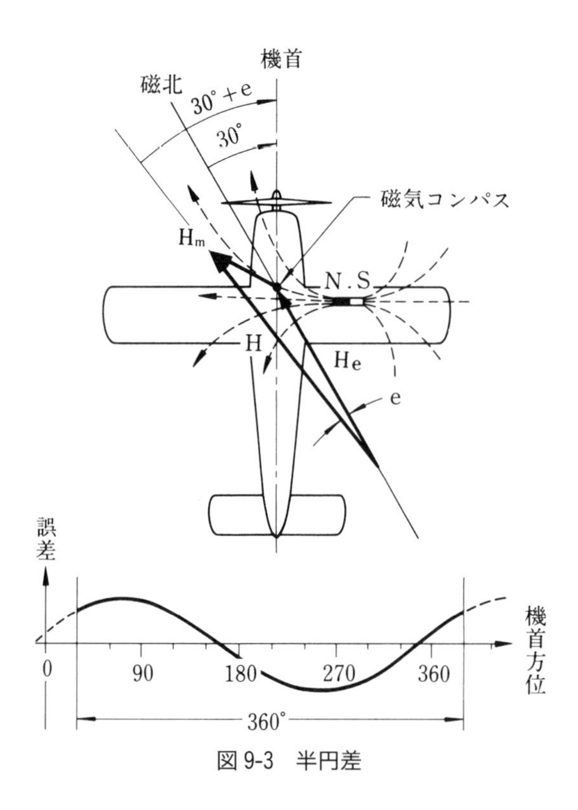

図 9-3　半円差

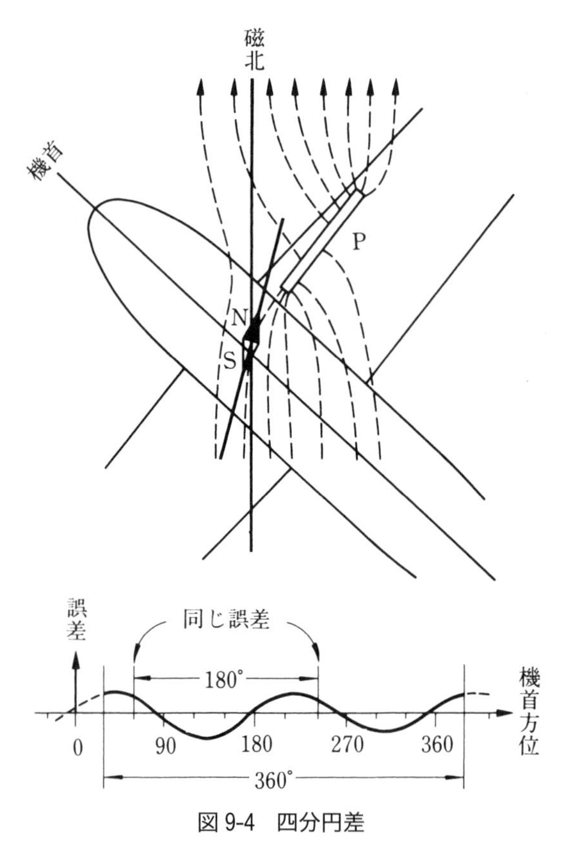

図 9-4　四分円差

である。**図 9-4** は、軟鉄材料Ｐによって、磁気コンパスが取り付けられた場所の地磁気による磁場が乱された状態を示したものである。この場合は（軟鉄の一時磁化によって磁場が乱される場合）軟鉄材料が地磁気による磁場に対して 180° 回転すると逆方向に一時磁化され、同じ影響が現れるため、誤差は **180° ごとに同じもの**となる。そのため**四分円差**と呼ばれる。

四分円差は、軟鉄板、棒、球などを用いて修正することができるが、それは製造時、大きい修理または改造を行った場合に必要に応じて行われるのみで、**通常の整備では行わない。**

c．不易差

不易差は、すべての磁方位で、一定の大きさで現れる誤差で、磁気コンパスを機体に装着した場合の**取付誤差**により生じるものである。磁気コンパス自体の誤差ではない。このことは半円差、四分円差に関しても同じである。

不易差は磁気コンパスの取り付け位置を修正することによって比較的容易に修正することができる。しかし、磁気コンパスの自差を求める場合には、すべての静的誤差が加算されたものが誤差として現れるため、**図 9-5** に示したような不規則な姿で現れる。

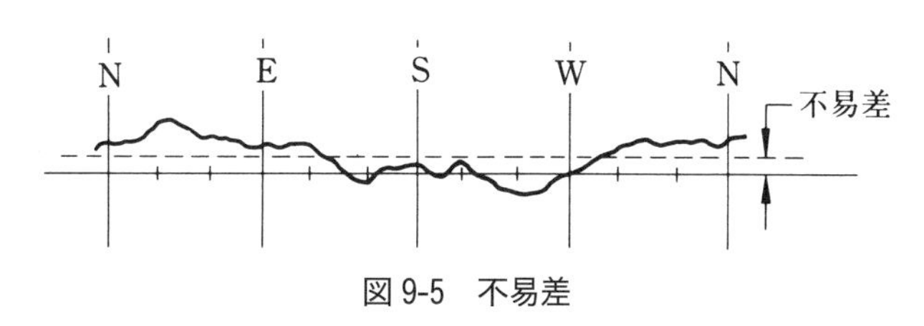

図 9-5　不易差

9-4-2　動的誤差

a．北旋誤差（旋回誤差）

磁気赤道以外の場所では地磁気には垂直成分がある。そのため、航空機が旋回を行うため**バンクすると**、コンパス・カード面が地磁気の垂直成分と直角でなくなり、磁気コンパスは**垂直成分を感知**して真の磁方位からずれた方位を指示するようになる。この誤差は、北旋誤差と呼ばれ、旋回時に**北（または南）に向かったときに最も大きく現れる**が、旋回を行うためバンクしたときは必ず（東または西に向いている時は現れない）現れるもので、旋回誤差と呼ばれることもある。

図 9-6 に示した例は、北半球において磁北に向かって飛行している航空機が右に旋回するため、右にバンクした瞬間を示したものである。機体は磁北に向かっているが磁気コンパスは 330° の磁方位を示している。このように北半球では北の方（270° から 90° の北半分）に向かっている場合には、旋回しようとする方向と逆の方向の誤差が現れ、南の方（90° から 270° の南半分）に向かっている場合には旋回しようとする方向と同じ方向の誤差が現れる。このことを、NOSS（North Opposite South Same、ノーズ、NOSE、鼻）の語によって記憶のたすけとしている。

南半球の場合には，地磁気の垂直成分が北半球の場合と逆となるため，North Same South Opposite となる。

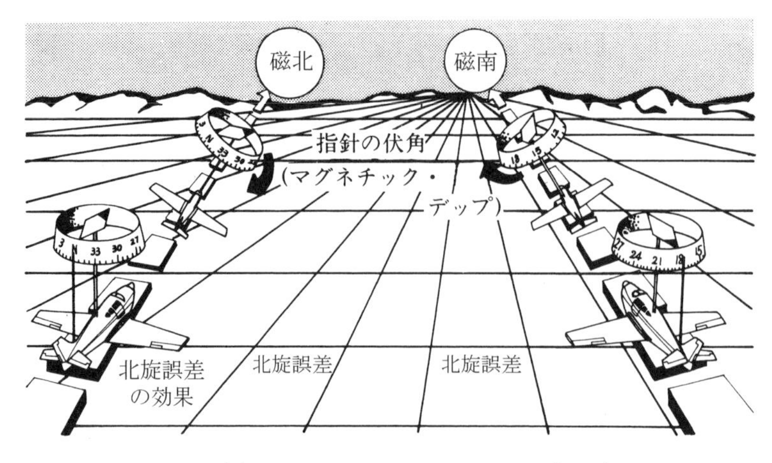

(a) North Opposite South Same (NOSS)

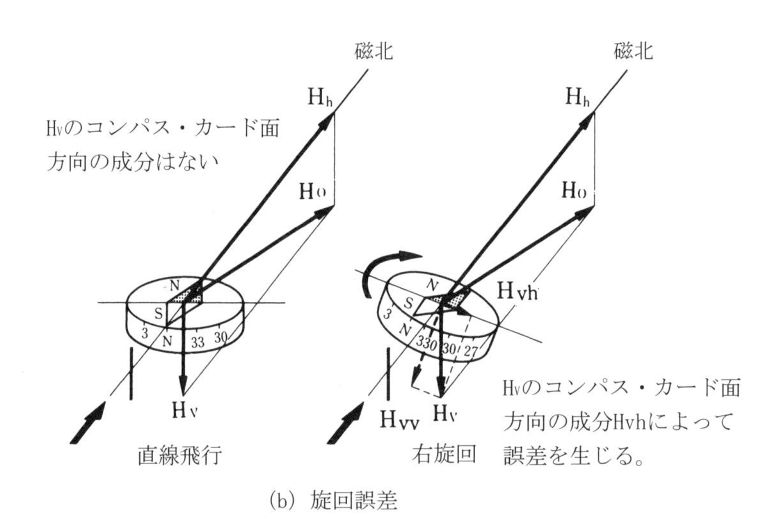

(b) 旋回誤差

図 9-6　北旋誤差（旋回誤差）

b．加速度誤差

磁針、コンパス・カードなどを含む可動部分の重心は支持点より下にある。そのため、加速時にはコンパス・カード面は前が下に、後が上になるように傾き、減速時にはその逆に傾く。前項で説明したように、**コンパス・カード面が傾く**と、地磁気の**垂直成分を感知**し誤差が現れる。

図 9-7 は北半球で東に向かっている航空機が加速した場合の例を示した。この例では加速によってコンパス･カードが傾いたため機体が東を向いているのに 60° を示している。逆に、減速した場合は、コンパス・カードの傾きが逆になるため、指示はＥ（90° ）より大きい方に偏る。

このように、北半球では、加速時に北に偏った指示になり、減速時には南に偏った指示となる。このことを ANDS (Acceleration North Deceleration South 、アンデス、Andes 、アンデス山脈) の語によって記憶のたすけとしている。南半球では逆になり Acceleration South Deceleration North となる。

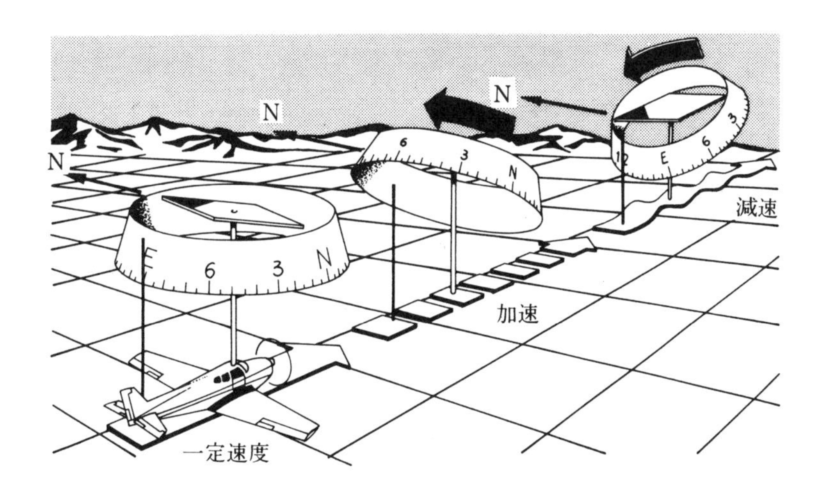

(a) Acceleration North Deceleration South (ANDS)

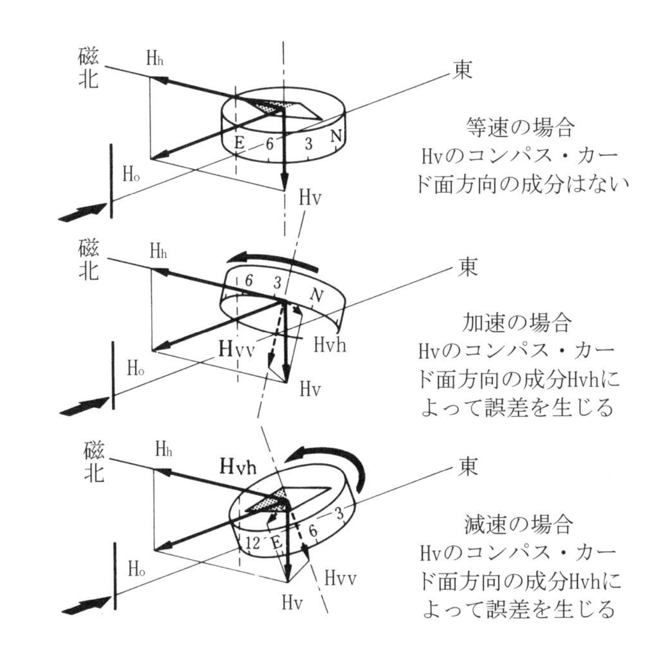

(b) 加速度誤差

図 9-7　加速度誤差

加速度誤差は、機体が**東または西に向かっている場合に最も顕著に現れ**、北または南に向かっている場合には現れない。そのため**東西誤差**とも呼ばれる。

c．渦流誤差

この誤差は、飛行中の乱気流、長時間の旋回などによるコンパス液の渦動によって、コンパス・カードが不規則な動きをするために生じるもので、指示遅れを生じる。

9-5　自差の修正

前にも説明したように、磁気コンパスの静的誤差には半円差、四分円差および不易差の３つがあり、これらの和を**自差**と呼ぶ。自差は法的には± 10° 以下とされており、次のようにして修正する。

地上で自差の修正を行う場合には、できるだけ**飛行状態に近づける**ため、機体の姿勢はできるだけ水平飛行姿勢に近づけ、操縦系統は中立位置にし、エンジンそのほか電気機器は作動させながら行う。

a．不易差の修正

磁気コンパスを取り付けているねじをゆるめ、軸線が一致するように改め、取り付けねじを締める。

b．半円差の修正

磁気コンパスの自差修正装置にある補正用の２つのねじ（N－S、E－W）をまわして修正する。

c．四分円差の修正

軟鉄板、棒、球などを用いて修正することができるが、航空機が製造された後に行うことはほとんどない。

上記のうちａ項は磁気コンパスの取り付けが決まった後は修正を必要とすることはほとんどない。またｃ項も製造された後は、特別な改造を行わない限り修正は不要である。そのため、自差の修正は、通常はｂ項のみを行う場合が多い。

磁気コンパスの取付位置は、十分注意をはらって決定されるが、どうしても若干の磁気的影響が残るので、半円差の修正が必要となる。修正を行うためには、機体を各方位に向ける（これを**スイング**（Swing）と呼んでいる）必要があるが、これには次のいずれかの方法がとられる。

⑴　鉄筋で補強されていないコンクリート舗装面で、近くに鉄製品がない所に、地磁気の方位を記しておき（そのような場所を**コンパス・ローズ**と呼ぶ）、その方向に機軸を合わせる。

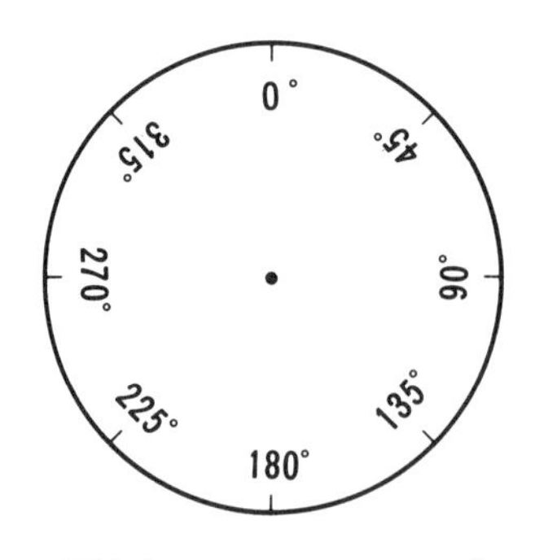

図 9-8　コンパス・ローズ

⑵　前同様な場所で、標定コンパスにより機体の方向を測る。

飛行中に行う場合には、地上の目標物によって定針儀を修正し、これを基準にして各方位に機軸を合わせる方法がとられる場合が多い。

修正には次の２つの方法がある。

Ⅰ．直接修正

①　機体を磁北に向け、自差修正装置のＮ－Ｓ調整ねじによってＮ（０°）を指すように調整する。

②　機体を東に向け、自差修正装置のＥ－Ｗ調整ねじによってＥ（90°）を指すように調整する。

③　機体を南に向け、Ｎ－Ｓ調整ねじによって、誤差の半分だけを修正する。このことによって、南北に関しては誤差がＮとＳに半分ずつに分けられたことになる。

④　機体を西に向け、Ｅ－Ｗ調整ねじによって、誤差の半分だけを修正する。

以上で修正は終了するが、15°または30°ずつ機体をスイングして各方位に対する自差を測って**自差カード**（Correction Card）（**表 9-1** 参照）に記入する。無線機が磁気コンパスの近くに取り付けられる小型機の場合には、無線機が作動中（Radio ON）および停止中（Radio OFF）の場合について測定しておくと便利である。

表 9-1　自差カード

	Radio	
	ON	OFF
N	2	358
30	34	30
60	64	62
E	94	94
120	122	124
150	150	154
S	178	174
210	206	210
240	236	238
W	266	266
300	298	296
330	330	326

Ⅱ．係数を用いる方法

この方法による場合は、機体の方向は標定コンパスで測定する。標定コンパスを取り扱う人は、磁性体を持たないようにし、機体の前方 15～20 mの所に立つ。標定コンパスは手で持ったままでもよいし、三脚などに乗せてもよい。このようにして機軸に一致させた標定コンパスの目盛を読む。この場合、標定コンパスの読みと、それに対応する機体の磁気コンパスの読みは 180°異なることに注意する必要がある。機軸の方向は、垂直安定板と機体の中心線上の特定の物とを一致させて知ることができる。調整の手順は次に示すとおりである。

①　機体の方向を、機体の磁気コンパスのＮ（０°）に合わせる。大型機などで機体を動かすのが簡単でない場合には、±５°の範囲にあればよい。

②　機体の方向を、標定コンパスで測定し、機体の正しい磁方位を求める。

③　標定コンパスによる正しい機体の方位から、機体の磁気コンパスの指示値を引き、その値を（Ｎ）

とする。

注意　（補正）＝（正しい値）－（指示値）

（誤差）＝（指示値）－（正しい値）

＝－（補正）

④　同様にして、東、南、西の方位について（Ｅ）、（Ｓ）、（Ｗ）を求める。

⑤　（Ｎ）、（Ｅ）、（Ｓ）、（Ｗ）から次の定義による係数を求める。

$$C=\frac{(N)-(S)}{2}$$

$$B=\frac{(E)-(W)}{2}$$

$$A=\frac{(N)+(E)+(S)+(W)}{4}$$

⑥　これらの係数を用いて次のように修正を行う（表 9-2 参照）。

ａ．機体の方向を、機体の磁気コンパスでＮ（０°）に合わせた状態で、係数Ｃだけ変化するように、自差修正装置のＮ－Ｓ調整ねじで調節する。

Ｃが正の場合は指示値が増える方向に、負の場合は減少する方向に調節する。

ｂ．次に機体を、機体の磁気コンパスでＥ（90°）の方向に向け、係数Ｂだけ変化するように、自差修正装置のＥ－Ｗ調整ねじで調節する。

ｃ．航空士用コンパスなどの場合には、係数Ａだけ時計方向に（Ａが負のときは反時計方向）コンパスの取り付けを回転させる。通常この修正は小さい量であるため、操縦者用の磁気コンパスの場合には省略する。

表 9-2　自差修正計算表

	修正前			修正後		補正表	誤差表
	真の方位	機体コンパス	差	真の方位	機体コンパス	C to M	M toC
N	358	003	－５	357	359	－２	2
30	／	／		31	34	－３	3
60	／	／		60	61	－１	1
E	089	086	＋３	088	088	0	0
120	／	／		121	120	＋１	－１
150	／	／		151	149	＋２	－２
S	185	181	＋４	179	177	＋２	－２
210	／	／		209	206	＋３	－３
240	／	／		239	238	＋１	－１
W	269	271	－２	268	268	0	0
300	／	／		302	303	－１	＋１
330	／	／		329	331	－２	＋２
	(1)	(2)	(1)−(2)	(3)	(4)	(3)−(4)	(4)−(3)

⑦　修正が終わった後は前と同様に自差を測定して自差カードに記入する。

C to Mは機体の磁気コンパスの指示から正しい磁方位を求めるために加えるべき量（補正）である。M to Cは、その逆で、正しい磁方位から機体の磁気コンパスの指示値を求めるために加えるべき量（誤差）である。

標定コンパスを用いずにコンクリート上の方位線（コンパス・ローズ）によって機体をスイングして行ってもよいが、その方法は標定コンパスを用いた場合と同じである。

飛行中に修正を行う場合には、地上の方位基準になるもの、例えば道路、鉄道などの磁方位を予め測っておき定針儀をその方位に合わせながら修正を行う。この場合、定針儀は時間が経過すると偏差を生じるため、手早く自差を測定する必要がある。図 9-9 に一例を示した。

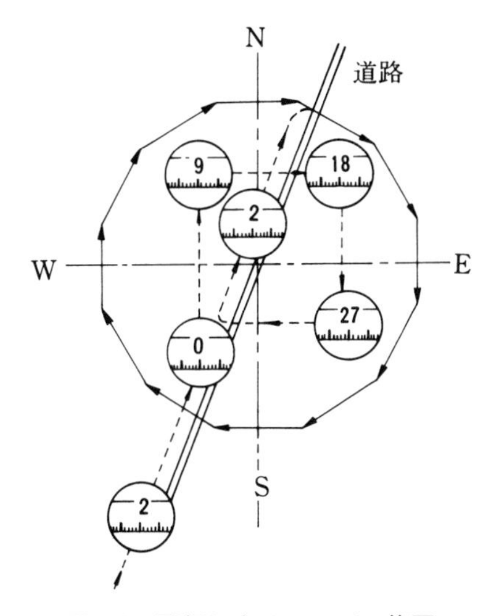

図 9-9　飛行によるコンパス修正

道路は 20° の方向であることが予め知られている。この道路によって定針儀を 20° に設定した後、定針儀によって 0° 、90° 、180°、270° の方向に飛行し、磁気コンパスの自差修正を行い、再び道路によって定針儀を 20°　に設定し、30° ずつの自差を測定する。この修正法を行う場合は、晴れた穏やかな日を選び、測定の誤差が生じるのを避ける必要がある。

（以下、余白）

9-6　遠隔指示コンパス（Remote Compass）

前に説明したように、磁気コンパスには多くの誤差がある。これらの誤差を除くために開発された（Spery 社で開発された）ものがジャイロシン・コンパス（Gyrosyn Compass 、商品名）である。

地磁気の水平分力は**フラックス・バルブ**（Flux Valve）によって検出され、フラックス・バルブからは電気信号として磁方位が出力される。この磁方位信号は **DG（ディレクション・ジャイロ）などによって安定化**され、旋回誤差、加速度誤差などは取り除かれる。また、フラックス・バルブは**半円差、四分円差の少ない翼端、胴体後部**などに取り付け磁方位を検出する（図 9-10）。

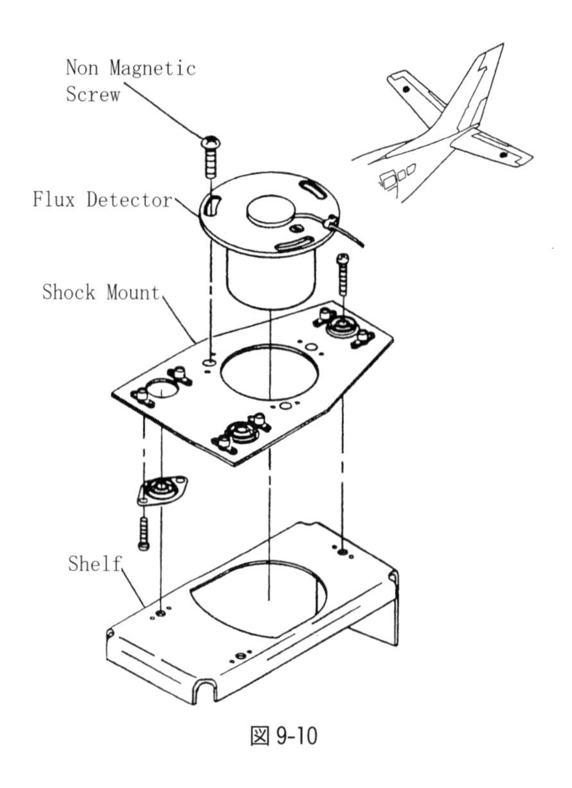

図 9-10

このような理由で安定した正しい磁方位の指示が得られるため広く用いられている。

ジャイロシン・コンパスの作動を説明する前にスレービングについて述べる。

9-6-1　スレービング

DG のロータ軸の方位のドリフトは、磁方位を基準として制御されている。磁方位を基準として制御するためには、磁方位を検出し、電気信号に変換する必要がある。図 9-14 に示した装置は、磁方位を電気信号として検出するもので、フラックス・バルブ（Flux Valve）と呼ばれ、広く用いられている。

1′、2′、3′ は超パーマロイなどの高透磁率合金で作られた積層鉄心である。この鉄心はコイル 4 によって 400Hz で飽和励磁されており、コイル 1、2、3 に発生する 3 つの電圧の組み合わせによって磁方位を知ることが出来る。**図 9-11** は地磁気の方位を基準としてスレービングを行ったＤＧの例である。この例のように、地磁気の方位を検出し、DG によって方位表示の安定化を行って方位を遠隔表示する装置はリモート・コンパス（Remote Compass System）と呼ばれ、広く用いられている。

DG の場合も VG と同様に、エレクションおよびスレービングの速さは、ドリフトの修正ができれば、それ以上速くしない方がよい。この速さは一般に、一時間に数度程度でよい。しかし、ジャイロ起動時に、フラックス・バルブからの磁方位信号と DG の方位との間に大きい差がある場合には、スレービングに長い時間を要するので、この方位差は、**図 9-11** に示したシンクロ CT_2 によって人工的に打ち消している。

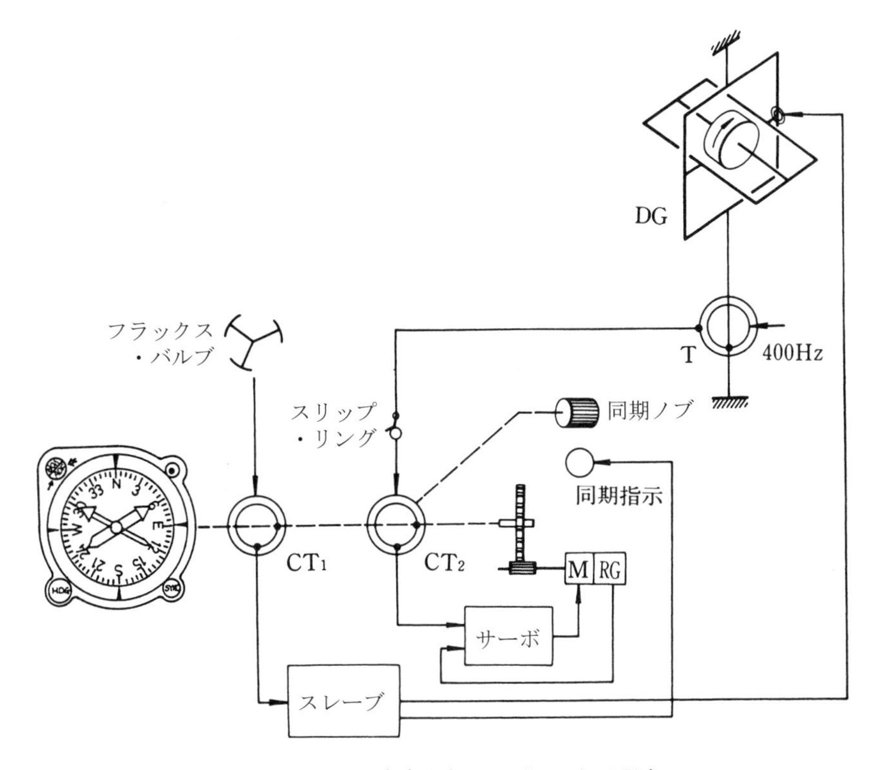

図 9-11　安定したコンパス・システム

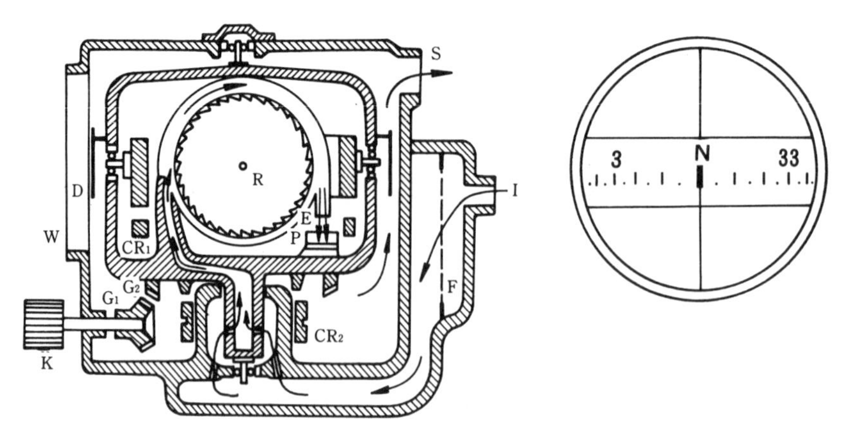

図 9-12　空気駆動の定針儀

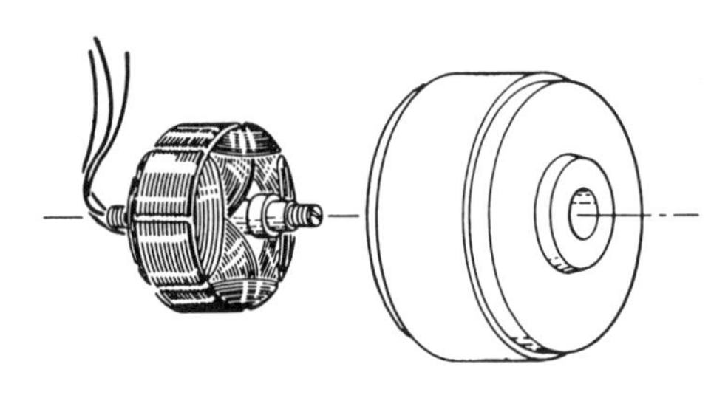

図 9-13　アウタ・ロータ・モータ

図 9-12 は、空気駆動式の定針儀の例である。ロータ軸は、エレクション・プロウPによって、機体平面に平行に制御されている。ロータの方位のドリフトは、ノブKを押して笠形歯車をかみ合わせ、磁気コンパスの指示と一致するように一定時間間隔ごとに手動で行う。

DG の場合にも VG と同様に、エレクションおよびスレービングの速さは、**ドリフトの修正ができれば、それ以上に速くしない方がよい。**この速さは一般に、一時間に数度程度でよい。しかし、ジャイロ起動時に、フラックス・バルブからの磁方位信号と DG の方位との間に大きい差がある場合には、スレービングに長い時間を要するので、この方位差は、図 9-11 に示したシンクロ CT_2 によって人工的に打ち消している。

ジャイロ・ロータの駆動は、空気で駆動する場合には図 8-27 、9-12 に示したように、ロータの外面に空気を吹きつけて駆動している。電気で駆動する場合には図 9-13 に示したように、**アウタ・ロータ型の誘導電動機**によって駆動されており、電動機のロータがジャイロのロータを兼ねている。

9-6-2　フラックス・バルブ（Flux Valve）

フラックス・バルブは磁場を感知して、その方向と向きを電気信号に変換する装置である。図 9-14(a) に構造を示した。Y字形の鉄芯は高透磁率合金で作られた積層鉄芯である。中央部に巻かれたコイル4は交流電源に接続され、鉄芯を飽和励磁している。鉄芯の3本の脚 1′、2′、3′ には巻線１、２、３が施されている。同図 (b) 、(c) はフラックス・バルブを地磁気の磁場内に置いた場合の磁束の分布を示したものである。鉄芯は交流電源によって深く励磁されているため、励磁が深い瞬間は鉄芯を通る磁束は少ないが、励磁が浅い瞬間には図のように鉄芯内を通過する。鉄芯を 400Hz で励磁している場合には、励磁が浅くなる瞬間が 800 回 / 秒の割合で発生するため、３個のコイルに発生する電圧は 800Hz の交流電圧となる（図 9-15 参照）。図 9-14(b) では鉄芯の脚 1′ が南北線に一致しているため、コイル１にはコイル２、３より大きい電圧が発生する。同図 (c) では、脚 2′ が南北線と直角になっているため、磁束は通過しない。そのためコイル２には電圧は発生しない。このように、コイル１、２、３に発生する電圧（大きさと位相）は、地磁気の磁場の方向に対するフラックス・バルブの角度によって変化するので、３個のコイルに発生する電圧の組み合わせによって、地磁気の磁場の方向とフラックス・バルブの角度を知ることができる。

400Hz で励磁されたフラックス・バルブは 800Hz で励磁されたシンクロ発信機（次章で説明する）と同じに考えてよい。シンクロ発信機のロータに相当するものは地磁気の磁場である。

フラックス・バルブはフィールド・センサ（Magnetic Field Sensor）とも呼ばれ、広く用いられている。

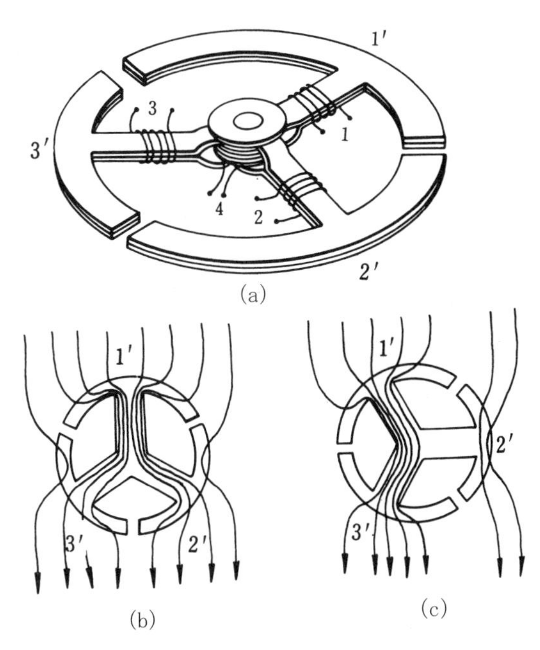

図 9-14　フラックス・バルブ

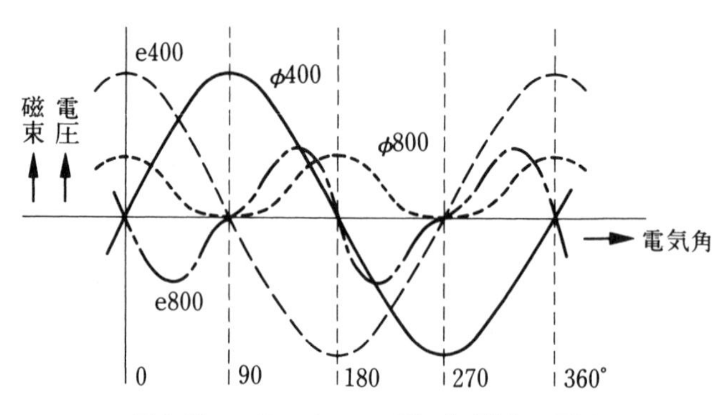

図 9-15　フラックス・バルブの磁束・電圧

9-6-3　ジャイロシン・コンパスの作動

図 9-16 に 1 つの例を示した。図中に 2 段で書かれた数字は、上段がジャイロシン・コンパスが安定して作動し正しい方位を指示している場合の各部分の信号（角度信号）を示し、下段の数字はジャイロ（DG）にドリフトが生じ、その修正が行われる前の各部分の信号を示している。

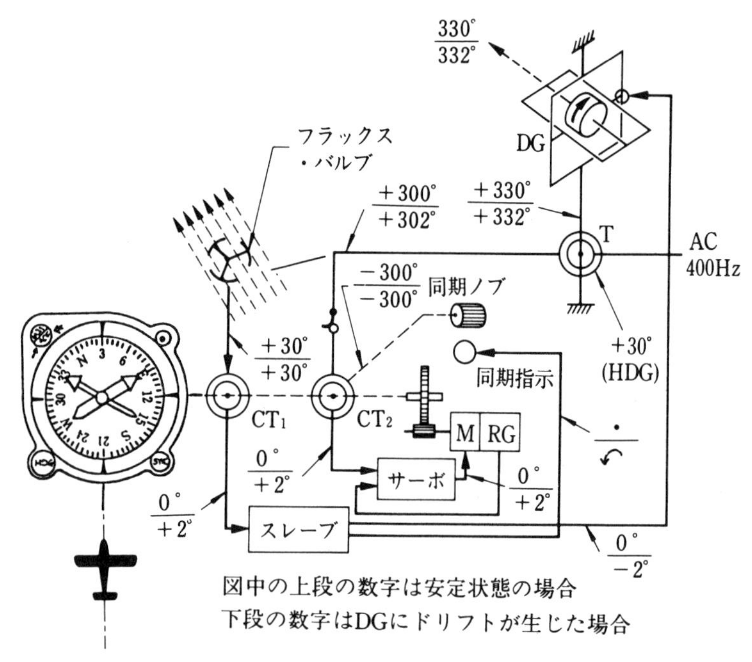

図 9-16　ジャイロシン・コンパス

また、全体の作動の概略として、DG の方位出力シンクロ T がシンクロ CT_2 に入力されコンパスカードを動かし方位を指示する。DG がドリフト等によって、コンパス・カードとフラックス・バルブの信号に差異が発生するとシンクロ CT_1 の出力がスレービング・アンプに入力され、その出力により DG のドリフトを修正しフラックス・バルブからの磁方位信号とコンパス・カードの磁方位を一致させている。

a．安定して作動している場合

① フラックス・バルブから磁方位 30° の電気信号が送られる。

② コンパス・カードは 30° を指示しており、コンパス・カード軸に取り付けられたシンクロ CT_1 の出力は 30° − 30° = 0° である。したがって、スレービング・アンプの入力は 0° であり出力はない。

③　そのため、DGをスレーブするトルクは発生しない。

④　DGは、この例ではロータ軸が330°の方向を向いており、機体が30°の方向を向いているため、DGの方位出力シンクロTから330°－30°＝300°の信号が発信されている。

⑤　同期ノブによって、シンクロCT_2が－300°の修正を行うようにセットしてあるため、CT_2の出力は0°となっている。

⑥　そのため、サーボ・アンプの入力、出力はなく、この状態が保たれる。すなわち機首方位30°で飛行中であることが指示される。

b．DGになんらかの原因で＋2°のドリフトが生じた場合

①　DGに＋2°のドリフトが生じたため、CT_2の入力は302°になる。

②　CT_2は－300°の修正を行うようにセットされているので、CT_2の出力は＋2°になる。

③　したがって、サーボ・アンプの入力は＋2°となり、コンパス・カードは32°を指示する。

④　コンパス・カードが32°になったため、CT_1の出力は32°－30°＝＋2°となる。

⑤　したがって、スレービング・アンプの入力が＋2°となり、その出力によってDGは＋2°のドリフトが修正され330°となる。

⑥　そして、コンパス・カードも30°を指示するようになる。

⑦　以下a項の状態になる。

c．航空機が機首方位を変えた場合

①　フラックス・バルブの出力が新しい機首方位の信号を発信する。

②　同時に、DGの方位出力シンクロTから、新しい機首方位に相当する角度信号が発信されるが、CT_2で－300°の修正が行われているので、CT_2の出力は機首方位の変化分に相当する角度信号が発信される。

③　この信号によってサーボ・アンプが作動し、コンパス・カードは新しい機首方位を指示する。

④　コンパス・カードが新しい機首方位になると、CT_1の出力は0°となり、a項の状態に入る。すなわち新しい機首方位を指示して安定状態になる。

この例では、DGに＋2°のドリフトが生じた場合について説明したが、実際には、ドリフトがこのように大きくなる前に修正されるので問題はない。

9-7　まとめ

(1)　地磁気には、各地点で特有の偏角、伏角および水平分力があり、これを地磁気の3要素と呼ぶ。

(2)　磁気コンパスは、磁針にコンパス・カード、フロートを取り付けたものがピボット軸受けで支えられており、これによって地磁気を感知し、機首方位が示される。

(3)　コンパス・カードなどの可動部分は、コンパス液に浸されており、浮力によってピボット軸受部の荷重を軽減し、摩擦誤差と軸受の摩擦の軽減、ならびに可動部分の不要な振動の抑制を行っている。

⑷　コンパス・カードはインテグラル・ライトによって照明できるように作られている。インテグラル・ライトへの配線は、電流による磁場によって指示誤差を生じないように、より線か同軸線が用いられている。

⑸　磁気コンパスには自差修正装置が取り付けられている。

⑹　磁気コンパスには、静的誤差（半円差、四分円差、不易差）および動的誤差（北旋誤差、加速度誤差、渦流誤差）がある。

⑺　静的誤差の要素３つを加えたものを自差と呼んでいる。

⑻　不易差は、磁気コンパスの取り付け（機体への）を調節することで修正できる。

⑼　半円差は自差修正装置で修正できる。

⑽　四分円差は、軟鉄棒などを機体に取り付けることによって修正できるが、通常の整備では不要である。

⑾　動的誤差は修正できない。

⑿　静的誤差および動的誤差は、磁気コンパス自体の誤差ではなく、機体に取り付けた場合の航空機というシステムの誤差である。

⒀　磁気コンパスの自差修正には直接修正および係数を用いる方法がある。

⒁　自差修正を実施した後は、自差を測定し、自差カードを作り、磁気コンパスの近くに取り付ける。

⒂　遠隔指示コンパスは、フラックス・バルブによって感知された地磁気の方位情報（電気信号）をDG によって安定化し機首方位の指示を行っている。したがって北旋誤差、東西誤差、渦流誤差は取り除かれる。

⒃　フラックス・バルブは計器板から離れた、翼端、胴体後部などに取り付けるので、半円差、四分円差はほとんど生じない。

⒄　フラックス・バルブは、その励磁電圧の周波数の２倍の周波数の電圧で励磁されたシンクロ発信機に相当する。

（以下、余白）

第10章　電　気　計　器

10-1　概　要

この章は電気計器としたが、電圧計、電流計といった電気計測器の構造や結線は講座９「航空電子・電気の基礎」で学んでもらうことにして、ここではシンクロ、レート・ゼネレータ、サーボなど航空機に広く用いられている電気的な機能部品に関することを述べる。

シンクロ、サーボなどが使用されたものには

(1)　各種ジャイロ計器

(2)　RMI 、HSI 、ADI

(3)　コンパス・システム

(4)　VOR 、ADF 、気象レーダ、電波高度計

(5)　高度計、速度計、昇降計（エア・データ・コンピュータを使用したもの）

(6)　圧力、温度、液量、流量、回転速度、EPR などの計器

(7)　各種の位置、角度計

(8)　自動操縦装置

(9)　各種の制御機器

などがあり、航空機の計器、制御機器の**全分野に浸透**している。

シンクロ、サーボなどは、算数を学ぶ場合の九九に相当するような関係にある。九九を知らなくても乗算はできるが（計算では電卓があるが、航空計器に電卓に相当するものはない）、非常に能率が悪い。そのため、この章を最初に読むのもひとつの能率のよい学習方法であると考える。

私たちが気楽に納得して買物ができるのも九九を知っているからであると考えられる。

10-2　シンクロ

シンクロは、電動機や発電機と同じように、固定子および回転子から構成されており、情報（回転角、回転力）の伝送を目的とした電気機械である。

原理的な構造は、回転子に１次巻線、固定子側に２次巻線を有する回転変圧器であり、２次側に

は１次側回転子の回転角に応じた大きさの正弦波交流が生じるように作られている。

航空計器用として作られているシンクロは、400Hz で使用されるものが多く、固有トルク率（10-2-5 項参照）は数グラム・センチメートル程度以下のものが多いが、精度は数分〜十数分のものである。

10-2-1　シンクロの構造

シンクロは交流発電機（電動機）に似た構造になっている。

図 10-1 にシンクロの構造を示した。固定子は、積層鉄芯に互いに 120°　へだてた３個の巻線を施したもので、３相交流発電機の固定子と全く同じである。実際に用いられているものは図 10-2 に示したように、鉄芯に多数の溝があり、その溝に巻線が施されている。図 10-2 では１個のコイルだけが示されているが、同じものが互いに 120° へだてて３個ある。回転子はＩ字型またはＹ字型（差動シンクロの場合）の積層鉄芯に巻線（１個または３個）を施し、巻線の端はスリップ・リングに接がれている。鉄芯、コイル、スリップ・リングはベアリングで支持され、固定子内で自由に回転できるように組み立てられている。

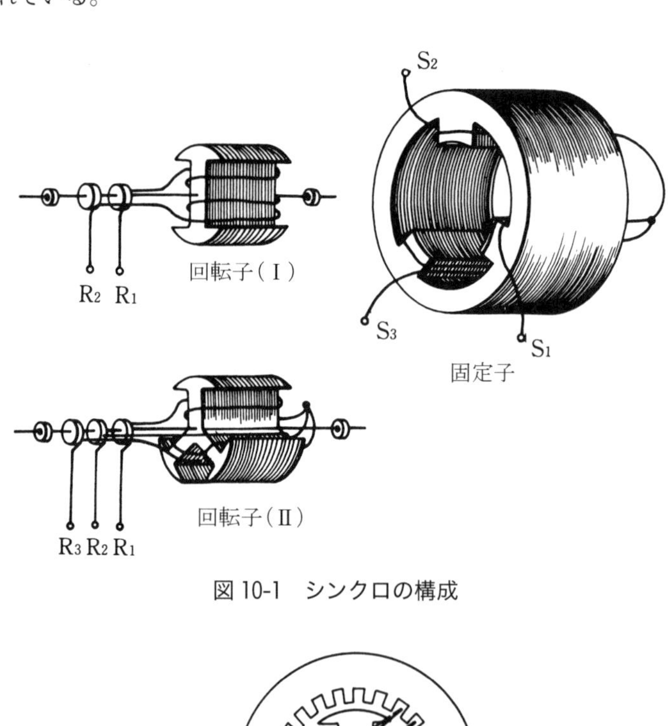

図 10-1　シンクロの構成

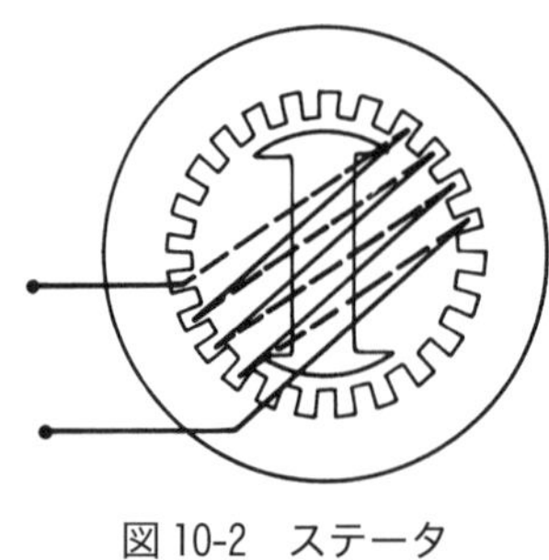

図 10-2　ステータ

10-2-2　シンクロの分類

シンクロは、その機能により次の５つに分類することができる。

⑴　シンクロ発信機

⑵　シンクロ受信機

⑶　差動シンクロ発信機

⑷　差動シンクロ受信機

⑸　コントロール・トランス

a．シンクロ発信機（Synchro Transmitter）

シンクロ発信機（図 10-3 、10-4 参照）は Synchro Generator とも呼ばれ「T」または「G」の記号で表される。ロータは交流電圧により励磁され、直接または歯車を通して機械的に、角度またはトルクを伝達しようとする**機械に結合**される。

b．シンクロ受信機（Synchro Receiver）

シンクロ受信機は Motor Follower 、または Repeater とも呼ばれ、「R」または「M」の記号で表される。航空計器として用いられる場合には、ロータの出力軸には指示器の指針などの**軽い負荷**が結ばれる。電気的には、シンクロ受信機はシンクロ発信機と同じであるが、指針などの不要な振動を防止するため、ダンパーが取り付けられている場合が多い。またシンクロ発信機は機械などにより機械的に駆動されるため、ロータの回転に対する摩擦は、特に小さくする必要はないが、シンクロ受信機の場合には、摩擦による誤差を小さくするため、ロータの回転に対する摩擦は極力小さくなるように作られている。

このように、シンクロ受信機は特別な構造になっているため、シンクロ発信機で代用することはできない。しかし、シンクロ発信機をシンクロ受信機で代用することは可能である。

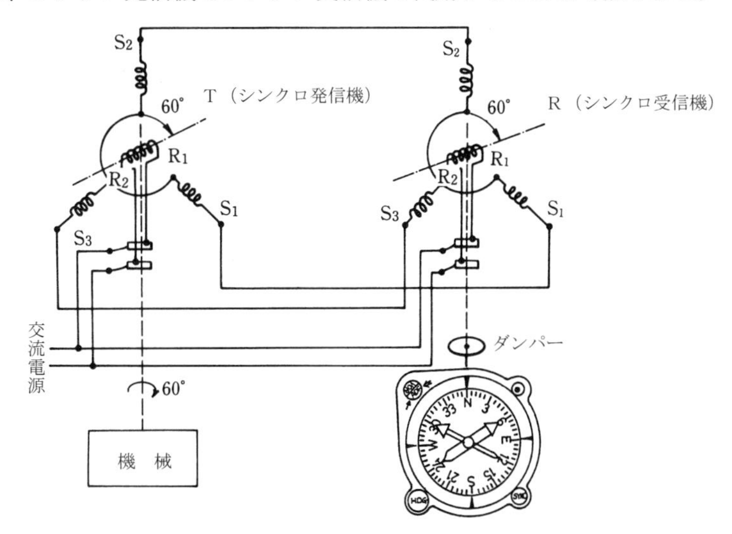

図 10-3 シンクロ発信機と受信機

図10-3　シンクロ発信機と受信機

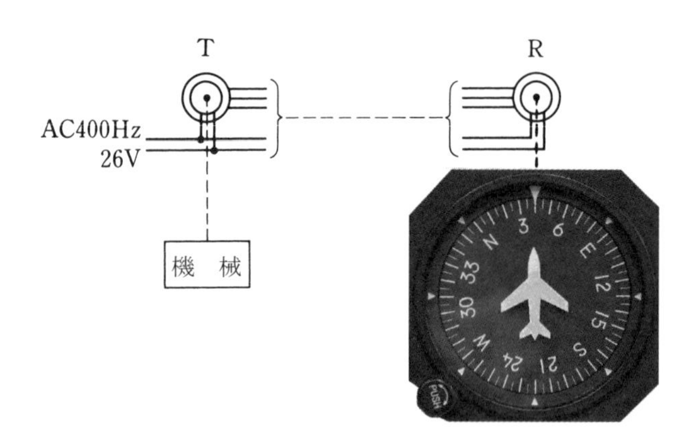

図 10-4　シンクロの記号

c．差動シンクロ発信機（Differential Synchro Transmitter）

差動シンクロ発信機（図 10-5 参照）は Differential Synchro Generator とも呼ばれ「DG」の記号で表される。DG には、2 つの入力があり、**1 つは機械的な入力であり、他の 1 つは電気的な入力である**。出力はこれら 2 つの入力の差（または和、この場合は接続変更が必要）を示す**電気的な出力**である。

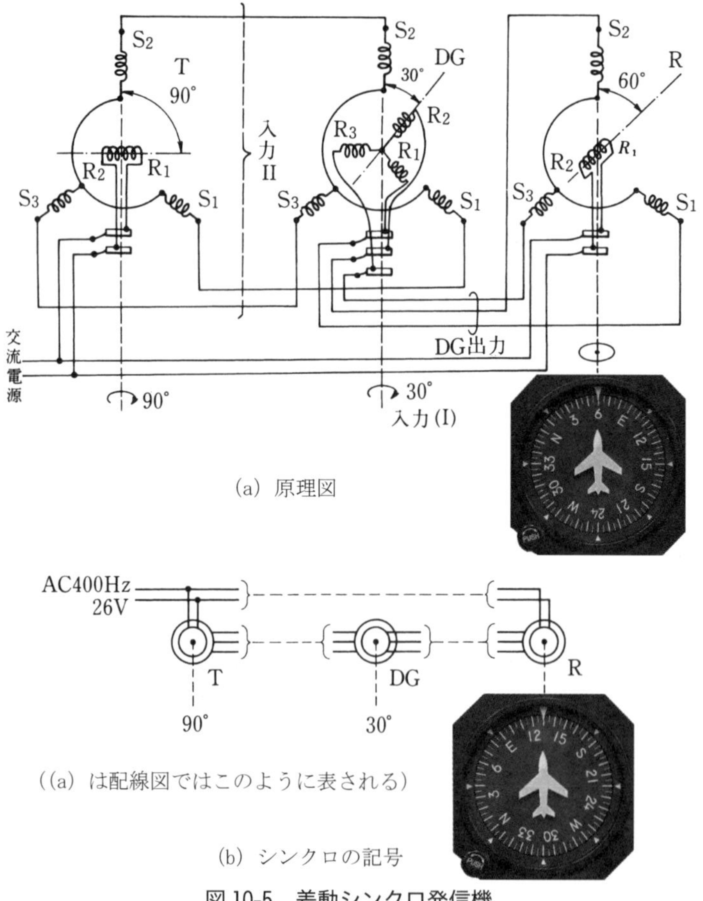

（a）原理図

（(a) は配線図ではこのように表される）

（b）シンクロの記号

図 10-5　差動シンクロ発信機

d．差動シンクロ受信機（Differential Synchro Receiver）

差動シンクロ受信機（図 10-6）は Differential Synchro Motor とも呼ばれ「D」の記号で表される。電気的には、差動シンクロ受信機は、差動シンクロ発信機と同じであるが、ダンパーが付けられているものが多く、またシンクロ受信機の場合と同様に、ロータの回転に対する**摩擦は極力小さく**なるように作られている。差動シンクロ受信機の**２つの入力は、いずれも電気的な入力**であり、**出力は機械的なもの**である。

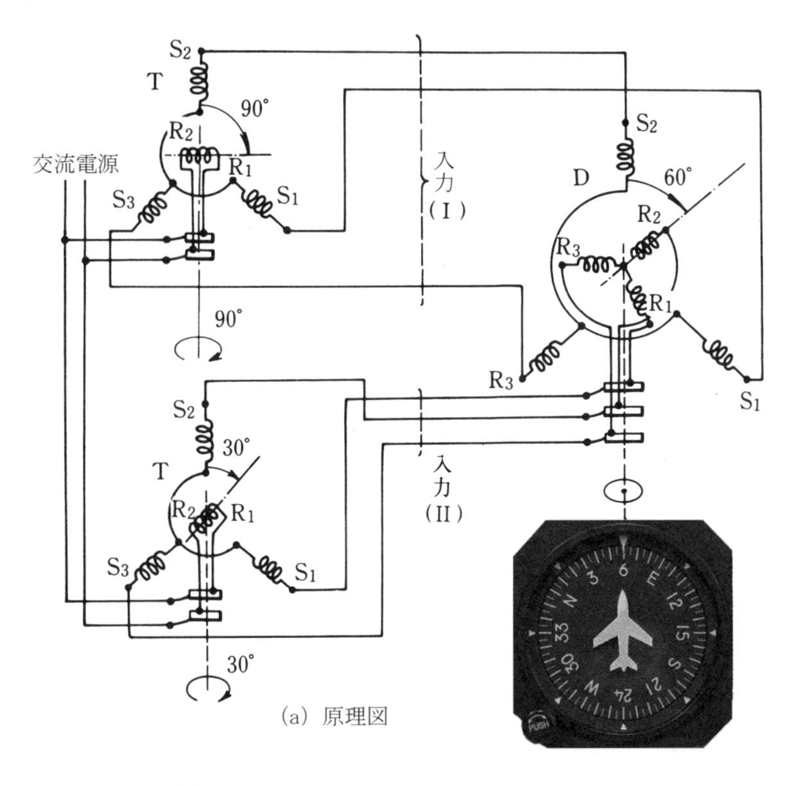

(a) 原理図

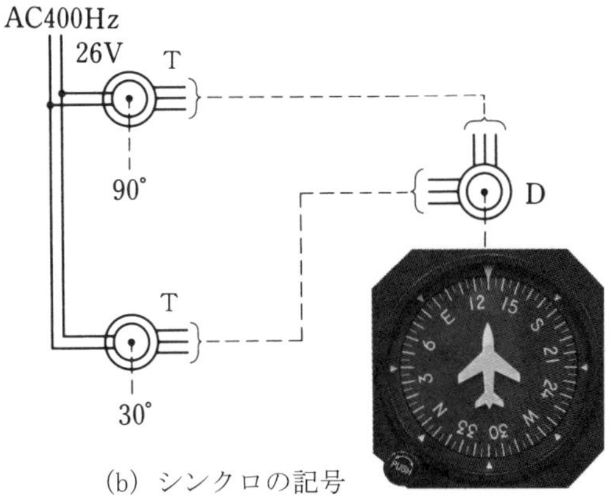

(b) シンクロの記号

((a) は配線図ではこのように表される。)

図 10-6　差動シンクロの受信機

e．コントロール・トランス（Control Transformer）

コントロール・トランス（図10-7）は「CT」の記号で表される。

固定子巻線に入った入力電圧により回転子巻線に電圧が発生される。この電圧は、固定子巻線に入った入力電圧に含まれた情報によって決まる**磁場の方向および向きに対する回転子の角度によって大きさおよび位相が決まる。**この電圧は誤差電圧と言われる。誤差電圧は、固定子によって作られた磁場の方向と回転子が直角な場合に0となる。誤差電圧は、サーボ増幅器によって増幅され、モータに入り、目的とする機械が駆動される。

機械に結合された、コントロール・トランスのロータが平衡位置に達すると、誤差電圧は0となり、モータは停止する。回転子の巻線は、大きい誤差電圧が発生するように、細い線を用いて、**巻回数を**多くしている。

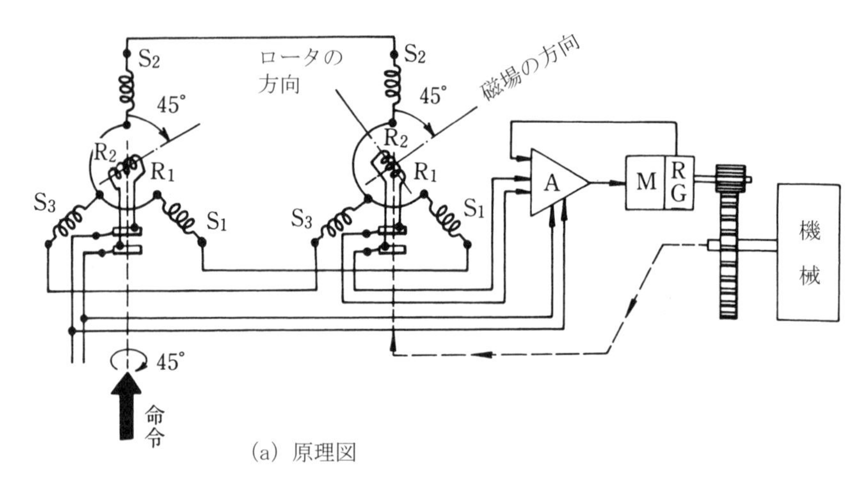

（a）原理図

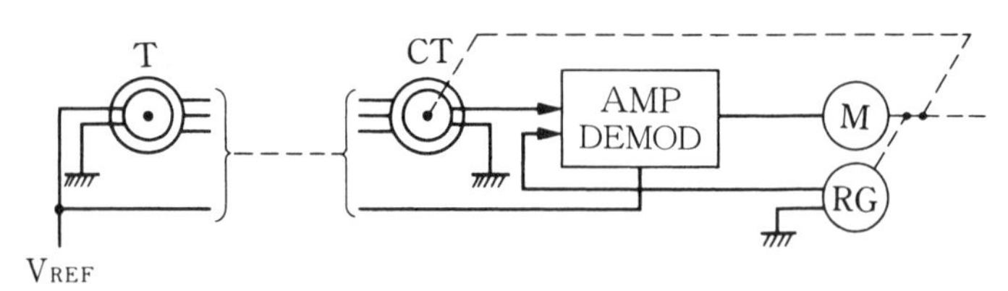

（b）シンクロの記号

AMP DEMOD…増幅位相弁別
M……DCモータ
RG……レート・ゼネレータ
V_{REF}……基準位相電圧

（(a) は配線図ではこのように表される）

図10-7　コントロール・トランス

10-2-3　シンクロの作動原理

図 10-8 に、交流電源によって励磁されたシンクロ発信機Ｔ、および、それに接続されたシンクロ受信機Ｒを示した。ＲもＴと同じ交流電源によって励磁されている。シンクロを利用する場合は、コントロール・トランスを用いる場合を除き、シンクロ発信機とシンクロ受信機は常に同じ交流電源によって励磁される。

以下の説明では、励磁状態の半サイクルのみについて考える。逆の半サイクルでは、すべての極性を逆にすればよい。Ｔの固定子巻線には交流電圧が発生し、Ｒの固定子巻線を通じて電流が流れる。この場合、**発生する電圧の極性は、この電圧により電流が流れた場合に、この電流により発生する磁場が、回転子により発生されている磁場を打ち消すような極性**となる（レンツの法則）。したがってＲの固定子内には図に示したような磁場が発生する。そのためＲの固定子内に、同じ電源で励磁された回転子を置けばＲの回転子は、Ｔの回転子と同じ方向および向きで静止する。

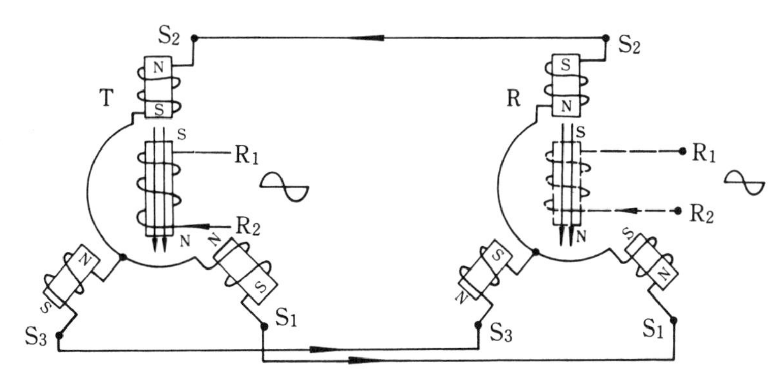

図 10-8　シンクロの作動原理

10-2-4　シンクロの回転力（Torque）

シンクロは、一般に平衡位置の付近で使用されるため、シンクロの回転力の特性は、平衡位置付近について考えることが重要である。シンクロ受信機の回転子を、平衡位置から左右にずらせた場合に発生する回転力は図 10-9 に示したように正弦波状になる。**平衡位置付近**では、発生する回転力は平衡位置から変位した**角度にほぼ比例する**ので、回転力の特性は cm-g/1°　または inch-ounce/1° で表される。

あるシンクロ受信機が発生する回転力は、これに接続された発信機の大きさによって変わる。そのためシンクロの回転力特性は**同一シンクロを発信機および受信機として使用した場合の特性**で定めている。これを**固有トルク率**（Unit Torque Gradient）と呼んでいる。

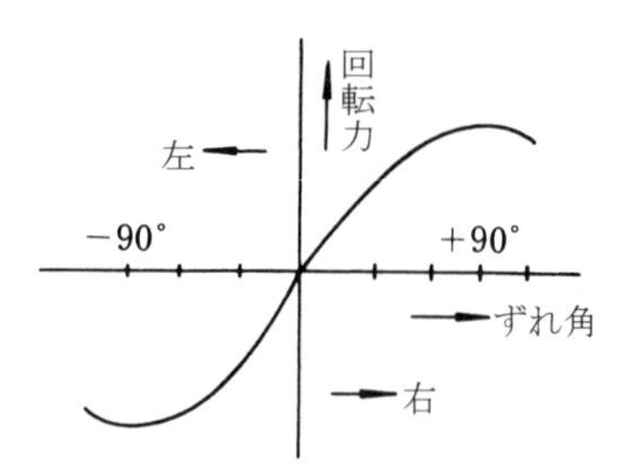

図 10-9　シンクロの回転力

10-2-5　差動シンクロの作動原理

図 10-10 は差動シンクロ受信機Ｄが、２個のシンクロ発信機 T_1 および T_2 から送られてきた情報 135° および 90° の差として 45° を求めていることを示している。Ｄの固定子内には T_1 の回転子の角度と同じ角度（135°）の磁場 H_S が発生する。またＤの回転子は、T_2 の回転子の角度と同じ角度（90°）の H_R 方向に磁化される。したがって、**Ｄの回転子は、H_S と H_R の方向および向きがともに一致する角度（45°）で静止**する。

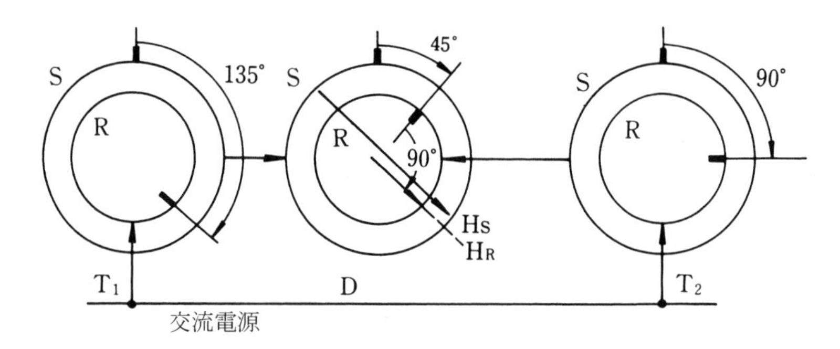

図 10-10　差動シンクロの作動原理

（以下、余白）

10-2-6　シンクロの接続変更

シンクロ発信機と、シンクロ受信機の間の接続を変更することによって送受信間の角度に差を設け、または回転方向を逆にすることができる。図 10-11 に数例を示した。

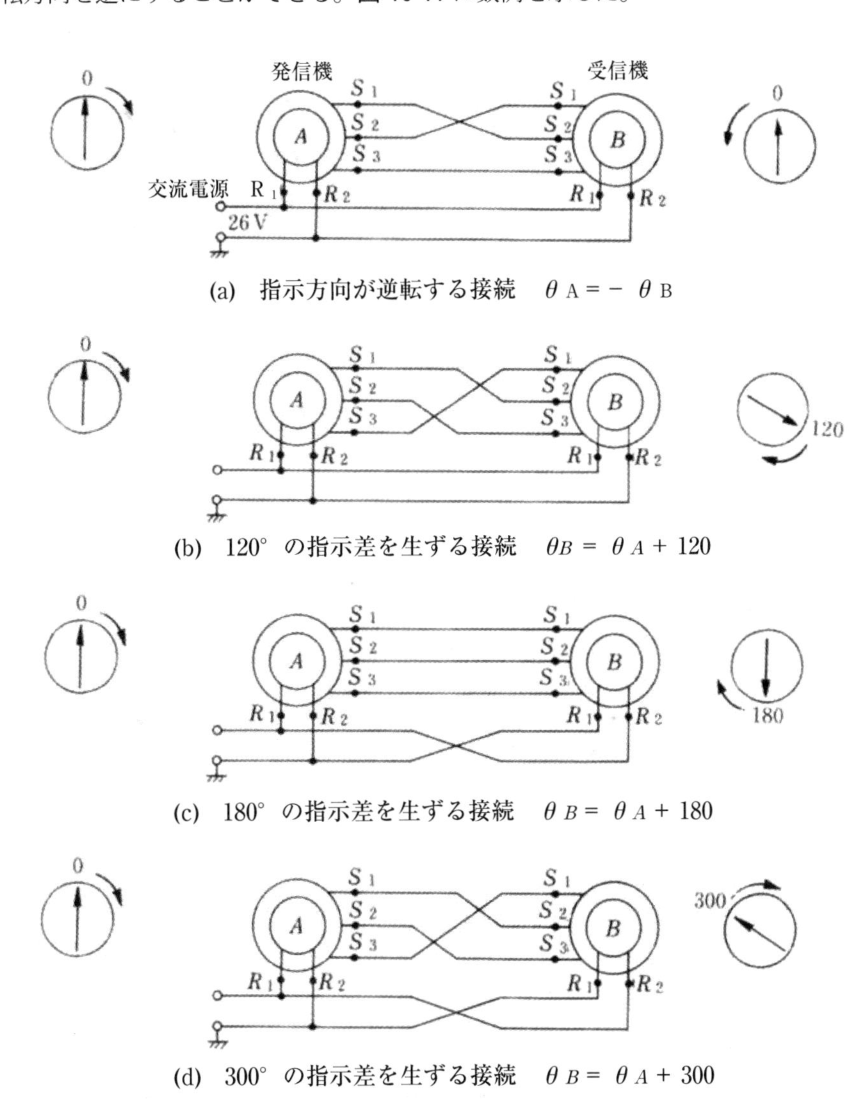

(a)　指示方向が逆転する接続　$\theta_A = -\theta_B$

(b)　120°の指示差を生ずる接続　$\theta_B = \theta_A + 120$

(c)　180°の指示差を生ずる接続　$\theta_B = \theta_A + 180$

(d)　300°の指示差を生ずる接続　$\theta_B = \theta_A + 300$

図 10-11　シンクロの接続変更

10-2-7　EZ（Electrical Zero）

シンクロ発信機、またはシンクロの受信機のEZは、回転子と固定子の相対的位置に関する語である。EZはシンクロを多数用いた系統の設計、修理、調整などを行う場合に必要となる重要なものである。

EZは図10-12に示したように、回転子を交流電圧によって励磁した場合

(1)　固定子の端子 S_1 － S_3 間の電圧が0となり

(2)　回転子の端子 R_1 と固定子の端子 S_2 の電圧が同相

となるような回転子の位置である。私たちは電圧計を使用する場合に、まず指針の機械的ゼロを確認または調整した後に電圧を測る。EZはシンクロで**角度の送受を行う場合に基準となる位置**である。

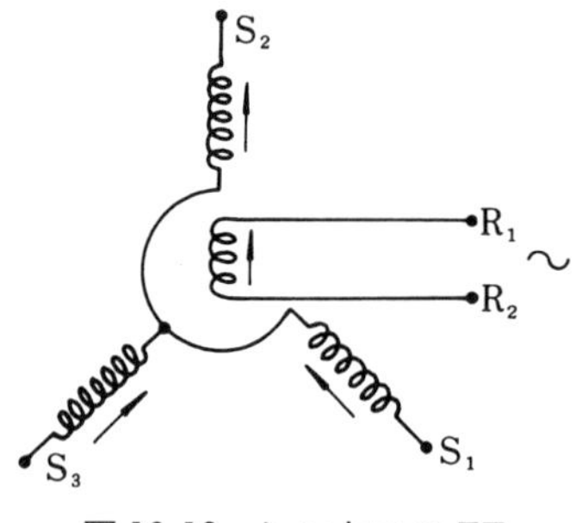

図10-12　シンクロのEZ

10-3　交流レート・ジェネレータ（AC Rate Generator）

交流レート・ジェネレータは、２相誘導電動機と同じ構造の交流発電機である。交流レート・ジェネレータは、これを励磁する交流電源と**同位相**で、回転子の**回転速度に比例**した交流電圧を発生させる目的で作られた一種の交流発電機である。交流レート・ジェネレータは、交流サーボ・システムに**粘性制動を与えるため**に広く用いられている。

図10-13に交流レート・ジェネレータの原理を示した。互いに直角に配置された２組の固定子巻線

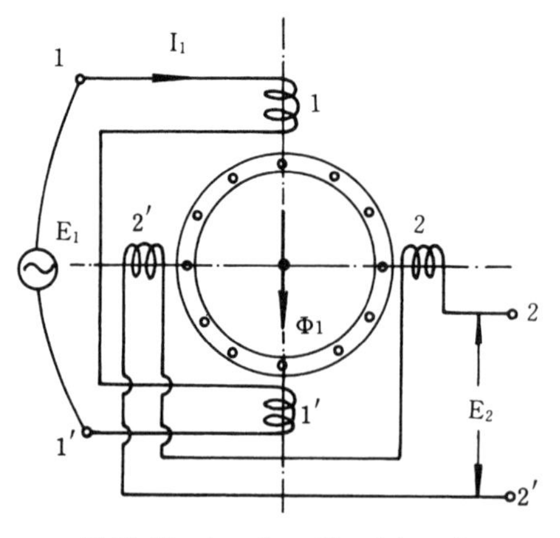

図10-13　レート・ジェネレータ

1－1′ および2－2′ の一方の組1－1′ を交流電源に接続すると、コイル1－1′ には電流I_1が流れ、磁束Φ_1が発生する。回転子が静止している場合には、回転子の電流分布は、図 10-14 (a)に示したように（●印の大きい所は電流が大きいことを示す）Φ_1を軸として対称に分布するため、巻線2－2′ には電圧は発生しない。しかし回転子が回転している場合には、コイル1－1′ の下の部分にきた回転子の導体はΦ_1を切るため電圧を発し、この電圧によって図 10-14 (b) に示したような電流が流れ、この電流による磁束ϕが発生する。この磁束はコイル2－2′ と交るためコイル2－2′ に電圧が発生する。

図 10-15 に交流レート・ジェネレータの実用例を示した。この例は、コンパス・カップラと言われるもので、コンパス・システムから送られてきた機首方位信号を、他の多くのシステムへ分配する装置である。

コンパス・システムから送られてきた機首方位信号は、コンパス・カップラのコントロール・トランス CT のステータに入る。CT のロータに発生した誤差電圧は、サーボ増幅器Aによって増幅され、サーボ・モータMを駆動し、CT の誤差電圧が0になったところで停止する。CT のロータ軸にはシンクロ発信機T_1、T_2……T_5が結合されており、これらのステータから各システムへ機首方位信号が送り出される。交流レート・ジェネレータ RG はサーボ・モータMに直結されており、その出力はサーボ増幅器 A に接続され、サーボ・システムがオーバ・シュートすることを防止している。

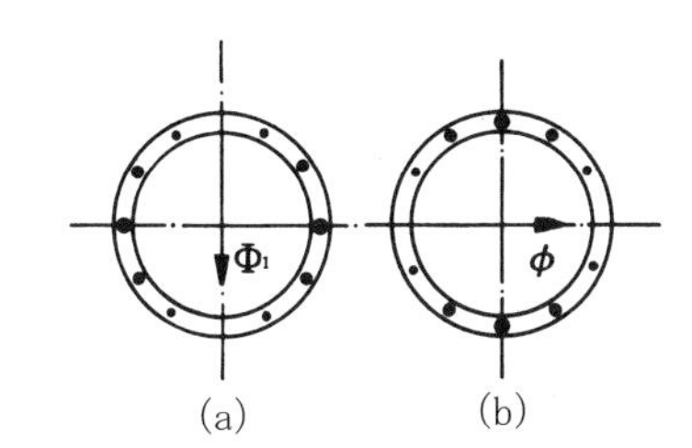

図 10-14　レート・ジェネレータのロータの電流分布

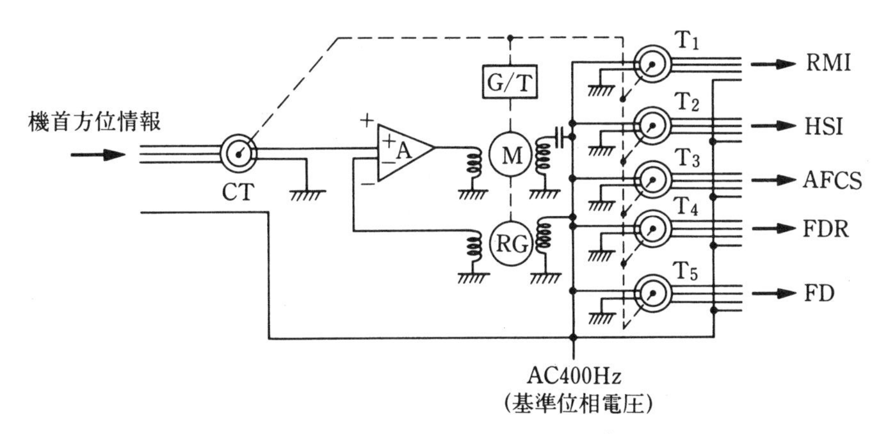

図 10-15　レート・ジェネレータの応用

10-4　サーボ（Servo）

サーボは命令に応じ、これを遂行する能力をそなえた装置である。図 10-16 にサーボの一例を示した。この例は、ノブKの操作によって命令を発し、機械的な出力軸を、命令どおりに回転させるためのものである。このサーボは次のように作動する。

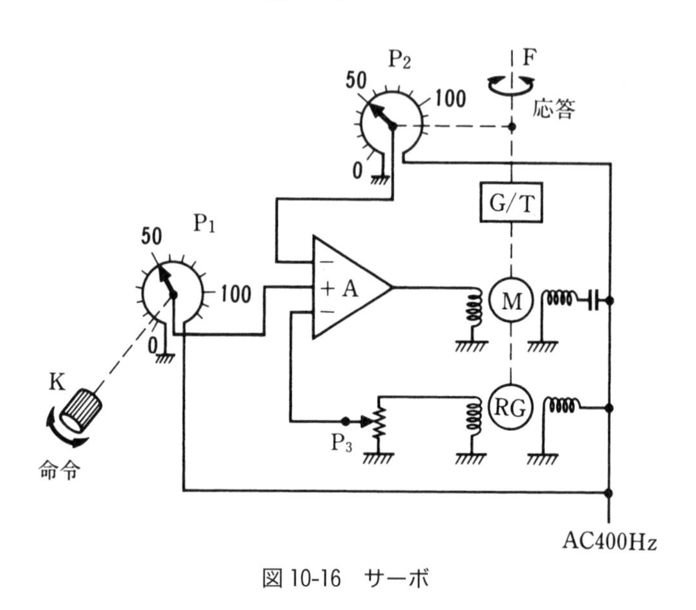

図 10-16　サーボ

(1)　Kによって命令（50°）が与えられる。

(2)　ポテンショメータ P_1 によって、交流電圧が分圧され、50° に相当する交流電圧がサーボ増幅器Aに入る。

(3)　この交流電圧は、Aによって増幅され、サーボ・モータMが駆動され、歯車列 G/T（Gear Train）を通して出力軸Fが回転を始める。

(4)　Fに結合されたポテンショメータ P_2 によって、交流電圧が分圧され、Aに入る。この入力は P_1 からの入力を打ち消すように作用する。

(5)　Fが 50° まで回転すると、P_1 からの入力は P_2 からの入力で相殺されMは停止する。

(6)　交流レート・ジェネレータ RG の出力は、ポテンショメータ P_3 で分圧され、適切な電圧がAに入る。この電圧によってサーボがオーバ・シュートすることが防止される。

RG からの信号（サーボ・モータの回転速度に比例した大きさの信号）がない場合には、図 10-17 に示したように、Fは 50° を中心として振動しながら 50° に近づいていく。RG からの信号を P_3 で分圧して適切な大きさの電圧にしてAに入れると、オーバ・シュートすることなく、最も早く 50° に達するようにすることができる。

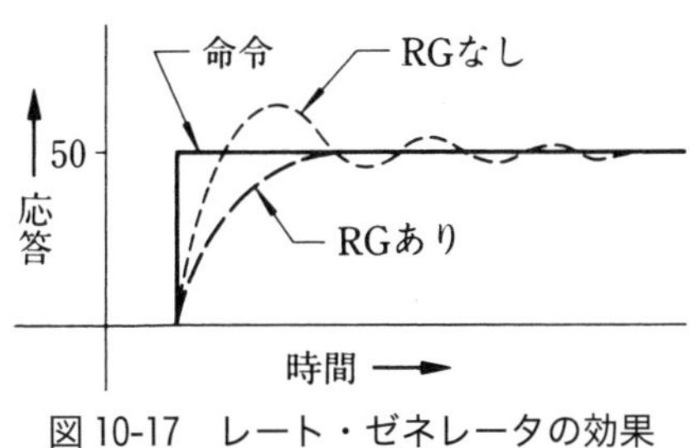

図 10-17　レート・ゼネレータの効果

10–5　デシン（DC Synchro）

10-5-1　磁場に置かれた軟鉄片、磁針のふるまい

図 10-18 は、永久磁石Mによって作られた磁場の中に軟鉄片Pを置いた場合に、安定した2つの状態があることを示している。図 (a) ではPのA端がMのN極に近づいて静止しているが図 (b) ではA端がS極に近づいて静止し、いずれも安定した状態となっている。このように軟鉄片は磁場に置かれた場合に、**2つの安定状態を作る**。したがって軟鉄片で磁場の様子を知ろうとした場合には、磁場の方向は知れるが、磁場の向きを知ることはできない。

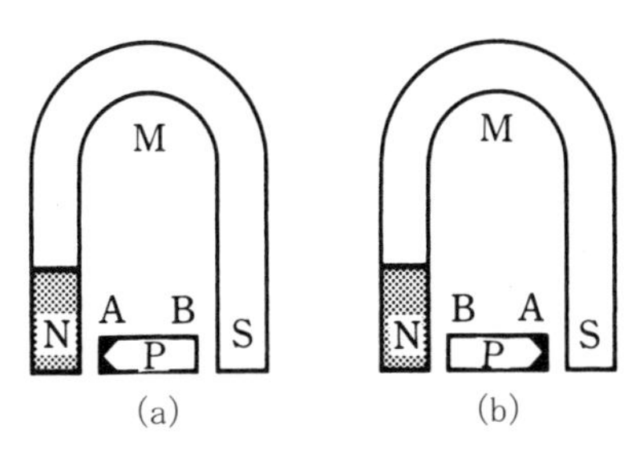

図 10-18　磁場の中の軟鉄片

図 10-19 は、永久磁石Mによって作られた磁場の中に磁針mを置いた場合の**安定状態は1つ**であることを示している。この場合にはmのN極はMのS極に近づいた状態がただ1つの安定状態である。したがって磁針を用いて磁場の様子を調べた場合には、磁場の方向および向きが確定する。このことは私たちが磁石（ハイキング用の磁石）を用いて東西南北を知ることで日常しばしば用いている。

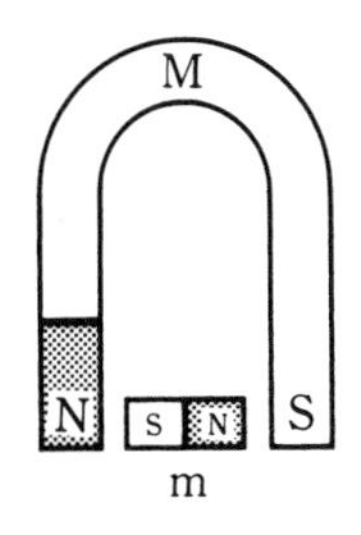

図 10-19　磁場の中の磁針

10-5-2　角度の伝送

前節で説明したように、磁場に置かれた磁針は磁場の方向および向きによって定まる 1 つの安定状態で静止する。このことを利用して角度の伝送を行うことができる。図 10-20 は 2 個のコイル、磁針、可変抵抗器などを用いて角度を遠くまで伝送する装置である。2 つのコイル 1 および 2 の中心線が交る点に置かれた磁針mは 1 、2 によって作られた磁場の合成磁場の方向および向きを示す。コイル 1 、2 に流れる電流は、可変抵抗器 VR の摺動片の位置（角度）によって決まる。したがって予め θ_1 と θ_2 の関係を調べておけば、θ_2 を知ることによって θ_1 を知ることができる。すなわち角度を遠くまで伝送することができる。

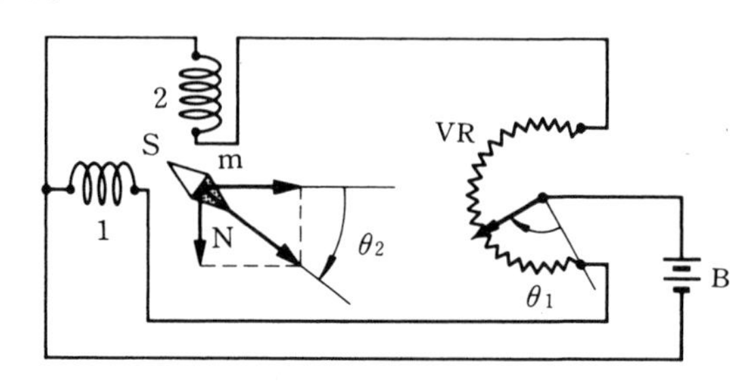

図 10-20　角度の伝送

10-5-3　デシンの原理

デシンは前節で説明したことを利用して**角度の遠隔指示**を行う装置である。図 10-21 にデシンの例を示した。発信器（可変抵抗器）の摺動片の位置（角度）θ と、3 つの出力端子 1 、2 、3 の間に現れる電圧 E_{1-2} 、E_{2-3} 、E_{3-1} の関係は同図 (b) に示したように変化する。そのため**指示器内の磁場（方向、向き）は θ とともに回転**するので、そこに置かれた磁石は磁場とともに、したがって摺動片とともに回転する。磁石には指針が付けられており、その指針によって発信器の摺動片の位置（角度）を知ることができる。

デシンの場合には、電源電圧（直流電圧）が変動しても、指示器内に作られる磁場は、大きさが変わるだけで、方向、向きは変わらない。すなわち一種の**比率作動型**の計器であり、電源電圧の変動に対しては誤差はほとんど現れない。

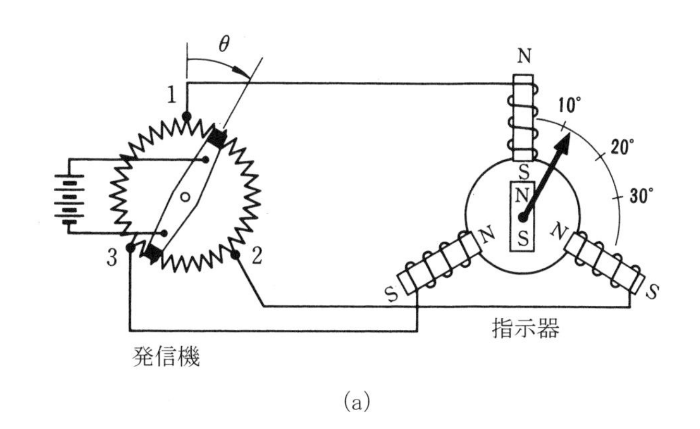

(a)

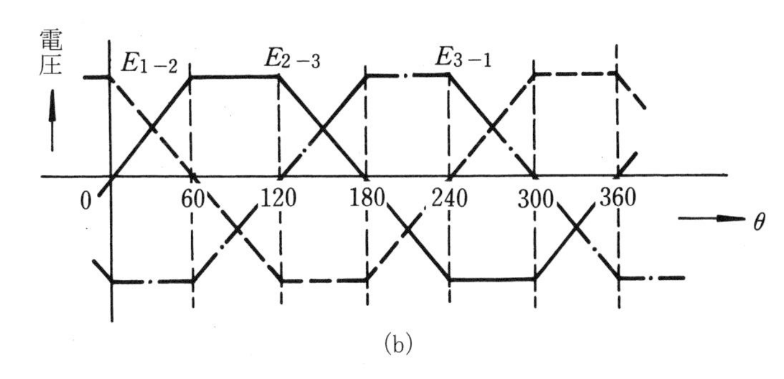

(b)

図 10-21 デシン

10-6 マグネシン（Magnesyn）

マグネシンも、シンクロ、デシンと同じように、**角度を電気的に伝送する装置**である。作動原理は、前章の 9-6-2 で説明したフラックス・バルブによく似ている。フラックス・バルブの場合には、磁場は地球の磁気によって作られた磁場であったが、マグネシンの発信機の場合には、固定子の内部に自由に回転できるように組み立てられた磁石によって作られた磁場である。

図 10-22 にマグネシンの例（発信機および受信機）を示した。発信機および受信機は、全く同じ構造であり、固定子に施された巻線は、開放デルタ（Open Delta）巻線になっており、開放端子から交流電圧（通常 400Hz）によって飽和励磁されている。励磁電圧の周波数と同じ周波数の電圧成分は送受信機ともに全く同じに分布するが**励磁電圧の周波数の2倍の周波数の電圧成分は、ロータ（磁石）の位置によって分布が変わる。**（9-6-2 参照）。したがって送信機、および受信機のロータが同じ位置になった場合が唯一の安定状態である。すなわち、**マグネシンは、その励磁電圧の周波数の2倍の周**

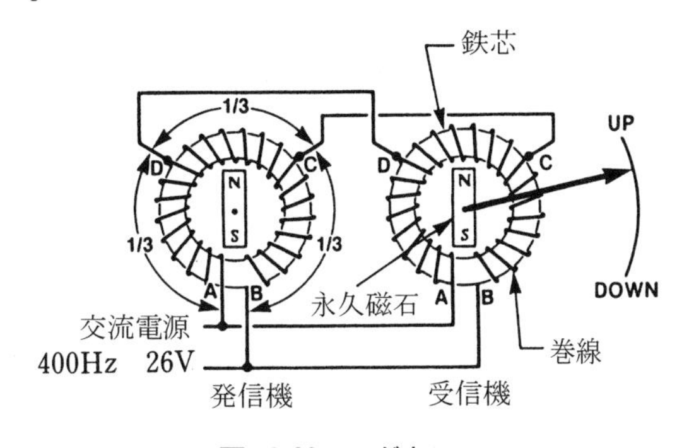

図 10-22 マグネシン

波数の電圧で励磁されたシンクロと同じように作動する。

10-7　超小型シンクロ

前に説明したシンクロ、マグネシンは回転部の重量が大きいため軸受の摩擦が大きくなる。またシンクロの場合には、スリップ・リングがあり、ロータの回転摩擦はさらに大きくなる。そのため、微小トルクで作動させることはできない。

この節で説明する超小型シンクロ（シンクロテルの名称が広く用いられている）では、ロータは軽い金属（アルミが用いられている）で作られた小さいリングのみで構成され（図 10-23 参照)、ロータの励磁は、外部から**電磁的な結合によって、ロータ（リング）に電流を流している。**したがって、スリップ・リングはなくロータ自体も極めて軽いため、微小なトルクでロータを回転させることができる。図 10-23 に構造と応用例を示した。交流電源に接続された励磁コイル 1 によって発生した磁束はロータ・リングに、電磁誘導によって、交流電流を発生させる。リング面は、ロータ軸に対して約 45° 傾いているため、リングに流れた電流によって発生した磁束は、ステータの巻線に電圧を発生させる。

したがって励磁コイルによって励磁されたリングは、一般のシンクロと全く同じ働きをする。超小型シンクロの出力（ステータ巻線に発生する電圧）は微弱であるため、図に例示したように増幅して利用している。

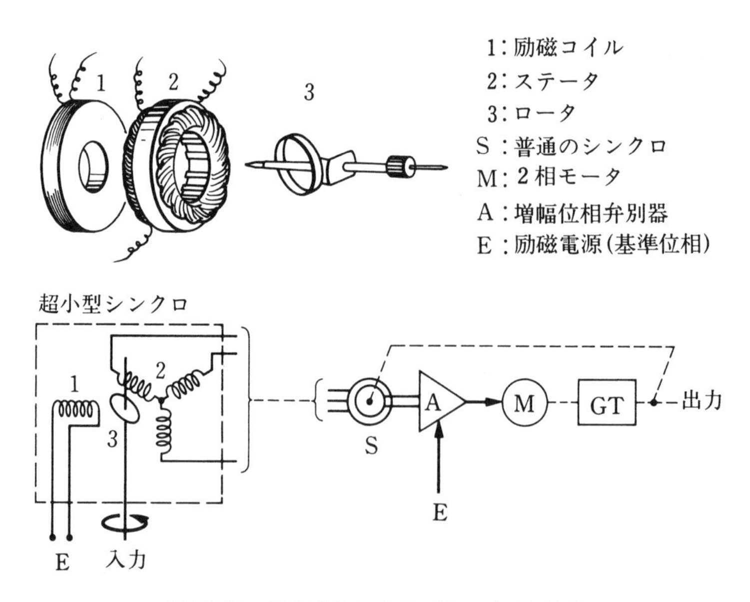

図 10-23　超小型シンクロ（シンクロテル）

10-8　まとめ

⑴　シンクロは、製造者によって異なった多くの名称があるが、「シンクロ：Synchro」が正式な名称である。

⑵　シンクロには、シンクロ発信機、シンクロ受信機、差動シンクロ発信機、差動シンクロ受信機およびコントロール・トランスがある。

⑶　シンクロは表 10-1 のような構成である。

　シンクロの回転力は、同じシンクロを発信機および受信機として接続し、平衡位置から 1° ずらせるために必要な回転力で表され、固有トルク率と言われる。

⑷　シンクロには EZ と呼ばれる位置があり、調整、修理などを行う場合に必要となる重要なものである。

⑸　シンクロは接続を変更することによって、送受間の角度に差を設けたり、角度を測る向きを逆にすることができる。

⑹　交流レート・ジェネレータは、励磁した交流電圧と同じ（または逆）位相で、ロータの駆動速度（回転速度）に比例した交流電圧を発生する発電機である。このような特性を利用し、サーボに粘性制動をかけるために用いられる。

⑺　サーボは命令にしたがって、これを正しく遂行する能力をそなえた装置である。そのため、サーボには増幅器（電気式、油圧式、空気式などがある）があり（命令を遂行する力を発生するため）、増幅器の入力には、命令（命令を聞き入れる）、フィードバック（命令をどの程度実行したかを知るため）レート・フィードバック（命令の内容から逸脱することを防止するため）の３つがある。

⑻　デシンは、可変抵抗器（発信機）によって、３つの電圧を送り、この電圧によって３つのコイル（受信機）に電流を流し、それらの合成磁場の方向および向きによって角度の伝達を行う装置である。デシンは比率型計器に属するもので、電源電圧（直流）の変動があっても指示値は変わらない。

⑼　マグネシンの作動原理はフラックス・バルブと同じである。フラックス・バルブの場合は地磁気によって外部から磁場がかけられるが、マグネシンの場合は内部の磁石によって磁場がかけられる。

⑽　超小型シンクロ（シンクロテル）は、ロータが非磁性金属のリングとなっており、励磁は電磁誘導によって行われている。したがってロータは軽く、スリップ・リングも不要であり、非常に小さいトルク（計器の指針を動かすトルクと同程度）でロータを回転することができる。しかし、出力が小さいので、受信側ではサーボ方式としなければならない。

表10-1　シンクロの構成

種類＼部品	ステータ		ロータ		記号
	鉄芯	巻　線	鉄芯	巻　線	
シンクロ発信機	積層鉄芯3相誘導電動機と同じ	互いに120°へだてた3個の巻線で、Y接続	I字型の積層鉄芯	1個の巻線で、2個のスリップ・リングに接続されている。	TまたはG
シンクロ受信機	〃	〃	〃	〃	RまたはM
差動シンクロ発信機	〃	〃	Y字型の積層鉄芯	3個の巻線がY接続され、3個のスリップ・リングに接続されている。	DG
差動シンクロ受信機	〃	〃	〃	〃	D
コントロール・トランス	〃	〃	I字型の積層鉄芯	巻線が多い1個の巻線で、2個のスリップ・リングに接続されている。	CT

（以下、余白）

第 11 章　その他の計器

11-1　概　要

他の章に素直に入れがたいものを集めてこの章を設けた。そのため、この章では各節の間には全く関連がなく、すべての節が独立したものになっている。

11-2　時　計（Clock）

航空機の始動および飛行において必要な計器として、時計（秒針を有す）が装着されている。時計は構造の違いから、

機械式ムーブメント指針表示

電気式指針表示

電気式デジタル表示

に分類される。

電気式時計は機体とは独立した内部電池を有しており、電池容量がなくならないよう注意しなければならない。また機体電源を用いる機体もある。なお、近年の大型機では GPS 受信機の Clock を用いることが多い。

時計のメカニズム・ブロック図の例（図 11-1 参照）

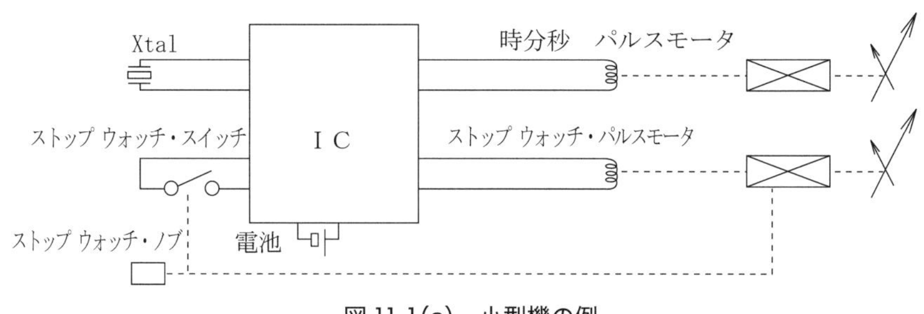

図 11-1(a)　小型機の例

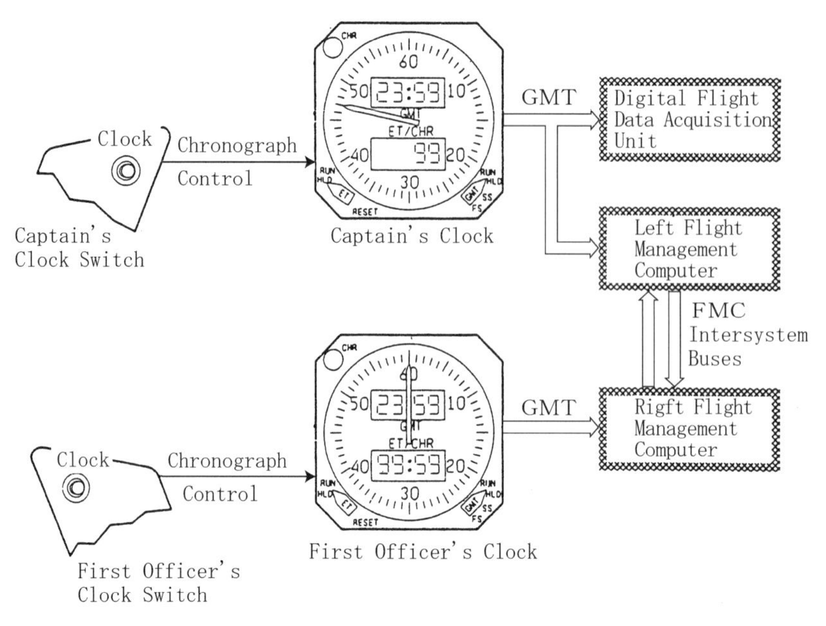

図 11-1(b)　大型機の例

11-3　滑り指示器（Slip Indicator）

滑り指示器は**傾斜計**とも呼ばれ、主に旋回飛行時の機体の滑りを知るために用いられており、旋回計に組み込まれているものが多い。

いま、ある航空機が時速 150 ㎞の速さで円形の経路となるように左旋回で飛行し、２分間で 360° 方向を変えたとすると、飛行経路の半径は 796m である。したがって、この航空機に生じる遠心力 F は、航空機の質量を M kgとすると（図 11-2 参照）

$$F = \frac{M\,〔\mathrm{kg}〕\times(41.7\,〔\mathrm{m/sec}〕)^2}{796\ \mathrm{m}}$$

$$\fallingdotseq 2.18M\,〔\mathrm{kg\ m\ sec^{-2}}〕$$

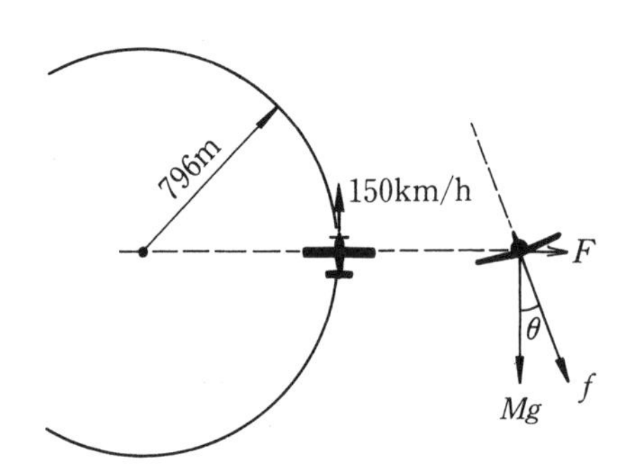

図 11-2　速度、旋回半径、バンク角

となる。地球重力によって航空機にかかる下方向の力は

$$Mg = 9.8M \text{〔kg m sec}^{-2}\text{〕}$$

であるから、機上における見かけの重力の方向は

$$\theta = \tan^{-1}\frac{F}{Mg} = \tan^{-1}\frac{2.18}{9.8}$$

$$\fallingdotseq 12°\ 32'$$

だけ、地球重力の方向より外側に傾いていることになる。したがって、この航空機は 12° 32′ 左に傾けて飛行すれば、機上では見かけの重力を機内での見かけの下方に受けるので機内の人がよろめくことはない。しかし左を下げ過ぎると、**図 11-3** (a) のように、機上の見かけの下方と見かけの重力の方向が一致しなくなり、機内の人は旋回経路の内側によろめく。また左バンクが不足であれば、同図 (b) のように機内の人は外側によろめく。

左旋回、右旋回のいずれの場合でも**旋回経路の中心の方へ**よろめく場合（バンク角が過大）を**内滑り**（Slip）、**旋回経路の外側**によろめく場合（バンク角が不足）を**外滑り**（Skid）と呼び、よろめきのない旋回を**釣合旋回**（Coordinated Turn）と呼ぶ。

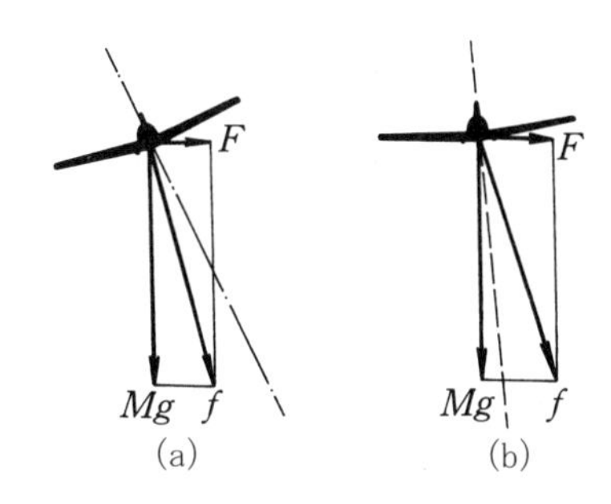

	左旋回	右旋回	
釣合旋回			バンク角適正
外滑り旋回			バンク角不足
内滑り旋回			バンク角過大

図 11-3　釣合旋回、外滑り、内滑り

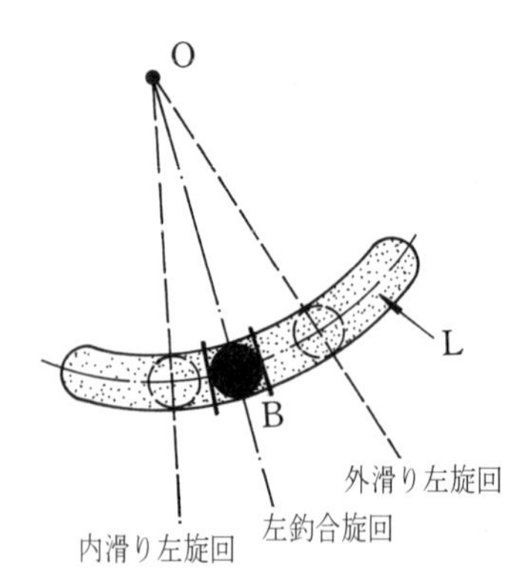

図 11-4　滑り指示器（Ⅰ）（左旋回時の指示）

滑り指示器の構造は、図 11-4 に示したように、ガラス管を円弧状に曲げた中に真球（形も質量分布も）B と制動用の液体 L を封入したものである。

釣合旋回であれば、球はガラス管の中央にあるが、内滑りまたは外滑りを生じて見かけの重力の方向が機体の下方と一致しなくなると、球は左または右（右旋回の場合は右または左）に移動し円弧状ガラス管の**曲率中心Oを通る見かけの重力の方向がガラス管と交わる点**で静止する。

別の型の滑り指示器として、図 11-5 に示したように、軸受部で不要な振動を防止するための制動を行った振子を用いたものもある。原理は前のものと同じである。

滑り指示器は、旋回計または ADI などに組み込まれて使用され、滑り指示器単独で機体に取り付けることは稀（まれ）である。

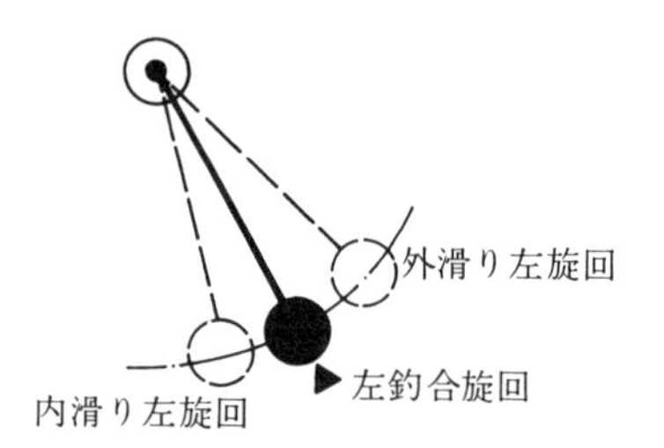

図 11-5　滑り指示器（Ⅱ）（左旋回時の指示）

11-4　トルク計（Torque Meter）

ヘリコプタまたは大きいプロペラを使用した飛行機の場合には、回転翼またはプロペラを駆動する回転力を監視して**動力系統の調節と異常の有無**の発見に役立てている。

トルクの大きさを知る方法としては、出力軸とエンジン軸の中間にある軸のねじれを電気的に検知する方式と、同様に中間軸に油圧を加え、トルク変化を油圧で検知する方式とがある。

油圧を用いた方式で使用されるトルク計は、アームの長さを一定にし、そこにかかる力を圧力として計測している。そのため**トルク・プレッシャ計**（Torque Pressure Indicator）と呼ばれる場合が多い。また指示器の単位もPSIまたはパーセントが用いられている。

図11-6にトルク計の例を示した。エンジンからの動力は、エンジン主軸に取り付けられた歯車G_1から中間歯車G_2に伝達され、G_2から歯車G_3に伝達され、エンジン出力軸が駆動される。各歯車の歯が斜に切られているため、エンジン主軸からエンジン出力軸に伝達される回転力が大きくなると、G_2はあらかじめ加えられていた油圧に打ち勝って図で左方向に移動する。この移動によって油路の一部に設けられていた**可変オリフィスJ**は閉じられる方向に変化する。この油路には常に**一定の流量**の油が流れるようにギア・ポンプPから油が送り出されているため、Jが閉じられる方向に変化すると、上流側の油圧が上昇し、**G_2に発生した左方向の力と平衡**する。そのためJの上流側の油の圧力を測ることによって、エンジン出力軸に伝達される回転力を知ることができる。

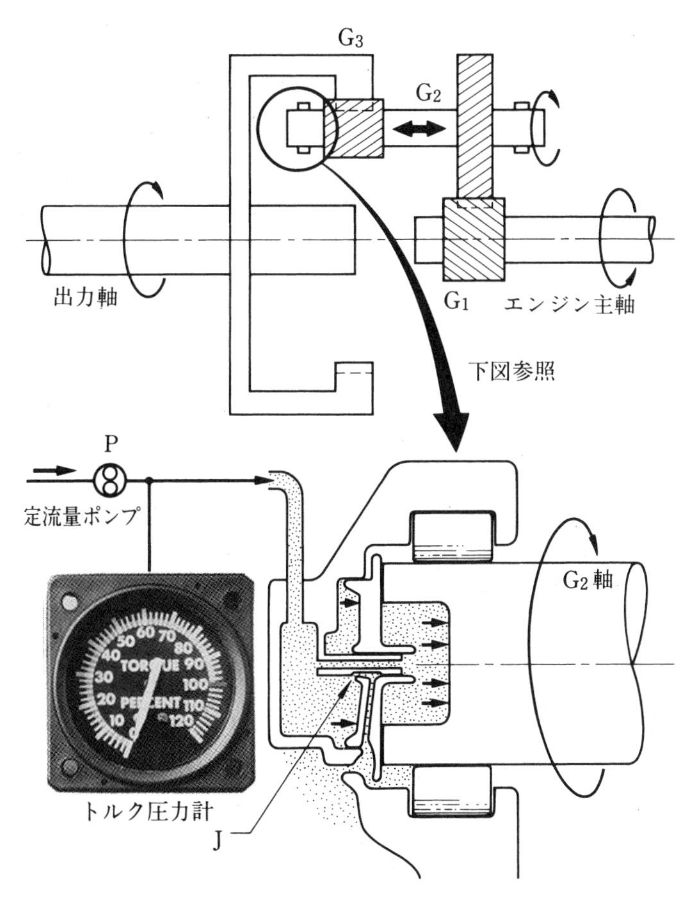

図11-6　トルク圧力計

一方、電気式はトルク・シャフト方式で出力軸であるトルク・シャフト・アセンブリ（トルク・シャフトとリファレンシャル・シャフト）として、２本のシャフトのそれぞれの片端に歯付きホイールを装備した同軸シャフトからなる（図 11-6-1 参照)。外側のリファレンシャル・シャフトは、無負荷の為にねじれることがないが、内側のトルク・シャフトはエンジン・トルクによってねじられる。トルクを測定するセンサーは、１重コイルの磁気センサーで、トルク・シャフトの歯が通過するのを検知して、交流の電気信号を発生し、トルクとスピードを計算するためにコンピュータに供給する。

内側シャフトにトルクがかかると、荷重を受けたシャフトのねじれ偏位により、トルク・シャフトの歯付きホイールの角度に変化が生じる。この角度の変化はセンサーによって検知され、発生したサイン波の交流電気信号がコンピュータによって処理される。

内側シャフトのねじれの量はエンジンにかかるトルクの量に比例する。

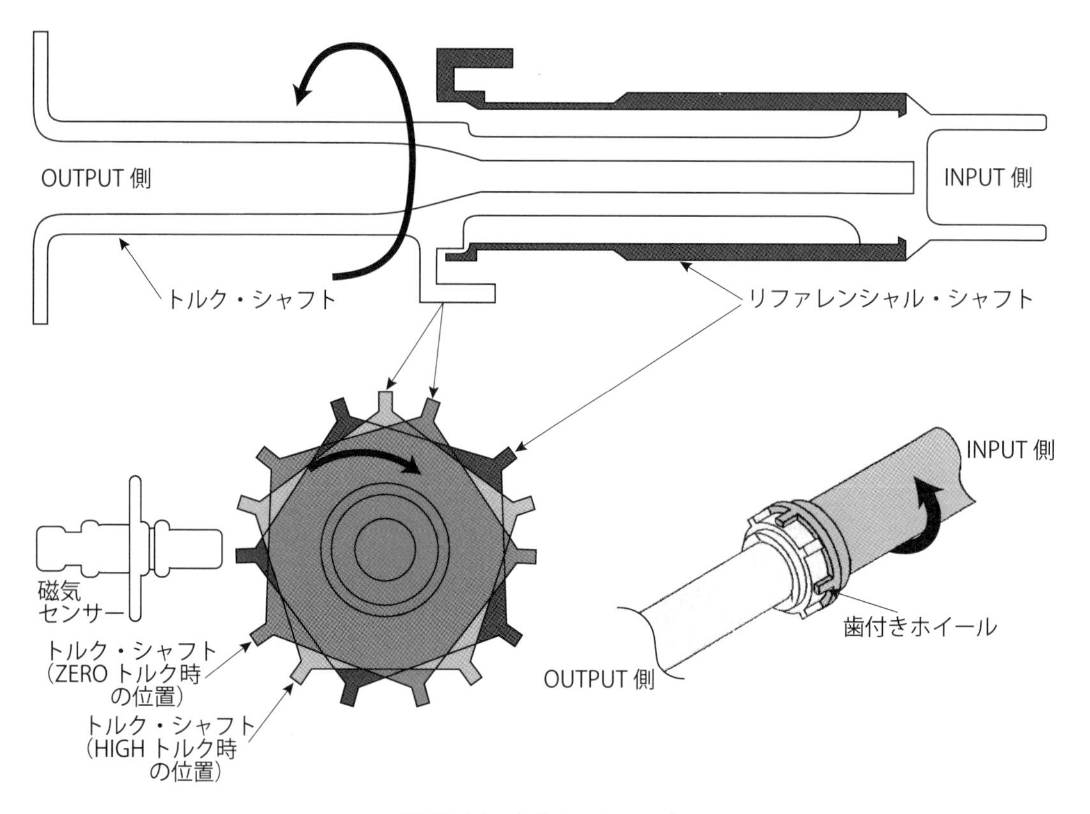

図 11-6-1　トルク・シャフト

11-5　位置計

11-5-1　一　般

航空機には、補助翼、昇降舵、方向舵、フラップなど、それらが現在どのような位置にあるかを知る必要があるものが多くある。この節では、このような目的で使用される位置計の代表的なものについて説明する。

位置計は、それらが使われるところは動翼などであり、航空機にとって重要なものが多い。そのため信頼性の高い方式でなければならない。

11-5-2　差動トランスによるもの

補助翼、昇降舵、方向舵などの位置計として多く用いられている。図 11-7 (a) に例を示した。 差動トランスは、Ｅ字型の積層鉄芯と１次巻線Ｐ、２次巻線Ｓ１とＳ２の３個の巻線および、磁気的に結合される可動鉄芯（コア）Ｉから構成されており、中央の１次巻線Ｐは交流電圧によって励磁されている。

可働鉄芯Ｉは補助翼などに結合され、その動きに応じてＥ型鉄芯の開放側の面に沿って動くように組み立てられている。

コアＩが中央位置（対称軸Ｘ－X' 対称軸）にあるときは、１次巻線Ｐと２次巻線Ｓ１およびＳ２の両巻線の磁気的結合の度合いは等しくＶａとＶｂは同じ大きさで、位相が互いに逆な電圧が発生する（図 11-7 (b) のロ）。

コアＩが上または下に動くとＶａとＶｂの電圧の平衡はくずれ、図 11-7 (b) のハまたはニに示したような電圧が発生する。コアＩの移動量は Ｖａ－Ｖｂ間の電圧の大きさによって知ることができ、移動の方向は電圧の位相によって知ることができる。指示器側ではＶａ －Ｖｂ間の電圧の大きさと位相（１次巻線に対する）を測ることによって指針を作動させている。

11-5-3　シンクロを用いたもの

シンクロを用いたものは角度を遠隔指示する場合に便利である。

図 11-8 に例を示した。この例は空気調節装置に用いられている空気流量調整バルブの開度を操縦室に指示するものである。操縦室にある制御盤のノブＫを操作することによって空気流量調節バルブＶを開閉する作動機に信号を送りＶの開度を調節する。その結果は、シンクロ発信機Ｔによりバルブの開閉の状況が角度として制御盤の指示器に送られ指示器内のシンクロ受信機によって指針Ｐが駆動され、バルブの開度が指示される。

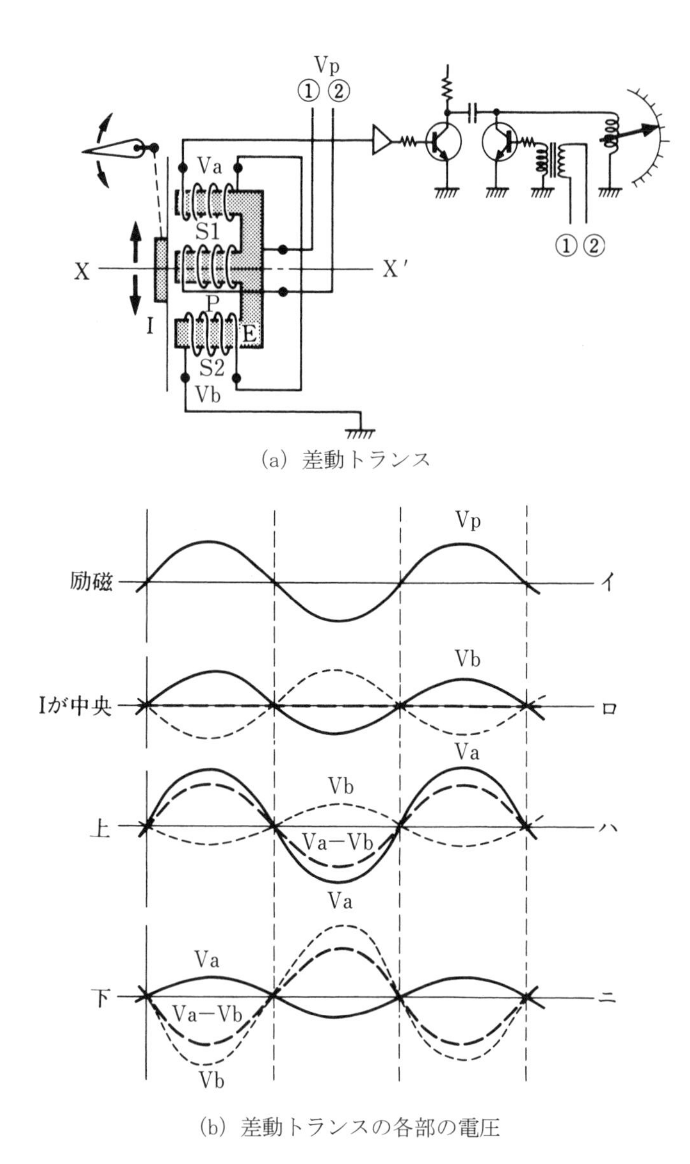

(a) 差動トランス

(b) 差動トランスの各部の電圧

図 11-7　差動トランスを用いた位置計

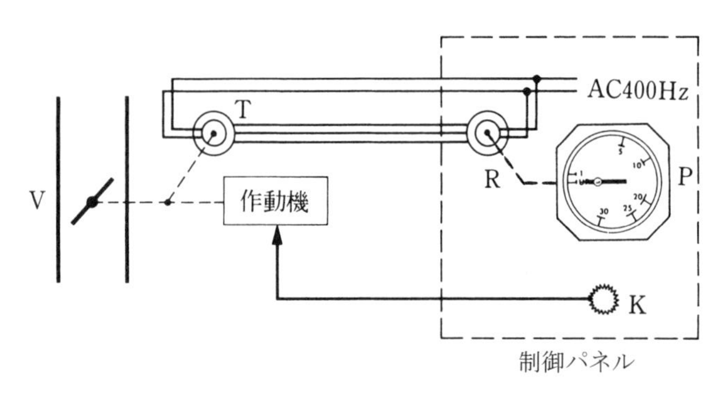

図 11-8　シンクロを用いた位置計

11-5-4 近接感知器を用いたもの

航空機の脚の場合には脚が下げられて固定された（Down Lock）、または引き上げられて固定された（Up Lock）ことが確認できれば、その上げ下げの途中の位置を知る必要はない。このことは、ある種のバルブ、ドアなどでも同じである。このような場合に**近接感知器**（Proximity Sensor）が用いられる。

脚のダウン・ロック、アップ・ロックなどはマイクロ・スイッチなどを作動させて操縦室に指示する方式のものも用いられているが、機外の環境条件のきびしい所で機械的に ON、OFF 動作をするスイッチを用いることは信頼性にとぼしい。近接感知器は、通常のスイッチのように**機械的な接点はなく**、感知器に金属が近づいたことを電磁的に検出するもので**信頼性は極めて高い**。

図 11-9 は近接感知器の脚のダウン・ロックの確認に用いた例である。脚がダウン・ロックされた場合には、脚の上げ・下げ機構に組み込まれた**オーバ・センタ・リンク**（Over Center Link）が、オーバ・センタ状態になってダウン・ロックされる。図示の例は、オーバ・センタ・リンクに取り付けられた金属片（ターゲットと呼ばれる）P が近接感知器に接近したことを検出して、操縦室にランプを点灯させ、ダウン・ロックしたことを知らせる。

近接感知器は、インダクタンス L（コイルが磁気エネルギを発生させる能力）、抵抗 R_1、R_2、R_3 およびコンデンサ C で構成されたブリッジ、および電子回路などで構成されている。ターゲットが遠くにある場合は、ブリッジは平衡しているが、ターゲットが近づくと平衡がくずれ、J_1-J_2 間に電圧が発生する。この電圧によってターゲットが接近したこと（ダウン・ロックしたこと）を感知する。

近接感知器には機械的接点が用いられていない。特に近接したことを**感知する部分はインダクタンス L のみ**であるため、脚の上げ下げ機構の周辺のような環境条件の極めて悪い（温度、湿度、ゴミ、雨、雪、振動など）ところでも安定して作動する。

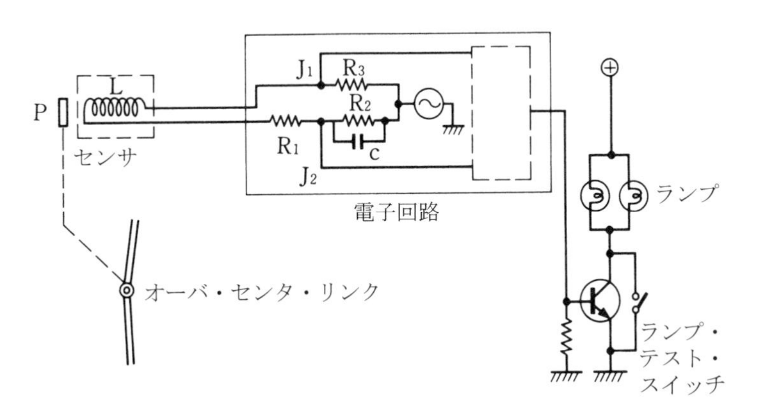

図 11-9 近接感知器を用いた位置確認計

11-6　まとめ

⑴　左旋回、右旋回のいずれの場合でも旋回経路の中心の方へよろめく場合（バンク角が過大）を内滑り、旋回経路の外側へよろめく場合（バンク角不足）を外滑りと呼び、よろめきがない旋回を釣合旋回と言う。

⑵　ヘリコプタまたは大きいプロペラを使用した飛行機にはトルク計が装備されている。

⑶　トルク計では出力軸とエンジン軸の中間にあるねじれを電気的に検知する方式と、同様に中間軸に油圧を加え、トルク変化を油圧で検知する方式とがある。

⑷　航空機の脚の周辺、動翼の周辺などのように環境がきびしい場所で、高い信頼性を必要とする場合には、近接感知器や差動トランスがよく用いられる。

（以下、余白）

第 12 章　エア・データ・コンピュータ

12-1　概　要

航空機の飛行高度、飛行速度が増大したため、エア・データ（気圧高度、対気速度、外気温度など）の計測が複雑になった。例えば、外気温度の計測について考えると、温度計受感部を、機外に出して温度を計測したとしても、受感部に衝突した空気の断熱圧縮による温度上昇のため外気の真の温度と異なる結果が得られる。外気温度を正しく知るためには、航空機の対気速度、飛行高度の情報が必要である。このように、高高度飛行、高速飛行を行う航空機では、全圧、静圧、大気の全温度、および迎角（AOA：Angle of Attack）などを同時に計測し、それらの計測値から、エアデータを計算する計算機が必要となった。この計算を行うものがエア・データ・コンピュータ（ADC：Air Data Computer または CADC：Central Air Data Computer ）である。

また交通量の増加と行動範囲の拡大によって正しいエア・データの必要性はさらに助長された。

開発された初期のエア・データ・コンピュータは、カム、リンク、ポテンションメータ、サーボ・モータなどを用いた電気・機械的なアナログ・コンピュータであったが、その後の電子計算機の発展により今日作られているものはソリッド・ステート化されたデジタル・コンピュータを用いたものとなり、性能も大幅に改善された。

12-2　CADC の入力と出力情報

図 12-1 に CADC の主要な信号（図示したもの以外に、ある設定値からの変化分を求める機能、異常監視機能などがある）の流れを示した。

CADC への入力情報は次のとおり。

⑴　静圧孔からの静圧

⑵　静圧を電気信号に変換する装置が外部から受ける影響を補正するための温度、迎角の情報

⑶　静圧孔に生じる誤差を補正するための、SSEC ジャンパ（Static Source Error Corrector Jumper）からの補正信号

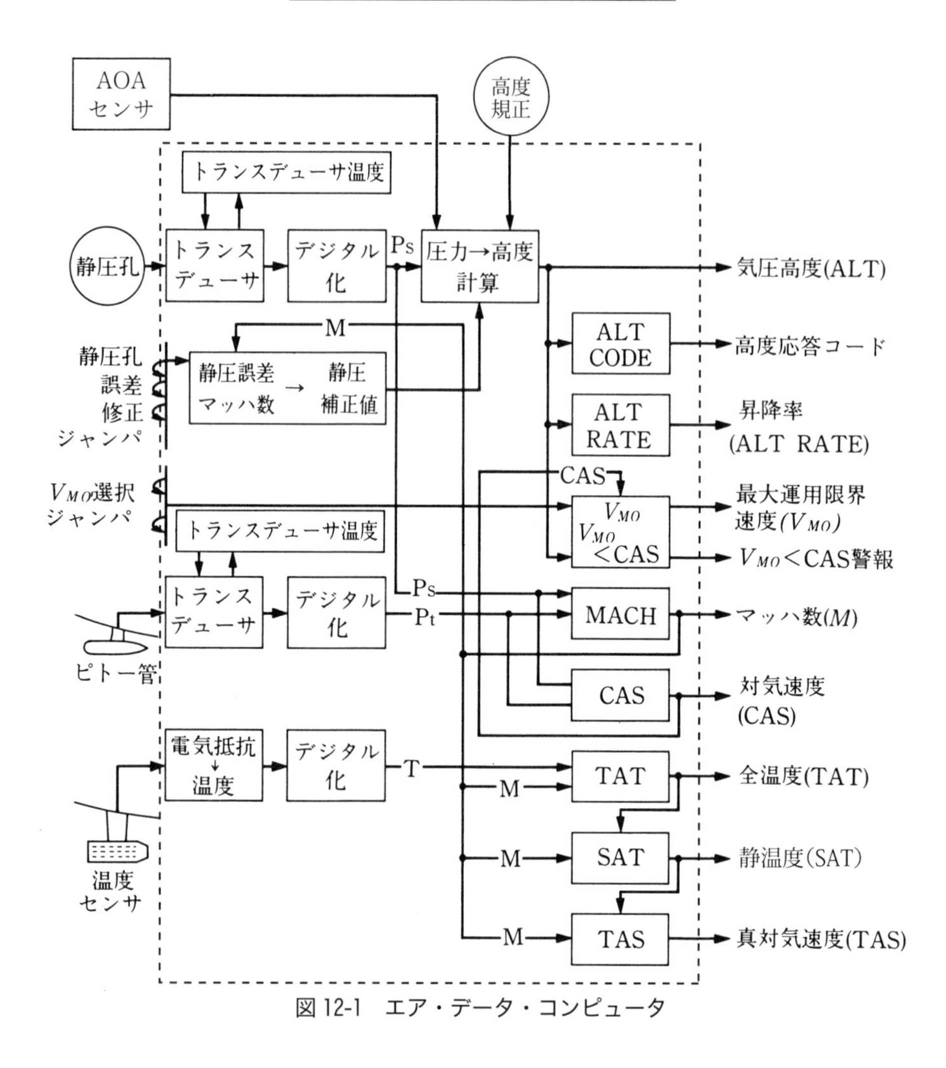

図12-1　エア・データ・コンピュータ

(4)　高度規正信号

(5)　機種特有の V_{MO} / M_{MO} 曲線を発生するための情報

(6)　ピトー管からの全圧

(7)　温度センサからの全温度情報

また、CADCからの出力情報は次のとおり。

(1)　気圧高度

(2)　ATCトランスポンダによって飛行高度を地上へ送るためコード化された高度応答コード

(3)　気圧高度の変化率（昇降率）

(4)　機種、高度に応じた V_{MO} / M_{MO} の値

(5)　V_{MO} / M_{MO} を超過したことを知らせる警報

(6)　マッハ数

(7)　CAS（Computed Air Speed：対気速度）

⑻　TAT（Total Air Temperature：全温度）

⑼　SAT（Static Air Temperature：静温度）

⑽　TAS（True Air Speed：真対気速度）

前述したように、実際のCADCでは上記以外に多くの情報が出力される。また、図 12-1 では、各出力が別々の線で書かれているが、実際のCADCでは、各出力は時分割され、１本～数本のデータ・バス（Data Bus）によって送り出されている。

CADCの各機能について以下の節で説明する。

12-3　物理量・電気信号変換部

静圧孔からの静圧およびピトー管からの全圧は、圧力変換器（Pressure Transducer ）に入り、それぞれの圧力に応じた電気信号に変換される。この変換器には、圧力を周波数として検出する振動ダイヤフラム型、振動円筒型、シリコンウエハに直接ひずみセンサを作り上げたシリコンダイヤフラム型などが用いられている。変換器からの圧力信号および温度補正用の各電気信号から、静圧、全圧が算出される。

温度センサは、白金測温抵抗体が用いられ、抵抗値から温度が算出される。

迎角センサは、ベーンの角度が、シンクロ、レゾルバ、ポテンショ、RVDTなどの角度センサによって電気信号に変換され迎角が算出される。

12-4　気圧高度計算部

静圧孔からの圧力は、マッハ数や機体の姿勢の影響を受けるため、ADC 内部にて SSEC（Static Source Error Correction：静圧源誤差補正）が行われ、補正された静圧から気圧高度（QNE）を算出する。

また、ADC は高度規正信号（Baro set、３章 高度計参照）を受信し、海面からの高度（QNH）を算出する。（QNE，QNHについては3-4-3参照）

12-5　高度応答信号発生部

気圧高度信号は、ALT CODE内でATC トランスポンダの**高度応答信号**として定められた信号に変換され、ATC トランスポンダに送られる。

12-6　昇降速度計算部

気圧高度信号は、ALT RATEに入り**高度の変化率**が計算され、昇降計指示器に送られる。

12-7　最大運用限界速度発生部

航空機の最大運用限界速度は図 12-2 に例示したように**各機種ごとに、高度に応じて**定められている。図中のＰ点以下の高度では、機体の構造強度と空気力、突風、与圧条件などによって最大速度が制限される。またＰ点より上の高度では、音速が高度の増加に伴って低下するためマッハ数によって制限される。対気速度が音速に近づくと、突風などによって機体の一部で音速またはそれ以上の対気速度となることがあり危険である。そのため許容できるマッハ数が決まる。

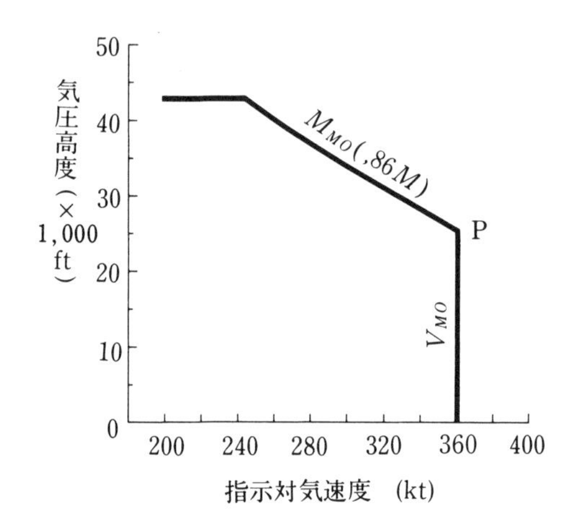

図 12-2　V_{MO} / M_{MO} ── 高度曲線 ── 指示対気速度（kt）

CADC の V_{MO} 発生部では、V_{MO} Jumper によって定められた機種および高度情報入力によって図 12-2 に例示したような高度－速度曲線が作られ、飛行高度に応じて、V_{MO}（最大運用限界速度）が出力され、V_{MO} 指示器に送られる。

また、V_{MO} は、その時点の CAS と比較され、V_{MO} ＜ CAS の条件が成立すると**速度超過警報**（Over Speed Warning）が発信される。

12-8　マッハ数計算部

前節で説明したように、高速で飛行する航空機の場合には、マッハ数が重要な量である。特に**高高度では音速が低下する**ため、マッハ数を知ることが増々重要となる。マッハ数は、飛行速度 V の音速 C に対する比で、静圧を P_s 、ピトー圧を P_t とすると

$$M = \frac{V}{C} = \sqrt{5\left\{\left(\frac{P_t}{P_s}\right)^{\frac{1}{3.5}} - 1\right\}}$$

となる。

CADC のマッハ数計算部では、気圧高度計算部からの P_s およびピトー圧を電気信号に変換した P_t が入力され上式の計算が行われマッハ数を求め、マッハ数指示器に送っている。

12-9　CAS 計算部

CAS 計算部では、静圧とピトー圧の差 $\Delta P = P_t - P_s$ 、標準大気の海面に接した場所の圧力 P_O および密度 ρ_O を用いて

$$V=\sqrt{7\frac{P_0}{\rho_0}\left\{\left(1+\frac{\Delta P}{P_0}\right)^{\frac{1}{3.5}}-1\right\}}$$

の計算を行い、対気速度計指示器に送っている。

12-10　TAT 計算部

外気温度を測定するため機外へ温度計受感部を出して測定すると、**受感部に空気が衝突して圧縮され温度が上昇するため正しい外気温度の測定はできない。表 5-4** は、衝突した空気の速度が航空機と同じ速さになった場合（または流れてきた空気が衝突して速度が 0 になった場合）の温度上昇を各速度（マッハ数）ごとに示したものである。例えば 0 ℃ の大気の中を対気速度 0.8M で飛行している場合には 34.95 ℃ の上昇となる。この場合 0 ℃ は **SAT**（Static Air Temperature：**静温度**）、34.95 ℃ は **TAT**（Total Air Temperature：**全温度**）と呼ばれる。

温度計受感部を機外に出して外気温度を測定する場合には、受感部のちょうど正面に当たった空気は完全な衝突となって**表 5-4** に示したような温度上昇となるが、正面からずれた部分に当たった空気は表に示したような温度上昇とならない。そのため温度受感部は TAT と SAT の間の温度を感知することになる。実際の温度受感部は多くの改善がなされ、ほぼ TAT に等しい（高速になるほど TAT に近い値になる）温度を感知しているが、CADC の TAT 計算部ではマッハ数に応じて補正を行って TAT を出力し、TAT 指示器に送っている。

12-11　SAT 計算部

SAT 計算部では、TAT と M から

$$SAT\,[\mathrm{K}] = \frac{TAT\,[\mathrm{K}]}{1+0.2KM^2}$$

の計算を行って SAT〔K〕を計算し、これを ℃ または °F に換算し、SAT 指示器に送っている。K は温度受感部個有の係数で 0.8 ～0.99 程度。

12-12　TAS 計算部

12-8 項で説明したように CAS 計算部で求めた対気速度は、標準大気の海面に接した場所の大気圧および空気密度を用いて計算したもので、上空では真の対気速度と異なる値となる。

TAS 計算部では、SAT と M を用いて

$$TAS\ \text{〔kt〕} = 38.9\sqrt{SAT\ \text{〔K〕}}\ M$$

または

$$TAS\ \text{〔km/h〕} = 72\sqrt{\text{SAT〔K〕}}\ \text{M}$$

から TAS を求め、TAS 指示器に送っている。

12-13　その他の機能

CADC には上記の機能のほかに多くの機能がある。

⑴　CAS Hold

⑵　Mach Hold

⑶　Vertical Speed Hold

⑷　Altitude Hold

これらの機能は、飛行中のある時点で計測したそれぞれの値からの変化分を出力している。したがって、これらの値が 0 となるように自動操縦装置を作動させることによって

⑴　対気速度が一定となる飛行

⑵　マッハ数が一定となる飛行

⑶　上昇または降下速度が一定となる飛行

⑷　気圧高度が一定となる飛行

を行うことができる。

また、CADC の内部では、各計算部、変換部、電源部などが適正に作動しているか否か常に監視し、異常があった場合には、関連ある指示器に表示し、さらに中央監視盤にそのことを表示するための信号を出す。

12-14　まとめ

⑴　高高度、高速飛行および正しいルートを飛行するため、エア・データ・コンピュータ（ADC）が必要になった。

⑵　ADC では、静圧、ピトー圧、気圧規正値、外気温度が入力され、気圧高度、昇降速度、最大運

用限界速度、マッハ数、較正対気速度、真対気速度、静温度、全温度などが計算され電気信号として出力される。

（以下、余白）

第13章　集　合　計　器

13-1　概　要

この章では、いくつかの情報を1つにまとめて表示できる計器について説明する。いくつかの情報を1つの計器で表示することによって

⑴　表示内容が**直感的**になる。

⑵　視線を変える**回数**が少なくなる。

⑶　計器板の面積が小さくなる。このことによって計器全体として、視線の**変化角**を少なくすることができる。

などの利点が生じる。

このような計器は集合計器（Integrated Instrument）と呼ばれる。双発機の場合などで、例えば、2つのエンジン回転計を1つの指示器内に納めたものがあるが、これは二針式エンジン回転計と呼ばれ、この章で説明する集合計器とは異質のものである。

集合計器には、指示内容の組み合わせ方によって多くのものがあるが次の3つに分類することができる。

⑴　RMI

⑵　HSI

⑶　ADI

多種ある集合計器も、上記3つのものが基本となって、これらにさらにいくつかの量を指示する機能が追加されたものである。

13-2　RMI（Radio Magnetic Indicator）

RMIは、コンパス・システムから送られてきた**磁方位**（またはINSから送られてきた真方位）とADF（Automatic Direction Finder）またはVOR（VHF Omnidirectional Radio Range）から送られてきた**無線方位**を組み合わせて、方位に関する指示をまとめて表示するものである。RMIは図 13-1 に

示したように

⑴　磁方位（または真方位）と ADF

⑵　磁方位（または真方位）と VOR

の２つの組み合わせで用いられる。

INS から送られた真方位が用いられる場合は、図 13-1 に示した例の磁方位が真方位に替るのみである。磁方位を指示している場合は、指示器の上部に MAG の表示が現れ、真方位の場合は TRUE が表示される。以下の説明では、磁方位を用いている場合について説明する。

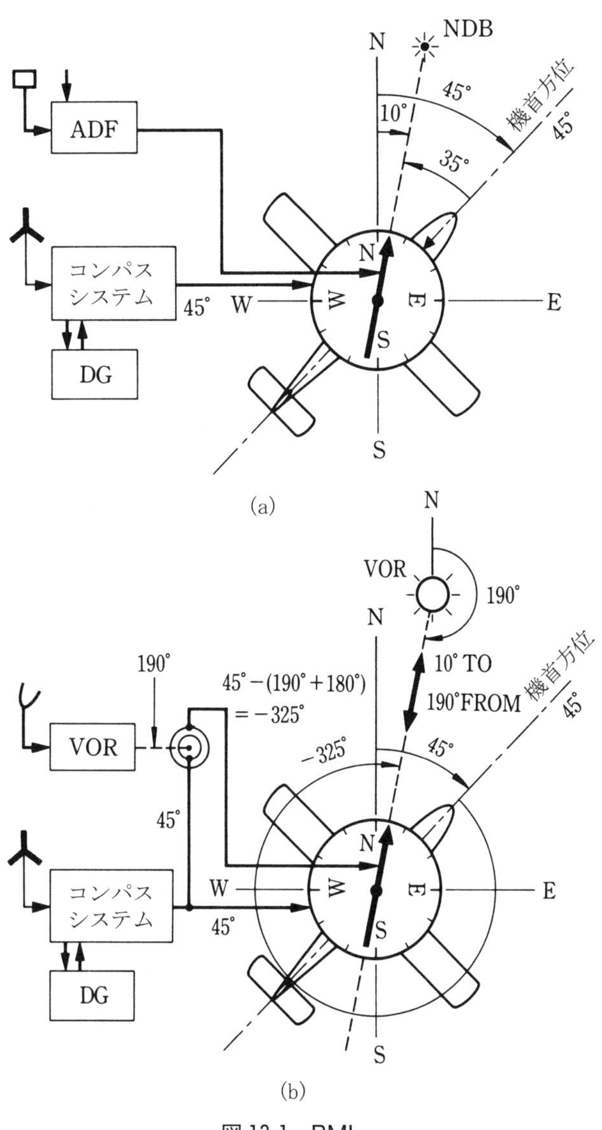

図 13-1　RMI

13-2-1 磁方位と ADF の場合

図 13-1 (a) に 1 つの例を示した。コンパス・カードは、コンパス・システムから送られてきた磁方位情報（45°）によって駆動され、指示器ケースに固定された▼印とコンパス・カードの目盛との位置関係によって、**磁方位 45°** で飛行していることを示している。無線方位を示す指針は、ADF 受信装置から送られてきた無線方位情報（機首方向から左に 35°）によって駆動され、選局した NDB 局（Non-Directional Radio Beacon）が**機首方向から左 35° の方向にある**（この時点では、NDB 局が磁方位 10° の方向にある）ことを示している。

13-2-2 磁方位と VOR の場合

図 13-1 (b) に 1 つの例を示した。コンパス・カードは前の場合と同様に、コンパス・システムから送られてきた磁方位情報（45°）によって駆動され、**磁方位 45°** で飛行していることを示している。無線方位を示す指針は、VOR 受信装置から送られてきた無線方位情報（VOR 地上局の位置で、磁北から右回りに測った値 190°）および磁方位情報（45°）を用いて駆動され〔45° −（190° + 180°）= − 325° = 35°〕**選局した VOR 局の 10° TO または 190° FROM の半直線上にいる**ことを示している。

上の例では、無線方位を示す指針が 1 本のものであったが、指針を 2 本とし、それぞれの指針は

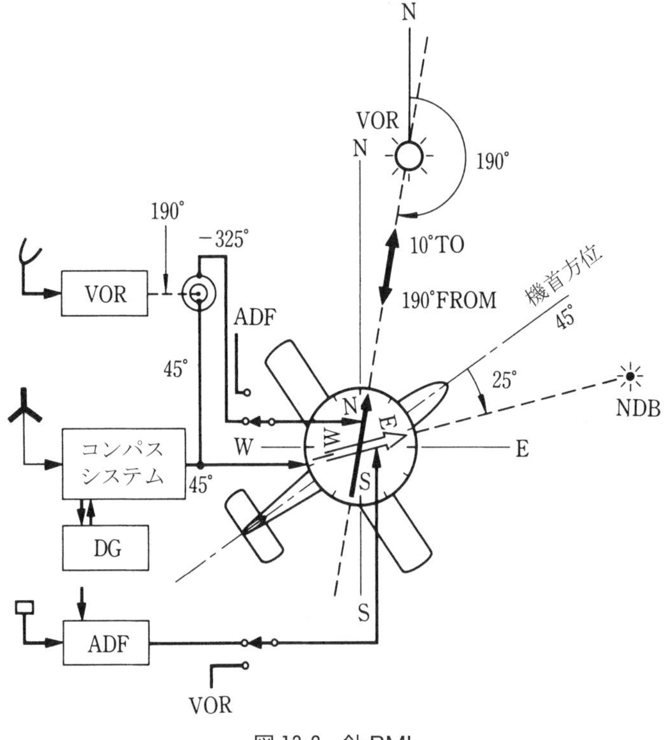

図 13-2 針 RMI

ADF、VOR の装備状況に応じて切り替えができるようにしたものが多く用いられている。**図 13-2** に示した例では、無線方位の指針 No.1（⟶ ）は VOR 、No.2（⟹）は ADF からの無線方位を示している。

RMI は、集合計器のなかで最も多く用いられているもので、大型機ではもちろんすべて装備されているが、中小型機の場合にも広く用いられている。以下で説明するように、おおげさな装備を施さずに、RMI によって極めて有効な情報が読み取りやすい姿で表示される。

機首方位および地上無線局との位置関係を知ることによって、操縦者は常に、おおよその現在位置を把握しておくことができる。このことは飛行の安全にとって最も重要なことの 1 つである。

13-3　HSI（Horizontal Situation Indicator）

HSI は、コンパス・システム（または INS）から送られてきた**磁方位**および VOR/ILS 受信装置（または INS ）から送られてきた**飛行コースとの関係**をグラフィカルに表示するものである。飛行コース情報が VOR/LOC 受信装置から送られてきたものである場合には、VOR コースまたは LOC コースとの関係が表示され、INS からのものである場合には、予め設定したウエイ・ポイント（Way Point ）を結んだコースとの関係が表示される。**図 13-3** に示した例にしたがって HSI の概要を説明する。

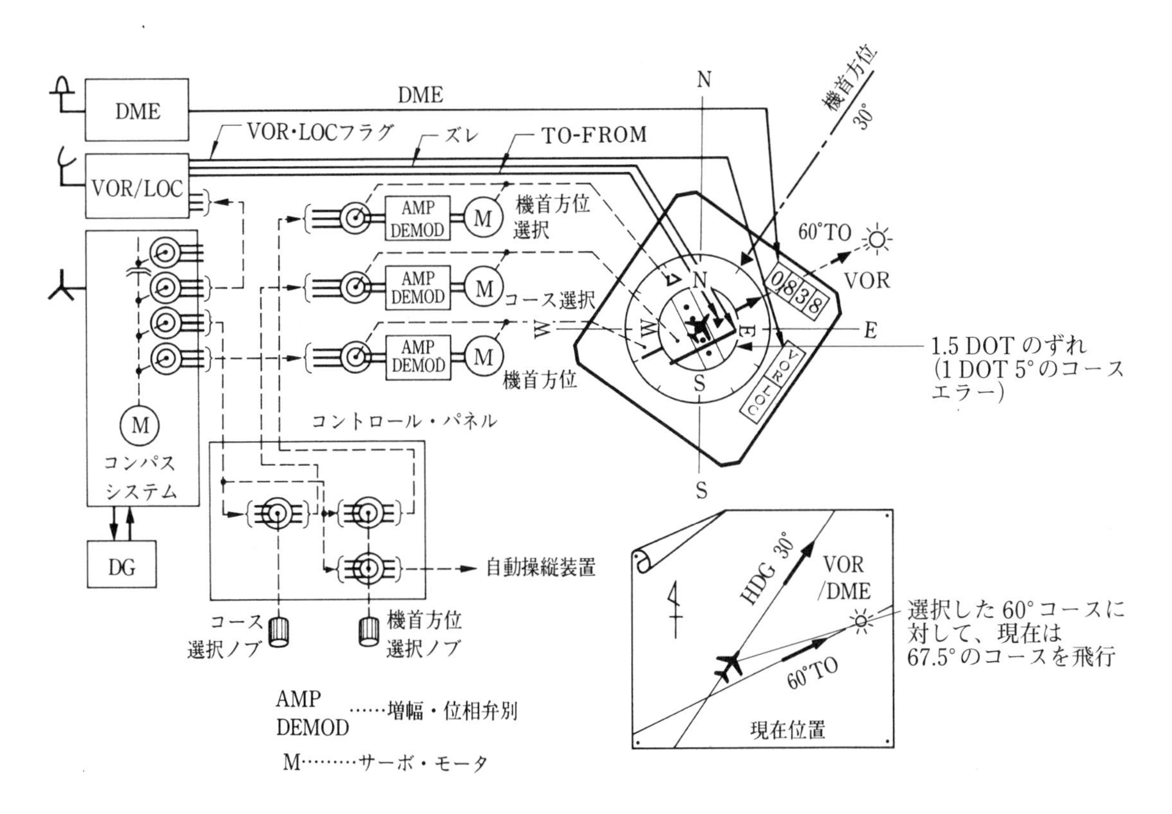

図 13-3　HSI

図示した例は HSI に DME（Distance Measuring Equipment）の表示部が組み込まれたものである。

13-3-1 機首方位の表示

フラックス・バルブによって感知された磁方位は DG によって安定化され、コンパス・カップラのシンクロ発信機から、電気信号として送られている。HSI 内のコントロール・トランス、AMP・DEMOD（Amplifier Demodulator）、サーボ・モータによってコンパス・カードが駆動され、HSI 上部の▼印との位置関係によって、**機首方位（磁方位）**が示される。図示の例では 30° となっている。指示器中央部の飛行機モデルは、指示器ケースに固定され、飛行方向を示している。

13-3-2 コースとの関係の表示

図示した例では、コース選択ノブによって、受信している VOR 局の 60° TO のコースが選ばれている。このことは、HSI のコンパス・カードの内側の円板に取り付けられた**中抜き矢印とコンパス・カードの目盛**によって知ることができる。選択した **VOR コース（60° TO ）との位置関係**は、矢印の中央部分（VOR 受信装置からの信号によって、矢印に一致した位置から左右に動き、選択したコースからのズレを示すもので、**Deviation Bar** と呼ばれる）が選択したコースであることを示すことによって表現される。すなわち、図示した例では、60° TO のコースは、操縦者の左後方から右前方に向かっており、現在はコースの左側にいることが示されている。**Deviation Bar が矢印と一致するようにコース選択ノブを操作すれば**、矢印の方向とコンパス・カードの目盛によって、現在の **VOR コースと航空機からの VOR 局の方向を知る**ことができる。

13-3-3 機首方位の選択

機首方位選択ノブを操作すると、HSI の△印のバグ（PSH Bug：Pre Select Heading Bug）が、コンパス・カード上を回転し現在の機首方位と選択した方位との**差信号が発信**される。この差信号は、自動操縦装置にも送られて機首は自動的に選択した方向に向かう。自動操縦装置は作動していない場合には、PSH Bug は機首方位のメモリーとして使用することもできる。

13-3-4 その他

この例では、HSI の右上の角に DME の指示部が組み込まれており、選局した DME 地上局からの距離が表示されている。この例では 83.8nm となっている。通常 DME 地上局は VOR 局と同じ場所に設置されているので、VOR・DME 局からの方位と距離が読み取れるので現在位置を確定することができる。

13-3-5 HSI のまとめ

以上の説明をまとめると、現在の状況は次のようになる。

a．機首方位は 30° である。

b．選局した VOR 局の 60° TO のコースは右側を、左後から右前に通っている。

c．選局した DME 地上局までの距離は 83.8nm である。

実際に使用されている HSI には、VOR・LOC 受信装置からの情報が異常であることを示す NAV Flag、コンパス・システムからの情報の異常を示す HDG Flag、機首方位情報が磁方位であるか、INS から送られてきた真方位で、あるかを示す MAG 、 TRUE Flag などが組み込まれている。

VOR に割当てられた電波（108.00～117.90MHz の 126 波、一部に LOC がある）と **DME に割当てられた電波**（962 ～1,213MHz の 126 チャンネル、一部にトランスポンダおよび TACAN がある）との間に**組み合わせ**が決められており VOR を選局すると、自動的に DME も選局できるようになっている。例えば 112.5MHz の VOR 局（館山、PQE 、VOR/DME 局）には DME の 72 チャンネル（地→空が 1,188MHz 、空→地が 1,125MHz ）が組み合わされている。

13-4　ADI（Attitude Director Indicator）

ADI は

a．現在の飛行姿勢（Attitude）

b．あらかじめ設定したモードの飛行を行うための指令装置（Flight Director：FD）コンピュータの出力

を表示するための指示器である（図 13-4 参照）。

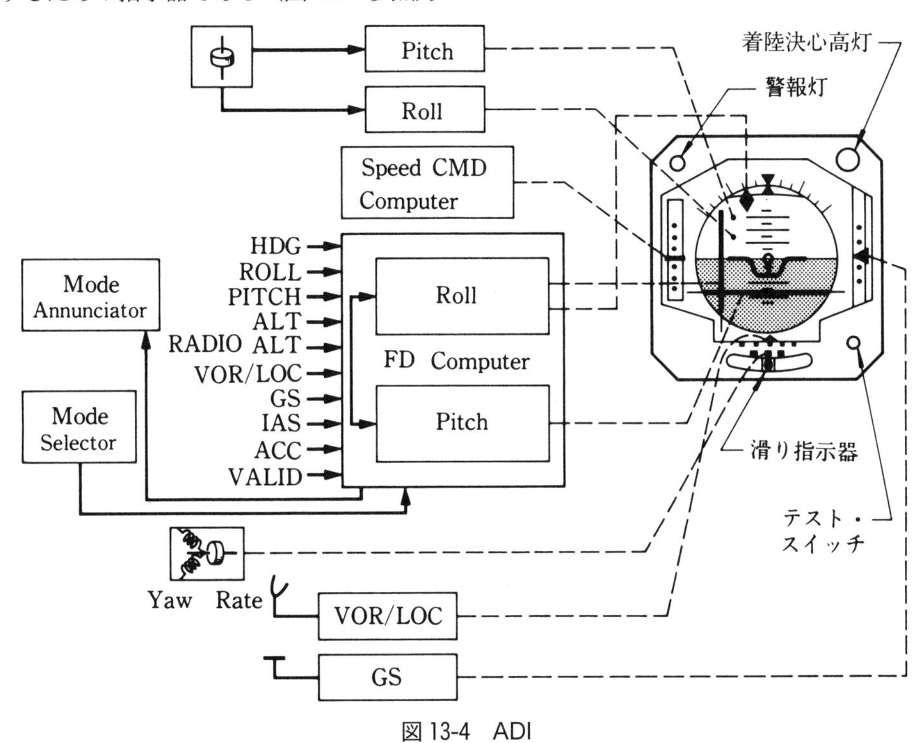

図 13-4　ADI

現在の飛行姿勢は、ロール姿勢、ピッチ姿勢、ヨー変化率および滑りの4つの要素で表示しているものが多い。操作指令は、機種によって設定可能なモードは異なっているが

・ロール操作指令（Roll Command）

⑴ 機首方位を一定に保って飛行するモード（Heading Mode）。

⑵ VOR、INS（Inertial Navigation System）、または ONS（Omega Navigation System）などによって設定したコースに沿って飛行するモード（Navigation Mode）。

⑶ ILS のローカライザによって設定されているコースに沿って着陸進入するモード（Approach Mode）。

・ピッチ操作指令（Pitch Command）

⑴ 気圧高度を一定に保って飛行するモード（Altitude Hold Mode）。

⑵ 上昇降下速度を一定に保って飛行するモード（Vertical Speed Mode）。

⑶ ILS のグライド・パスに沿って着陸進入するモード（Approach Mode）。

・その他の操作指令

⑴ 着陸を中止し、再び上昇するモード（Go Around Mode）。

の各モードが広く用いられている。

このように **ADI には、姿勢の現状（Status）とズレを修正するための操作指令（Command）の２種類が表示される。** Altitude Hold Mode の例によって現状表示と操作指令について説明する。あらかじめ設定した気圧高度を 20,000ft とする（図 13-5 参照）。何等かの原因（気圧の変化など）で気圧高度が 20,300ft になった場合には、現状表示（これは気圧高度計で表示される）は 20,300ft である。操作指令（この例ではピッチ操作指令）は ADI の水平の指令指針（Pitch Command Bar）によって示される。

この例では、ピッチ・コマンド・バーが下に動き「機首下げ」が示される。その結果、機首下げ操作を行って、降下姿勢になるとピッチ・コマンド・バーは中央に戻り「そのまま」が示される。降下を続け、20,000ft に無理なく達せられる状態になるとピッチ・コマンド・バーは上に動き「機首上げ」が示され、それにしたがって操作すれば、スムーズに 20,000ft に達することができる。

コマンド・バー（ロール・コマンド・バーおよびピッチ・コマンド・バー）は、機首方位、高度、姿勢などの入力情報によって FD コンピュータ（Flight Director Computer）内で計算が行われ、機体の特性に最も適した操作が行えるように上下、左右に動いて操作指令を示す。

次に ADI の主な機能について説明する。

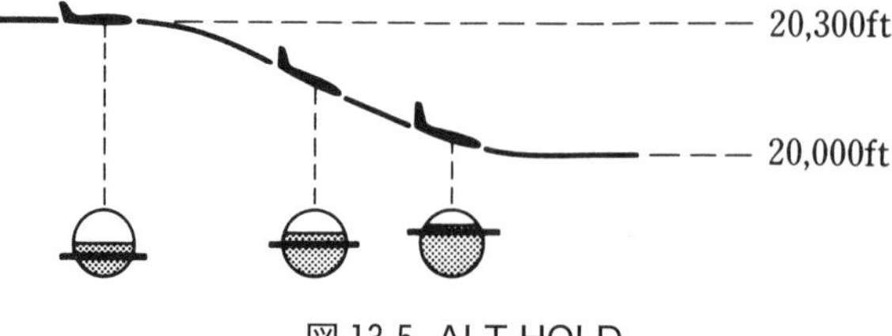

図 13-5 ALT HOLD

13-4-1　姿勢の現状表示

図 13-6 に 1 つの例を示した。図示の例では、姿勢に関する情報（ロール姿勢およびピッチ姿勢）を VG（Vertical Gyro）から受けているが、INS を装備した機体では INS から受けている。VG のロール・シンクロおよびピッチ・シンクロからそれぞれの姿勢情報が電気信号として送られ、ADI 内のサーボによってフォークで支持された球状の姿勢指示器を駆動しロール姿勢、およびピッチ姿勢の現状を示している。

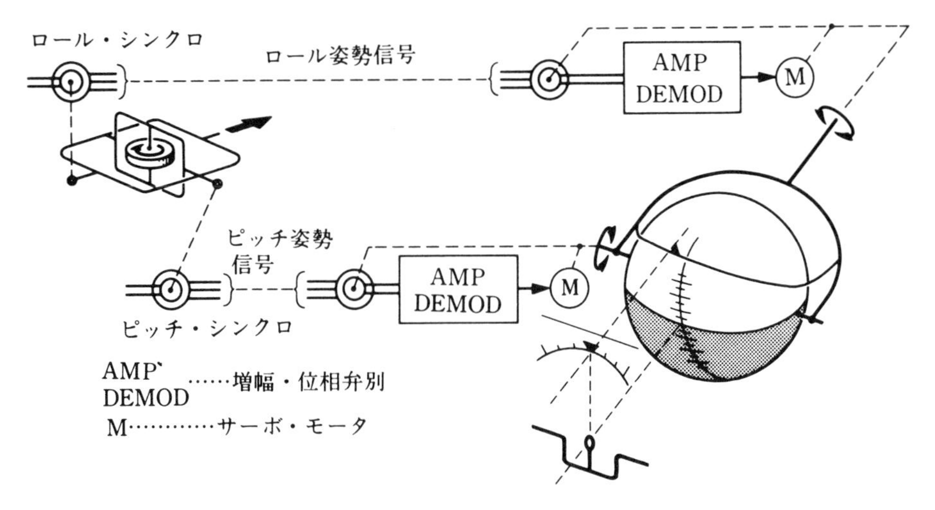

図 13-6　Attitude Indication

13-4-2　ロール姿勢操作指令

ロール姿勢操作指令（Roll Command）は ADI の垂直指針（Vertical Bar, Roll CMD Bar）によって示される。垂直指針が ADI 指示面中央にある飛行機模型の中心より左にあるときは「機首を左に」または「左に行け」を意味する。その逆に、右にあるときは「機首を右に」または「右に行け」を意味し、中央にある時は「そのまま」を意味する。

図 13-7 にロール姿勢操作指令の信号の流れの例を示した。ロール姿勢に関する代表的なモードは、前にも説明したように Heading Mode, Navigation Mode および Approach Mode である。

a．Heading Mode

Heading Mode では、このモードを作動させた時点の機首方位、現在の機首方位、飛行姿勢などを入力情報として、機首方位を一定に保って飛行するための操作指令が示される。

ある時点で機首方位にズレが生じていても、その時点のロール姿勢を考慮し、ズレが少なくなるような姿勢であれば、指令は発せられない。逆に機首方位にズレが生じていない場合でも、機首方位が変わっていくような状況にあれば指令は発せられる。

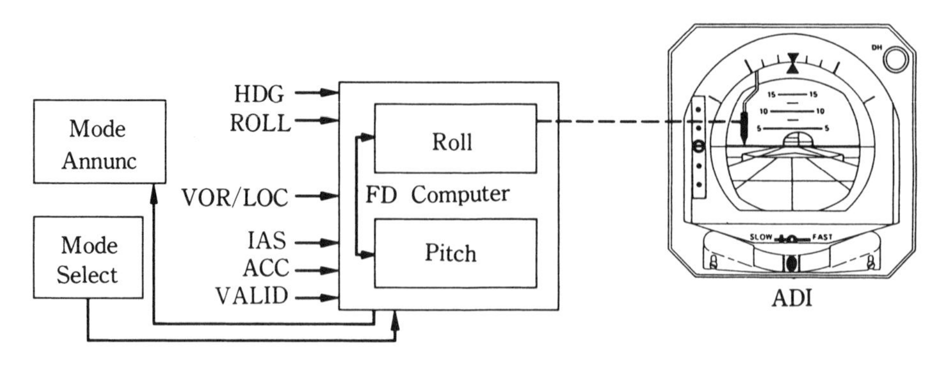

図13-7 ロール・コマンド

b．Navigation Mode

VOR、INSなどによって設定されたコースに沿って飛行するモードで、設定したコースからのズレ、ロール姿勢などの入力情報によってコースに沿って飛行するために操舵すべき指令がフライト・ディレクタ・コンピュータによって求められロール・コマンド・バーによって表示される。

c．Approach Mode

このモードでは、着陸進入を行っている進入路を設定しているILSのローカライザ・コースからのズレ、飛行姿勢などの情報によってローカライザのコースに沿って飛行するための操舵指令が示される。Approach Modeでは、航空機が滑走路に近づくにつれて、操舵指令はきびしいものになり、着地の時点で正しく滑走路の中心に進入するように指示される。

フライト・ディレクタ・コンピュータには、Valid信号（機首方位、飛行姿勢、VOR信号、ILS信号などの入力情報が信頼できるものであることを示す信号）が入っており、入力情報に異常があった場合、FDコンピュータ自身に異常があった場合には直ちにHDG、GYRO、NAV、COMPなどの赤色フラグがADIの指示面に現れ、コマンド・バーは隠れる。

13-4-3 ピッチ姿勢操作指令

ピッチ姿勢操作指令（Pitch Command）はADIの水平指針（Horizontal Bar, Pitch Command Bar）によって示される。水平指針がADI指示面の中央にある飛行機模型の中心より上にある場合は「機首上げ」または「上昇せよ」を意味する。逆に、水平指針が下にあるときは「機首下げ」または「降下せよ」を意味し、中央にある場合は「そのまま」を意味する。

図13-8にピッチ姿勢操作指令の信号の流れの例を示した。主なモードは前にも説明したようにAltitude Hold Mode, Vertical Speed ModeおよびApproach Modeである。

a．Altitude Hold Mode

Altitude Hold Modeでは、このモードを作動させた時点の高度を維持して飛行するために必要な操作指令が示される。入力情報は、このモードを作動させた時点の高度、現在の高度、現在のピッチ姿勢などである。このモードでも、高度のズレと現在の姿勢、速度を組み合わせて、最も適切に高度の

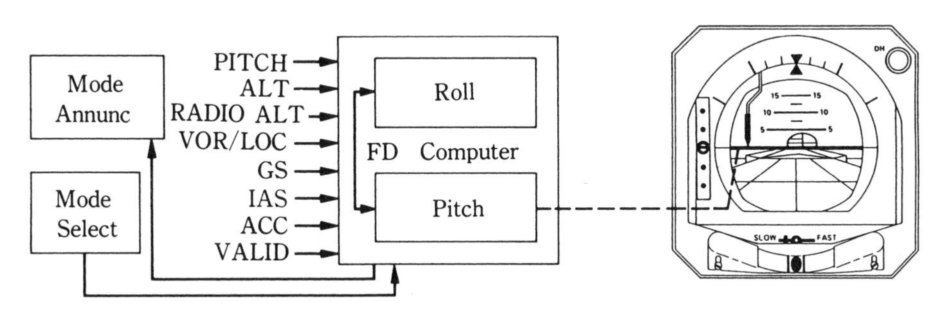

図 13-8　ピッチ・コマンド

維持を行うための操作指令が、フライト・ディレクタ・コンピュータ内で計算され示される。

b．Vertical Speed Mode

このモードでは、Vertical Speed（上昇または降下の速度）をあらかじめ設定した速さとするための操作指令が示される。

c．Approach Mode

Approach Mode では、着陸進入を行っている進入路を設定している ILS のグライドスロープからのずれ、ピッチ姿勢、電波高度（対地高度）などの情報によって、正しくグライドスロープに沿って進入するための操作指令が示される。ロール操作指令（Approach Mode の）の場合と同様に、機体が滑走路に近づくのにつれて、指令はきびしくなり、着地の時点で、滑走路の着地帯に接地できるように指示される。

13-4-4　その他の操作指令

着陸を、着陸進入の途中で中止して、再び上昇する際に用いられる Go-Around Mode では最も速やかに安全高度まで上昇するための操作指令が示される。

13-5　統合電子計器

集合計器の利点については 13-1 で述べたが、これをさらに発展させ、**従来の計器のほとんどを数個の表示装置に統合した計器**が出現している。このような計器では、ジャイロ、エア・データ・コンピュータ（ADC）、無線航法装置、エンジン・データなど航空機の状態に関する種々のデータを**コンピュータで処理し、この結果を高解像度の電子表示素子（CRT または LCD）上に英数字や記号あるいは図面で表示する。**従来の機械式計器では、どのように精密化しても、その集約化には物理的な限度があったが、電子表示ではこのような制約がないため、解像度や見やすさの問題さえ解決できれば、基本的にいくらでも情報を盛り込むことが可能となる。

このような計器は、最近のデジタル技術の急速な進歩とともに可能になったものであり、最新型の大型機をはじめとして、小型機にも装備され始めている。このほか、電子計器は次のような利点をもっている。

⑴ 必要な情報を必要なときに表示させることができる（例えば、離着陸時などはパイロットの作業負荷を考慮し不必要な情報表示を行わないよう工夫するなど）。

⑵ 一つの画面でいくつかの情報を切り替えて表示させることができる。

⑶ 特に注意を促す必要のある情報については、表示の色を変化させたり、点滅させたりプライオリティを付けた表示が可能である。

⑷ 地図や飛行コース、システム系統など多様な情報を図面を用いて分かりやすく表示できる。

このような計器の出現により、**乗組員のワークロードは一層低減し、また計器パネルの大幅な簡素化が図られた。**

図13-9にコクピット内における本システムの配置例を、また、図13-10にシステムの全体系統図を示す。

システムの構成は製造者により異なるが、最近の大型機では表示装置（IDU：Integrated Display Unit） は、**PFD**（Primary Flight Display）、**ND**（Navigation Display） お よ び **EICAS**（Engine Indication and Crew Alerting System）から構成されている。このうち、PFDとNDを合わせて、**EFIS**（Electronic Flight Instrument System）と呼んでいる。

システムの入力情報源としては、無線航法装置（NAV）やIRU（Inertial Reference Unit）などの航

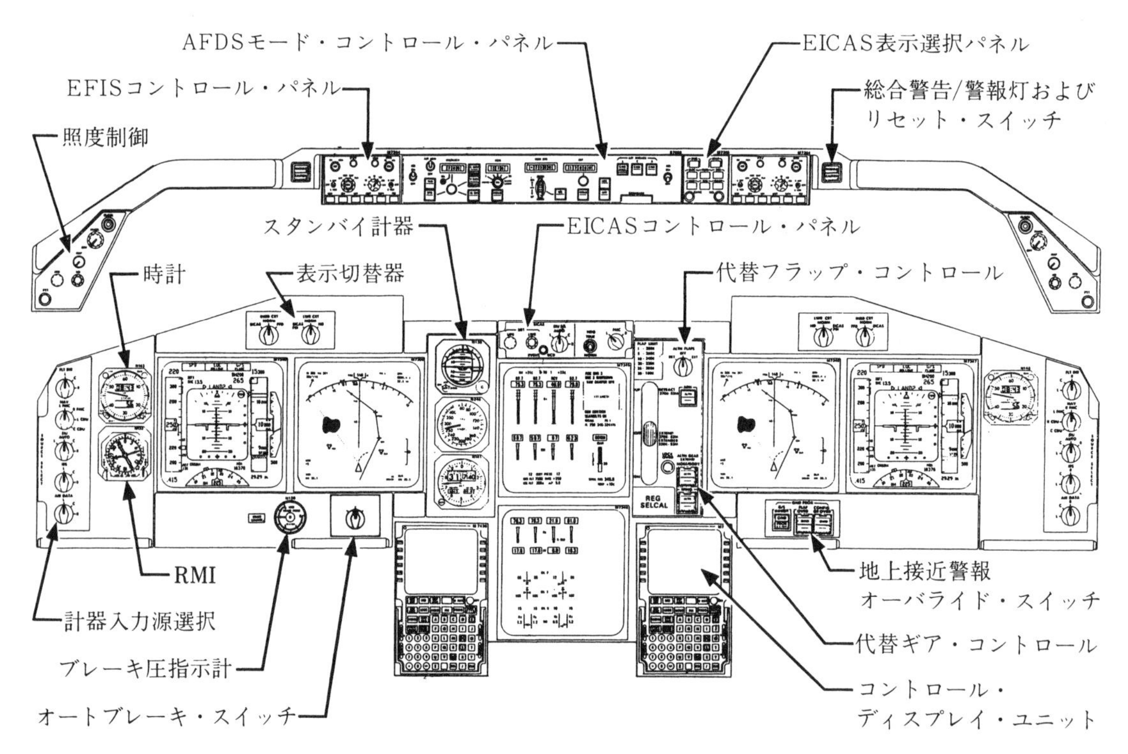

図13-9 コクピット内におけるシステム配置例（747-400）

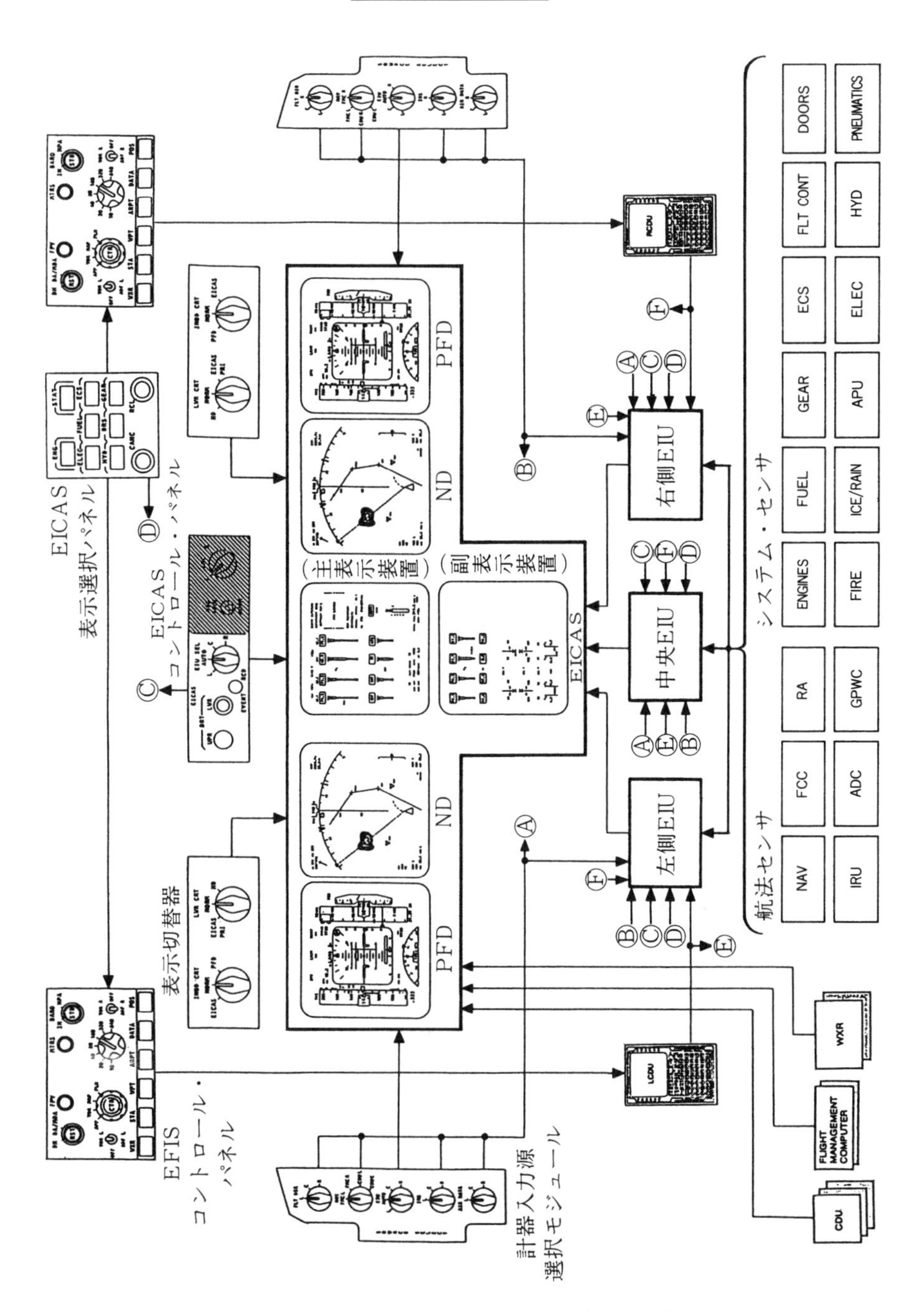

図 13-10　統合電子計器システム（747-400）

法センサやエンジン、燃料系統などのシステム・センサであり、これらからのデータがアナログまたはデジタル信号の形でインターフェイス用ユニット（EIU：EFIS/EICAS Interface Unit）に入力される。このユニットは、センサからのデータをデジタル的に処理し、EFIS、EICAS の表示データとして 6 個の IDU に出力する。

IDU はそのうち必要な情報を選択して文字、シンボル、画像の形で表示する。IDU の表示方式は、文字、数字およびシンボル部分がストローク・スキャニング方式（一筆書き方式）で、その他の地面、空などの空間部分はテレビと同様のラスター・スキャニング方式とし、映像を見やすくしてある。

IDU の表示の切り替え、表示情報源の制御などは周辺に装備された種々のコントロール・パネル、選択パネルなどにより行われる。また、入力情報のうち FMC（Flight Management Computer）、気象レーダなどの情報は IDU に直接入力されている。

なお、計器の電子表示化の第一段階は、従来の ADI と HSI の電子化から始まったため、初期の統合電子計器では、EFIS の２面の CRT はそれぞれ EADI（Electronic Attitude Director Indicator）および EHSI（Electronic Horizontal Situation Indicator）と呼ばれている。EADI は、基本的には従来の機械式 ADI と同様の表示に、電波高度計表示、対地速度表示などを付加し CRT 表示化を図ったものである。EHSI は、従来の HSI の飛行コース表示に、航空地図や雲の画像を重ね合わせて電子表示したものである。このシステムでは対気速度計、気圧高度計など一部の計器は機械式計器として残されていたが、これをさらに性能向上し、ほとんどの計器を２面の大型計器に統合化したのが上記の PFD（従来の EADI の発展型）と ND（従来の EHSI の発展型）である。これらの計器は、ある専用の AC 電源にて作動し、表示用に専用バッテリーは内蔵していない。

以下各表示システムについて説明する。

13-5-1　PFD（Primary Flight Display）

PFD の表示例を図 13-11 に示す。この例のように、PFD は、従来機械式計器であった ADI、速度計、気圧高度計、電波高度計、昇降計、機首方位指示計、オートパイロット作動モード表示、マーカ灯などを一つに集約して表示するものであり、パイロットはこれにより自機の飛行状態を一目で知ることができる。表示内容は次の通りである。

a．飛行姿勢（Attitude）表示部

飛行姿勢（Attitude）表示と飛行指令装置（FD：Flight Director）のコマンド・バー、ILS の表示は従来の ADI と同様であるが、このほか飛行パス角やドリフト角に比例し上下・左右に動き、航空機の重心位置の移動方向を感覚的につかめるようにした FPV（Flight Path Vector）、マーカ灯、滑り計などの表示が行われる。さらに、従来の航空機になかった機能として、低層ウインドシアに遭遇した場合の警報と脱出のために取るべき最大機首上げ角の表示が可能となっている。

これらの情報は、姿勢表示については IRU や FMC から、FD コマンド・バーは FCC（Flight Control Computer）のピッチあるいはロール・コマンドから、ILS や DME など NAV 関係の表示については各無線航法装置から得ている。

b．速度表示部

従来の丸形計器から帯状（Tape Type）の表示に変わっている。対気速度を示すテープは速度の変化に応じて上下に動き、現在の速度がウインド内に表示される。また、AFDS（Autopilot/Flight Director System）で選択した目標速度がテープ上部のデジタル表示とテープ上のバグで表示される。その他各種の速度データ（V_1．V_R など）や各フラップ位置に応じた速度などさまざまな速度情報が

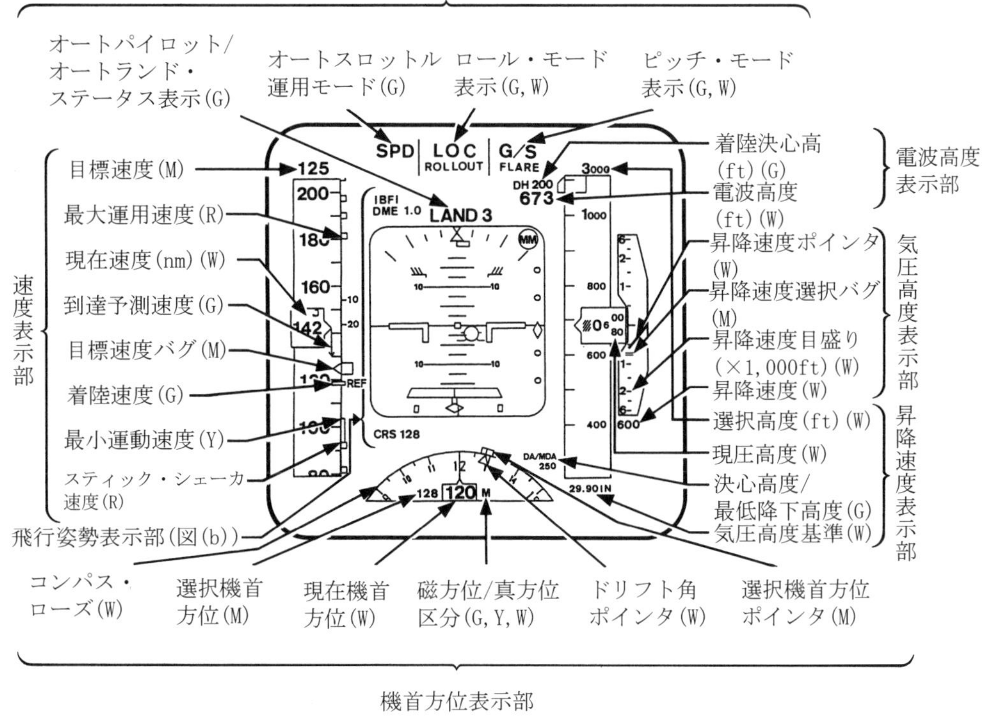

(a)

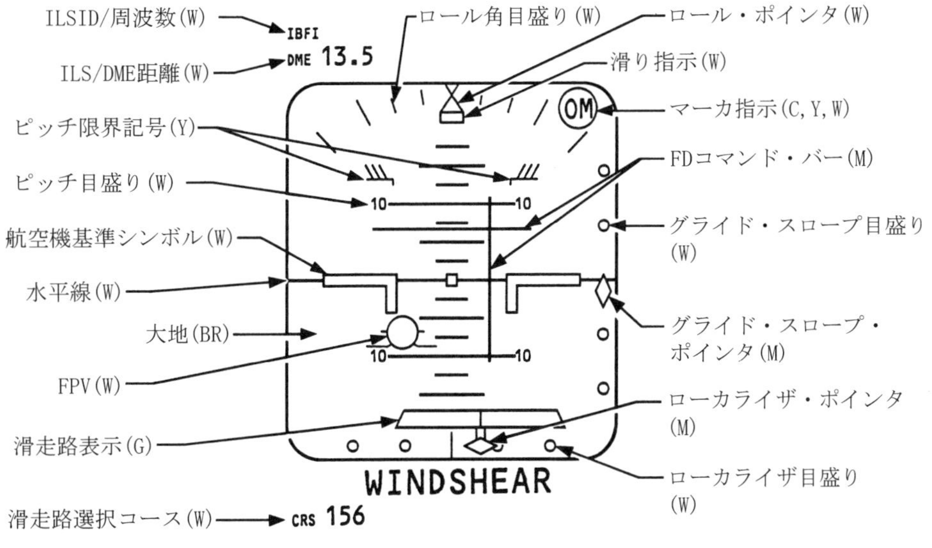

ILSID/周波数(W)
IBFI
ILS/DME距離(W)
DME 13.5
ロール角目盛り(W)
ロール・ポインタ(W)
滑り指示(W)
マーカ指示(C,Y,W)
OM
ピッチ限界記号(Y)
ピッチ目盛り(W)
FDコマンド・バー(M)
グライド・スロープ目盛り(W)
航空機基準シンボル(W)
水平線(W)
グライド・スロープ・ポインタ(M)
大地(BR)
FPV(W)
ローカライザ・ポインタ(M)
滑走路表示(G)
ローカライザ目盛り(W)
WINDSHEAR
滑走路選択コース(W)
CRS 156

(b)

図 13-11　PFD（747-400）

表示される。速度の指示ウインド内から伸びる矢印は現在の状態で航空機が10秒後に到達すると予測される速度を表している。これら表示の情報入力源は、ADC（Air Data Computer）やFMCである。

c．気圧高度表示部

気圧高度も対気速度と同様テープ形式であり、現在の気圧高度がウインド内に表示される。AFDSで選択した気圧高度がテープ上部とテープを上下に移動するバグで表示される。また、EFISコントロール・パネルで設定した航空機の決心高度（DA:Decision Altitude）/ 最低降下高度（MDA:Minimum Descent Altitude）がテープ左下のデジタル出力およびテープ上のポインタで示される。

d．AFDSモード表示部

ピッチ、ロール、オートスロットルの各AFDS作動モードを表示する。表示のための情報源は、FCCおよびFMCである。

e．電波高度表示部

高度2,500ft以下のとき電波高度がデジタル表示され、この上部には設定された着陸決心高（DH:Decision Height）が表示される。航空機がDHに達すると、これら表示が点滅し、表示色が変化することで注意を促す。

f．昇降速度表示部

昇降速度も従来の丸形計器からテープ状の表示に変わっている。現在の昇降速度はポインタの先端位置で指示され、さらに速度が一定の値を越えると同時にデジタルでも示される。情報入力源はIRUとADCである。また、AFDSで昇降速度モードを設定すると選択した昇降速度を示すバグが表示される。

g．機首方位表示部

姿勢表示部の下に約70°の範囲のコンパス・ローズが表示され、現在の機首方位、偏流角、AFDSで選択された機首方位などがコンパス・ローズ上に示される。情報はFMCやIRUから入力されている。

PFDに表示される各種データに異常があったときには図13-12のように、文字およびボックスによりフラグが表示される。

13-5-2 ND（Navigation Display）

航法（Navigation）に必要なデータを示す計器であり、現在位置、機首方位、飛行方向、選択コースからのずれのほか、飛行予定コース、途中の通過ポイントまでの距離、方位、所要時間の計算や表示などを行う。このほか計器上には、風向、風速、対地速度、雲などが表示され、自機のコースと悪天候の位置との関係がつかみやすくなっている。なお、NDは前出のHSIの全機能を含むものである。

NDにはAPP（APPROACH）、VOR、MAP、PLANの各モードがある。

a．APPモード

APPモードは航空機が飛行場に進入する際に使用されるモードで、図13-13に示すように

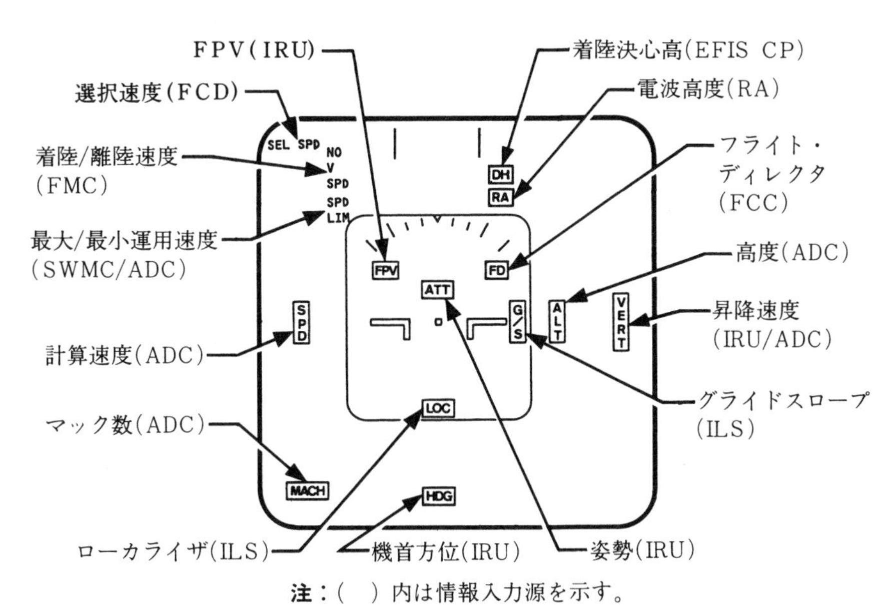

注：(　) 内は情報入力源を示す。

図 13-12　PFD の表示 (故障時)（747-400)

Expanded Mode と Center Mode がある。その切り替えは EFIS コントロール・パネルの Mode 選択スイッチで行う。いずれの表示も機首方位が中央上部にくる表示となっている。Expanded Mode では情報表示範囲が前方 80° のみ、Center Mode では全方位（360°）であるほかは、ほぼ同内容の情報が表示される。

⑴ 機首方位（HDG:Heading）は両 Mode とも、磁方位（M）/ 真方位（TRU）の区分とともに中央上部のウインド内に表示される。

⑵ 自機の飛行方向(TRACK)は Expanded Mode では TRACK LINE で、Center Mode では偏流角(Drift Angle) ポインタで示される。

⑶ 両 Mode ともコース・ポインタおよび偏位バー（Deviation Bar）で ILS・LOC コースが、グライドスロープ・ポインタによりグライドスロープ・コースが示される。

⑷ AFDS で選択した選択機首方位は Expanded Mode の場合はバグとベクタ（図の点線）で、Center Mode の場合はバグのみで表示される。

⑸ 上記のほか、ILS 地上局の周波数（または識別符号：ID)、選択した滑走路方向、ILS・DME までの距離などが画面右上に、受信中の VOR/DME または ADF の周波数（または ID）およびこれに対応する方位指示がおのおの同左・右下隅およびコンパス・ローズ上に、また、対地速度（GS)、真速度（TAS)、風速、風向（およびそれを示す矢印）も同左上にそれぞれ表示される。

⑹ Expanded Mode のときには、EFIS コントロール・パネルからの選択により、雲域など気象レーダ情報も重ね合わせて表示される。

これらの表示のためのデータは、おのおの HDG 、TRACK 、GS、風情報は IRU と FMC から、選択機首方位情報は FCC から、ILS や VOR などの無線航法情報はおのおのの無線航法装置から、TAS は

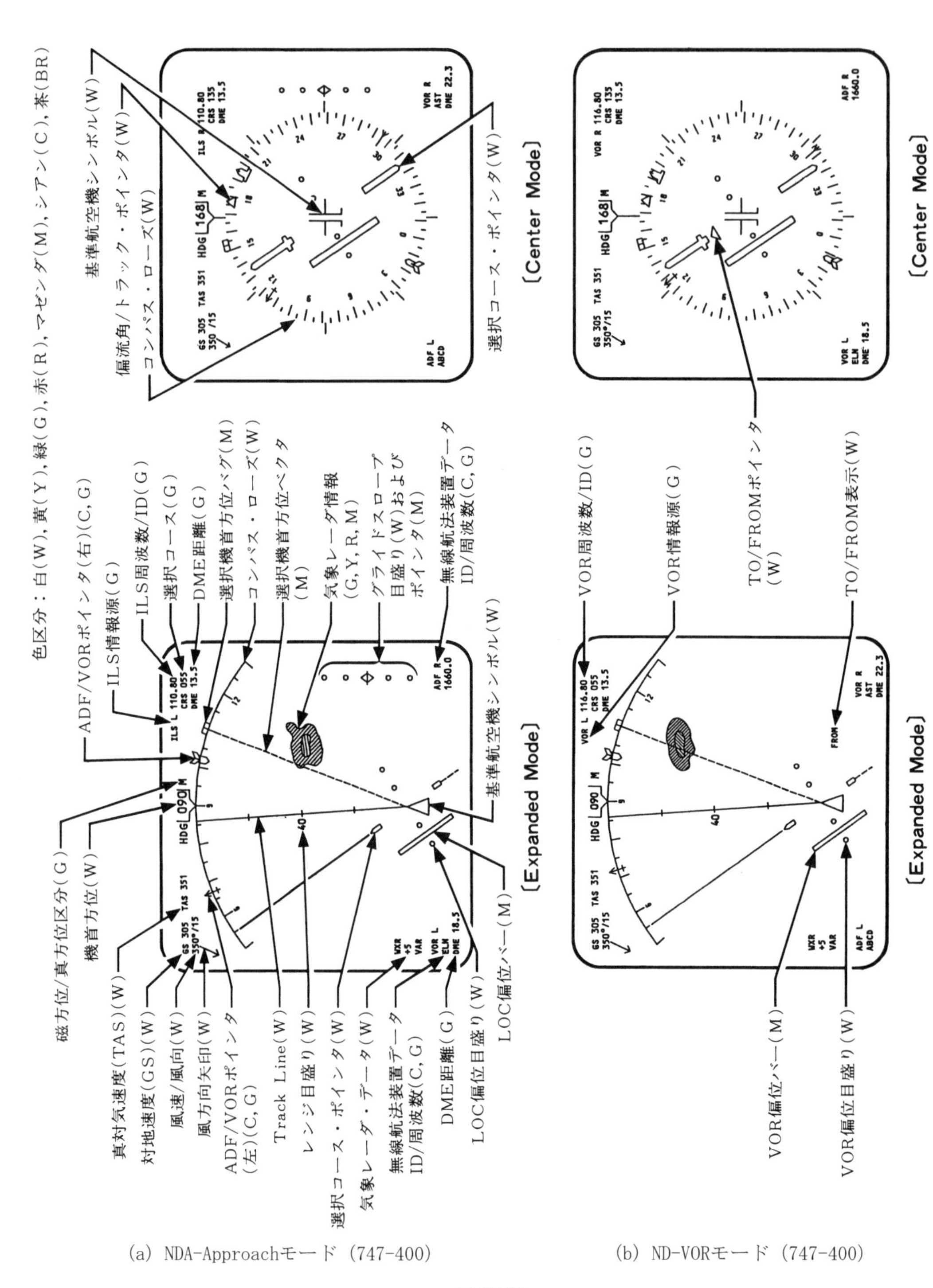

(a) NDA-Approachモード (747-400)

(b) ND-VORモード (747-400)

図 13-13

ADCから取得している。

b．VORモード

VORモードにもAPPモードと同様に、Expanded ModeとCenter Modeがある。表示情報は情報源がLOCからVORに変わったのみで（当然グライドスロープの表示はない）大部分がAPPモードと同一である。VORコースは両Modeとも ILSの場合と同様、コース・ポインタおよび偏位バーで表示される（VORの場合偏位目盛りの1ドットは5°のいずれに相当）。

VOR地上局の方向を示す「TO/FROM」表示は、「TO」または「FROM」の文字（Expanded Mode）または三角形のポインタ（Center Mode）で表示される。

c．MAPモード

MAPモードでは、飛行ルート、無線航法施設の位置などの表示が画像表示され、NDにおいて特に重要なモードである。通常の巡航中は主にこのモードを表示させて飛行する。MAPモードにも図13-14のようにExpanded ModeとCenter Modeがあり、両Modeの表示項目は同一である。MAPモードでは、APPモードやVORモードと異なり飛行方向（TRACK）が中央上部にくる表示形式となり、気象レーダ情報はExpanded Mode, Center Modeの両者で表示可能である。

⑴　TRACKは、Expanded Mode, Center Mode両Modeとも中央上部のウインド内に数字で表示され、また、Expanded Modeの場合航空機シンボルからこのウインドまで、Center Modeの場合航空機シンボルの前後に、TRACK LINEが引かれる。TRACK LINE上には常時レンジ・マークが表示される。

⑵　機首方位（HDG ）は三角形のポインタで表示される。

⑶　画面右上に次のウェイ・ポイント名、これに到達する予定時刻（ETA）（UTC：協定世界時）およびウェイ・ポイントまでの距離が表示される。

⑷　TREND VECTORは、航空機の30～90秒後（選択しているレンジにより異なる）の予測位置を示す。VECTORの1セグメントが30秒に相当している。

⑸　垂直偏位は、航空機が降下を開始した際に表示され、設定降下経路からの垂直方向のずれを示す。

⑹　EFISコントロール・パネルのMAPデータ選択スイッチにより、FMCに収納されている地上の無線航法施設（STA）、ウェイ・ポイント（WPT）、空港（ARPT）などの位置、周波数などの情報、および選択モードが表示される。

⑺　FMC-IRS更新モードは、FMCがどのIRUにより位置データの更新をしているか示すもので、通常3個のIRUが正常に作動している場合その平均値を用いて位置データの更新を行っているため、表示はIRS⑶となる（IRSが故障の場合は、IRS（RまたはL）、IRS(C)などと表示される）。

⑻　FMC-RADIO更新モードは、FMCがどの無線航法施設によって位置データの更新をしているかを示すものでDD（DME-DME）、VD（VOR-DME）、LOCのいずれかの表示となる。

⑼　GRID HDG表示は、磁方位が使用できない極地方を飛行する場合に使用されるもので、MAPモードあるいはPLANモードにおいて、磁方位が使用できない空域において表示される。GRID HDGは機首真方位と現在位置から計算により算出される。

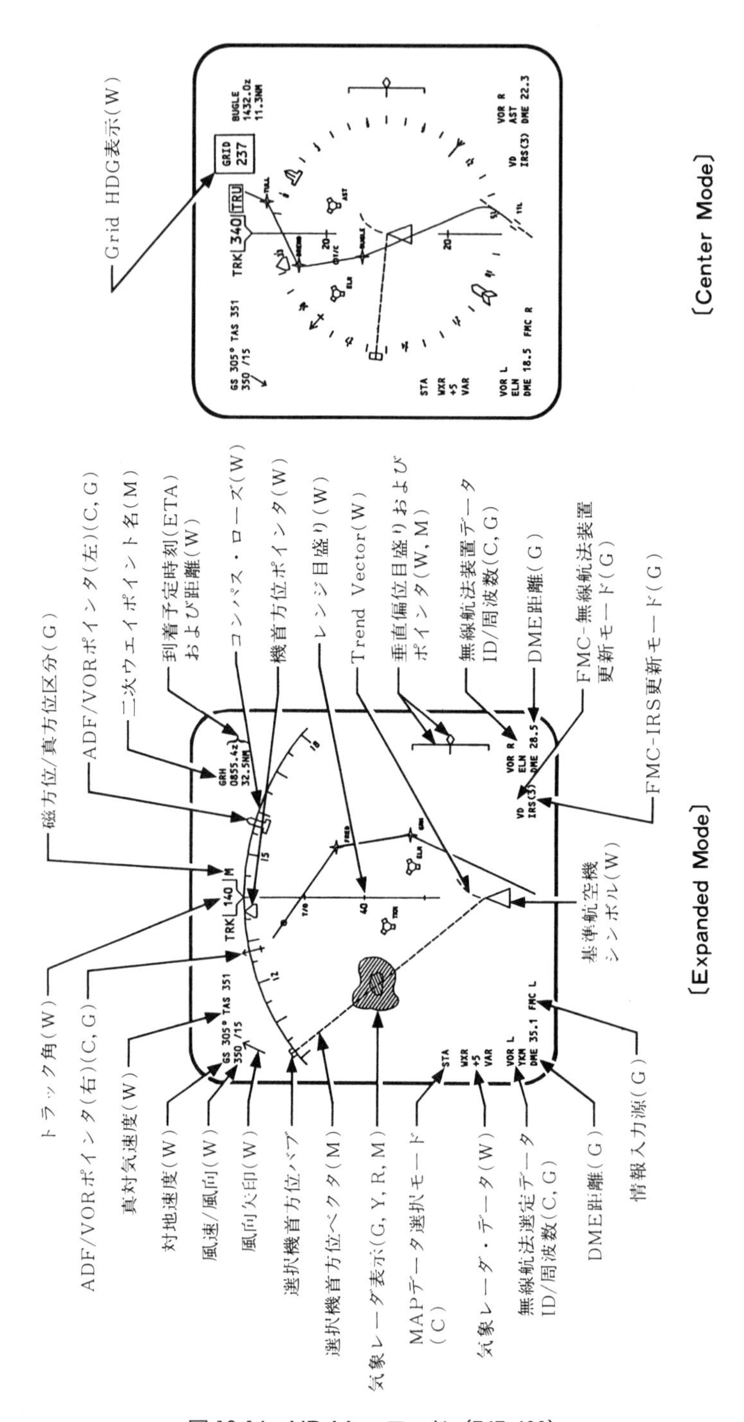

図 13-14 ND-Map モード (747-400)

その他、GS、TAS 、風、無線航法情報、選択機首方位などの情報表示は前出の各モードと同様である。これら TRK、HDG 、ウェイ・ポイント、TREND VECTOR、垂直偏位などのデータの情報入力源は主として FMC 、IRU である。

d．PLAN モード

PLAN モードはフライト・プランを作成するとき使用され、モードは図 13-15 に示す Expanded Mode のみである。コンパス・ローズ上部の情報表示は Expanded MAP モードと同一である。その下のエリアには、真北を示す北方向ポインタと、これを基準としたフライト・プランが表示される。なお、このモードでは、無線航法情報、気象レーダ情報は表示できない。

ND においても、各種表示データに異常があったときは、PFD と同様フラグが出される。

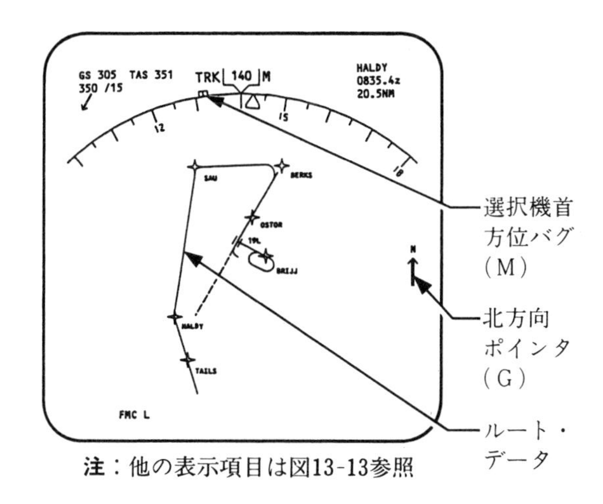

図 13-15　ND-Plan モード（747-400）

13-5-3　EICAS（Engine Indication and Crew Alerting System）

EICAS は、**エンジン・パラメータを表示する機能、航空機の各システム系統をモニタする機能、およびシステムに異常が発生したときにメッセージの形でパイロットに知らせる機能**をもっている。これとほぼ同様の機能を有するシステムをエアバスでは **ECAM**（Electronic Centralized Aircraft Monitor）と呼んでいる。これら表示装置は通常、機長席と副操縦士席の間のエンジン・スロットル・レバーの上部に配置されている。

表示装置は上部の**主表示装置**と下部の**副表示装置**の２面があり、主表示装置には主にエンジンの基本パラメータとシステム異常時の警報メッセージが、副表示装置にはエンジンの二次パラメータと各システム系統のモニタ情報が表示される。

a．主表示装置（Main EICAS Display）

主表示装置には、EICAS の基本情報（Primary Format）が表示される。表示例を図 13-16 に示す。図のように表示装置には、従来機械式エンジン計器で指示されていた N_1（低圧ロータ回転数、% 表

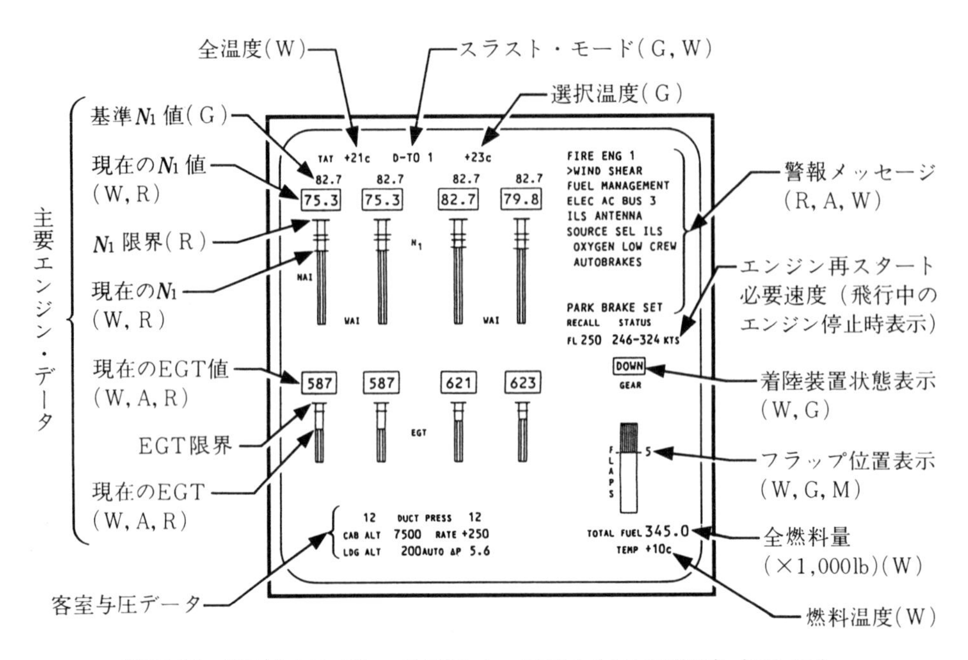

図 13-16 EICAS エンジン一次パラメータ表示〔主表示装置〕(747-400)

示)、EGT(排気ガス温度、℃)といった各エンジンの主要パラメータのほか、システム異常状態を示すメッセージ、残存燃料の量・温度、および状況に応じ着陸装置やフラップの位置、客室与圧状態などが表示される。システムの異常状態を示すメッセージは、その緊急度に応じいくつかのレベル(警告、警戒、助言など)に区分されており、それぞれ異なった色で表示され、また、新しいメッセージは同じレベルのメッセージ・グループの最上部に表示されるようになっている。緊急度の高いメッセージについては、メッセージ表示とともに、警告灯の点灯、ベルなどの鳴動によって注意を喚起する。

EICAS の情報は航空機の運航にとって欠くことのできない重要な情報であり、常時表示され、画面を消去することができないようになっている。また、この情報は、上部表示装置が故障のときは自動的に下部表示装置に切り替えて表示される。

ECAM では、これと同様の機能をもったシステムをE/WD(Engine/Warning Display)と呼んでいる。

b. 副表示装置(Auxiliary EICAS Display)

副表示装置には次のような種類の表示があり、必要に応じ画面を切り替えて表示する。

(1) エンジンの二次パラメータ表示

(2) ステータス表示

(3) システム系統表示

(4) メンテナンス表示

エンジンの二次パラメータ表示画面には、図 13-17 のようにN_2(高圧ロータ回転数)、FF(燃料流量)、エンジンの油圧・油温・油量および振動データが表示される。副表示装置にこの画面を選択し

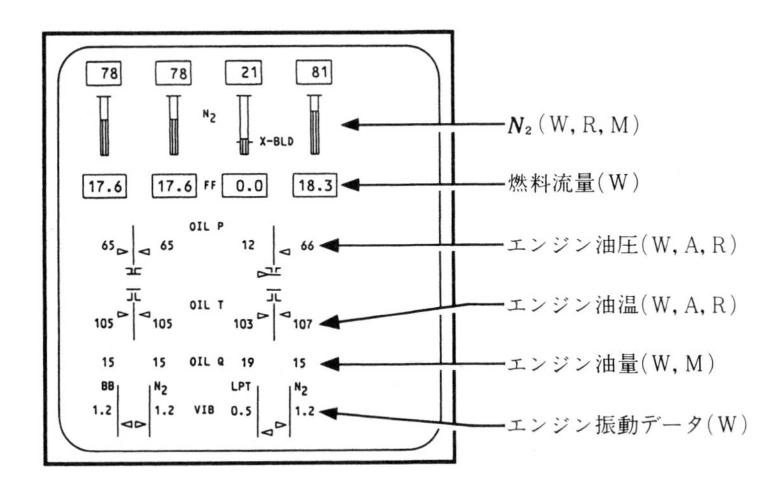

図 13-17　EICAS エンジン二次パラメータ表示〔副表示装置〕（747-400）

ている状態で画面を他の表示に切り替えたとき、あるいは副表示装置の故障時にこの画面を選択したときなどは、この情報は主表示装置上に基本フォーマットとともにまとめて表示される（「Compacted Format」と呼ばれる）。また、副表示装置で他の表示画面を選択している状態で、エンジン二次パラメータが限界値を超えた場合には自動的にこの画面に切り替わる。

ステータス表示は、主として飛行前に機体を出発させていいかどうかを確認するために使用される。この画面は図 13-18 に示すように、油圧系統（Hy-draulic System）、APU（Auxiliary Power Unit）、各種操縦翼面の位置などが数字、文字などで表示される。また、機体の出発判断に関連してパイロットの注意を喚起する必要のある項目についてステータス・メッセージが発出される。

システム系統表示は、航空機の各種システム系統の状態を一目で把握できるように略図の形で表示するものである。この表示には、電気系統、燃料系統、空調系統、油圧系統、ドア系統、着陸装置系

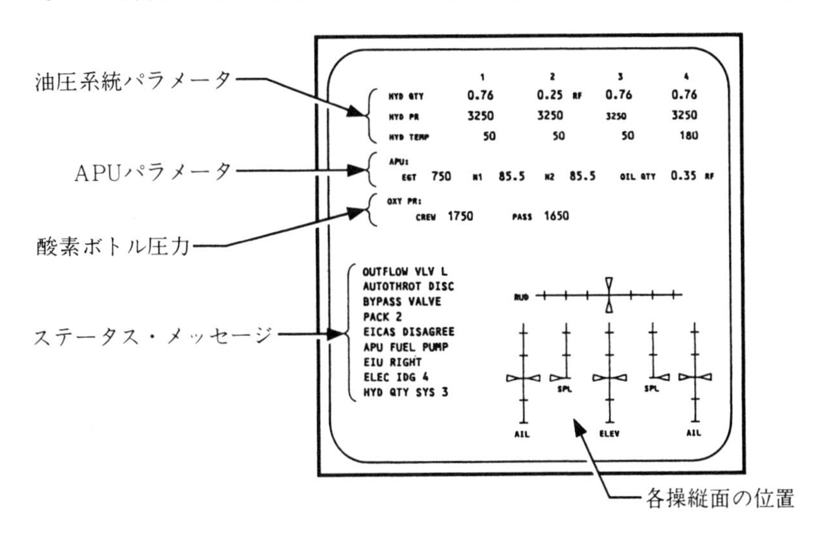

図 13-18　EICAS ステータス表示〔副表示装置〕（747-400）

統といったシステム系統ごとに異なる画面表示が用意されている。一例として燃料系統の表示画面を図13-19に示す。図のように、このモードを選択すると、画面には燃料の系統図と各燃料タンクの残存燃料量、燃料タンクからエンジンへの燃料の供給状況などが系統図の形で表示される。

メンテナンス表示は、主として整備のためシステムの詳細なデータを英数字で表示するものである。この表示にも、システム系統別に多くの画面が表示可能となっている。表示の一例を図13-20に示す。この表示では時々刻々の状態表示のほか、故障探求を容易にするため、手動あるいはシステム異常発生時においては自動で、ある時点の表示画面を記録し、後で呼び出し再表示する機能を有している。

なお、ECAMではこれと同様の機能をもった表示装置をSD（System Display）と呼んでいる。

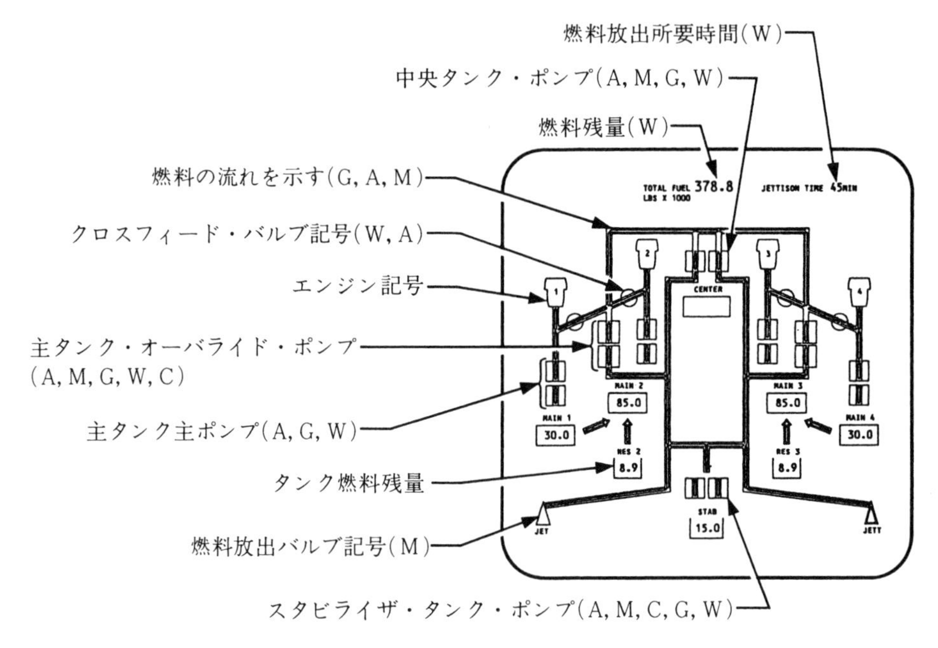

図13-19　EICASシステム系統表示（燃料系統表示の例）（747-400）

〔副表示装置〕

図13-20　EICASメンテナンス表示（電気系統表示の例）（747-400）

13-5-4 表示の選択、制御

EFISの表示操作は、図13-21に示すようなEFISコントロール・パネルにより、DH、DA/MDAの設定、気圧の設定、右側/左側おのおのの無線航法装置の選択（VORまたはADF）、ND表示モードの選択、ND表示レンジの切り替え、MAPモードでの表示データの選択などを行う。また、図13-22のような計器情報選択パネルにより、EFIS入力情報源（FD、FMC 、EIU 、IRS 、ADC）の装置の選択（右側、左側、中央など、どの装置を選ぶかということ）が行えるようになっている。

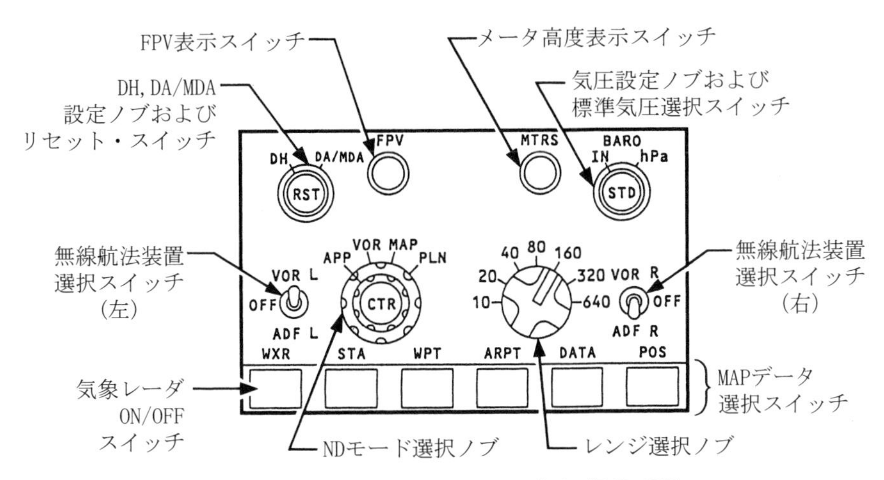

図13-21　EFISコントロール・パネル（747-400）

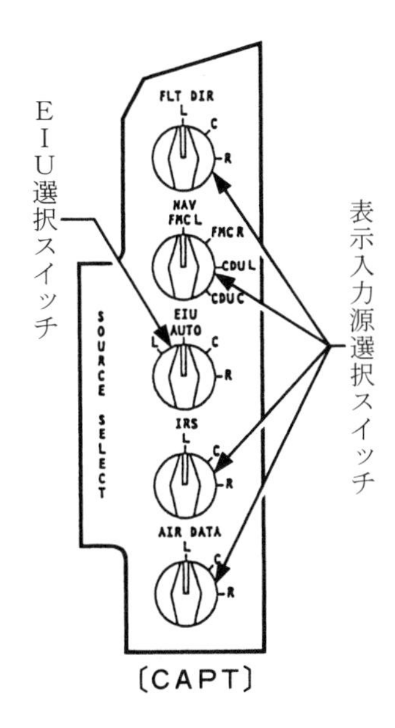

図13-22　計器入力源選択モジュール（747-400）

EICASでは、EICASコントロール・パネル（図13-23）により、使用するデータ処理用ユニット（EIU）の選択、表示の明るさの調節などを行うとともに、EICAS表示選択パネル（図13-24）により副表示装置の表示画面の選択を行う。

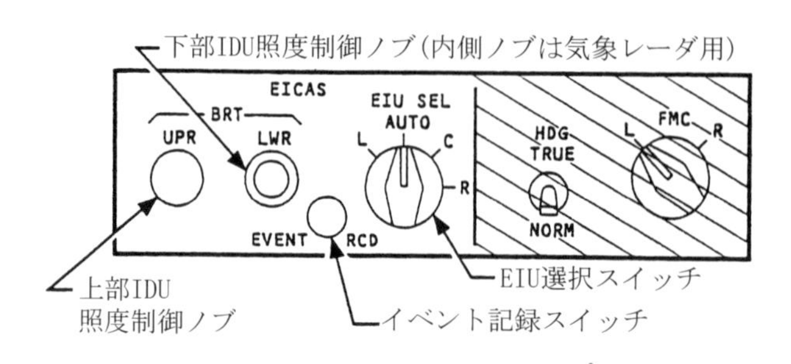

図13-23　EICASコントロール・パネル（747-400）

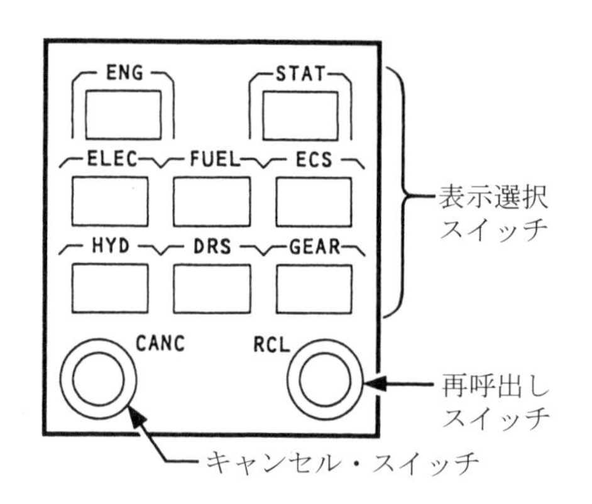

図13-24　EICAS表示選択パネル（747-400）

表示画面は、EFIS、EICASとも同じ寸法、規格でつくられており、**どれかが故障してもこの内容を別の表示装置に切り替えてそのまま表示できる。**すなわち運航上特に重要なPFDおよびEICAS主表示装置の故障時には、NDがPFDに、副表示装置が主表示に、それぞれ自動的に切り替わるとともに、図13-25のような表示切替器により手動で切り替えることも可能である。

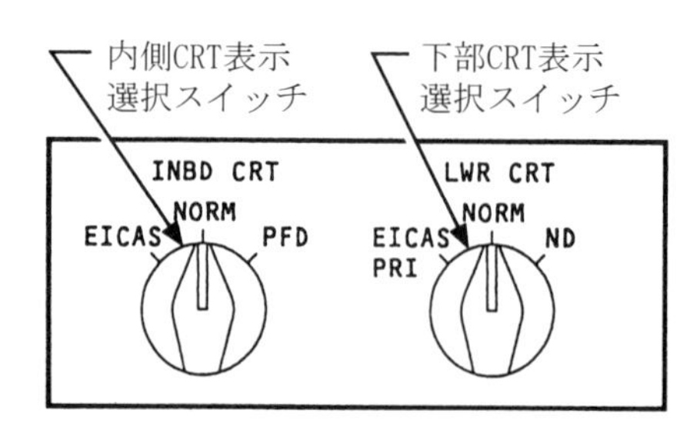

図13-25　表示切替器（747-400）

13-6　まとめ

⑴　集合計器では、いくつかの量を一つの指示器によって示すことにより、表示内容が直観的になる、視線を変える回数が少なくなるなどの利点が生じる。

⑵　多くの方式の集合計器があるが、RMI 、HSI および ADI に分けることができる。

⑶　RMI には、

ａ．磁方位と ADF 無線方位を組み合わせる。

ｂ．磁方位と VOR 無線方位を組み合わせる。

方式がある。

⑷　HSI は、

ａ．磁方位（または真方位）

ｂ．選択したコース（VOR/ILS コース、INS コース）との関係を表示する。

⑸　ADI は、

ａ．現在の飛行姿勢

ｂ．あらかじめ設定したモードで飛行を行うための操作指令

を表示する。

⑹　ADI の操作指令は、

ａ．飛行の現状（姿勢など）

ｂ．あらかじめ設定したモードで飛行するための値（高度、速度、位置など）からのずれ

ｃ．航空機の飛行特性

を考慮して発せられる。

⑺　統合電子計器は、

ａ．従来のほとんどすべての計器を一つに統合し、計器の集約化をさらに進めたものである。

ｂ．航空機の種々のデータをインターフェイス用のコンピュータで処理し、高性能の表示素子（CRT または LCD ）に英数字、記号、あるいは図面などの形で表示するものである。

⑻　統合電子計器の表示装置には、PFD（または EADI ）、ND（または EHSI ）および EICAS（または ECAM）がある。

⑼　PFD は、

ａ．ADI の機能を発展させたもので、操縦士に自機の飛行状態を一目で知らせることができる。

ｂ．従来の ADI に加え、速度計、昇降計、機首方位指示計、オートパイロット作動モード表示器、マーカ表示灯などを一つに集約して表示する。

⑽　ND は、

ａ．HSI の機能を発展させたもので、航法に必要なデータをまとめて提供する。

b．いくつかの表示モードがあり、機首方位、飛行方向、選択した飛行コースからのずれ、飛行予定ルートおよび周辺の無線航法施設の位置、気象レーダの情報などを図面的に表示する。

⑾ EICAS（またはECAM）は、

a．エンジン・パラメータの表示

b．システム異常時の警報メッセージ表示

c．各システム系統のモニタ表示

を行う。

⑿ 統合電子計器の表示装置は、どれかに故障が生じても他の表示装置に切り替え表示可能なよう、安全性への配慮がなされている。

（以下、余白）

索　　引

ア行

カ行

サ行

タ行

ナ行

ハ行

マ行

ヤ行

ラ行

Material (fig13-9 ~fig13-25) is copyrighted by Boeing and reprinted with their permission.

本書の記載内容についての御質問やお問合せは、公益社団法人日本航空技術協会　図書出版部まで、e メールでご連絡ください。

1987年３月27日 第１版 第１刷 発行
2007年３月31日 第２版 第１刷 発行
2008年３月31日 第２版 第２刷 発行
2009年３月31日 第２版 第３刷 発行
2009年５月15日 第２版 第４刷 発行
2010年３月31日 第２版 第５刷 発行
2012年３月31日 第３版 第１刷 発行
2013年３月31日 第３版 第２刷 発行
2014年３月31日 第４版 第１刷 発行
2019年２月28日 第４版 第２刷 発行
2020年３月31日 第４版 第３刷 発行
2021年２月26日 第４版 第４刷 発行
2024年３月29日 第５版 第１刷 発行

航空工学講座　第８巻

航　空　計　器

2007© 編　集　公益社団法人　日本航空技術協会
発行所　公益社団法人　日本航空技術協会
〒144-0041　大田区羽田空港１－６－６
URL　https://www.jaea.or.jp
E-mail　books@jaea.or.jp
印刷所　株式会社　丸井工文社

Printed in Japan

ISBN978-4-909612-36-6 C3053